国外土木建筑工程系列

建筑的振动（应用篇）

[日] 西川孝夫　　荒川利治　　久田嘉章　　著
　　　曾田五月也　藤堂正喜　　山村一繁
　　　孙林娜　　　王　磊　　　　　　　　译

中国建筑工业出版社

著作权合同登记图字：01-2015-0921 号

图书在版编目（CIP）数据

建筑的振动. 应用篇/（日）西川孝夫等著；孙林娜，
王磊译. — 北京：中国建筑工业出版社，2020.7
（国外土木建筑工程系列）
ISBN 978-7-112-25223-7

Ⅰ.①建… Ⅱ.①西… ②孙… ③王… Ⅲ.①建筑结
构—结构振动 Ⅳ.① TU311.3

中国版本图书馆 CIP 数据核字（2020）第 096523 号

责任编辑：率　琦　白玉美

责任校对：赵　菲

国外土木建筑工程系列

建筑的振动（应用篇）

[日]　西川孝夫　　荒川利治　　久田嘉章

　　　曽田五月也　藤堂正喜　山村一繁　　著

　　　孙林娜　　　王　磊　　　　　　　　译

*

中国建筑工业出版社出版、发行（北京海淀三里河路9号）

各地新华书店、建筑书店经销

北京点击世代文化传媒有限公司制版

北京京华铭诚工贸有限公司印刷

*

开本：787毫米×1092毫米　1/16　印张：9¼　字数：242千字

2021年3月第一版　2021年3月第一次印刷

定价：**56.00**元

ISBN 978-7-112-25223-7

　　（35853）

版权所有　翻印必究

如有印装质量问题，可寄本社图书出版中心退换

（邮政编码 100037）

前　言

众所周知，在地震国日本，为了确保建筑物的安全，抗震设计在建筑结构设计中是非常重要的。在抗震设计中，将复杂的动态地震力转化为静态力，根据静力学原理研究力的传递并进行设计，这种非常巧妙的方法至今仍是主流。但是，人们根据过去的地震灾害引发的一些动态问题提出了动态分析方法，并且逐渐形成了以动态分析为基础进行抗震设计的流程。

1981 年所谓的新抗震设计方法是静态设计，是一种融合了建筑物的振动特性和地面的放大特性等动力特性的设计方法，在分析地震的同时进行震动设计，但这种方法不是真正意义上的动态设计方法。另一方面，在高层建筑设计中，主要采用再现建筑物动态行为的动态设计法进行设计。然而，作为动态设计基础的振动理论以及与地震动相关的理论非常少见且存在很多难以理解的地方。

在本书的姊妹篇《建筑的振动（理论篇）》中，尽可能简单明了地对振动理论加以解释，希望这些理论对建筑设计领域的人有所帮助。在此基础上，本书也适用于一定程度上学过结构设计的人，以及打算从现在开始进行具体抗震设计的人。因此，笔者试图详细地描述相关原理，以便读者更容易理解，这就是本书中公式有所增加的原因，读者可以从中全面掌握建筑物的动态振动性能、结构的周期特性、阻尼的确定方法及其评价方法、运动方程的数值计算方法理论、现行设计方法（包括隔震、减震结构）、地基与振动的相互作用问题以及环境振动和模拟地震动等设计理念。然而，由于意识到本书的核心更符合实际的动态设计方法而非纯粹的理论，所以内容多为实际工程方面的研究。此外，第 7 章介绍了本书中使用的响应计算程序，如果想参考，可以从朝仓书店的主页（http://www.asakura.co.jp）上下载。从这个意义上来说，本书是推荐给那些学习过振动理论基础的人员的教科书。

本书是执笔小组讨论总结的成果，各章的主要负责人是：荒川利治（第 1 章）、西川孝夫（第 2 章）、曾田五月也（第 3 章）、藤堂正喜（第 4 章）、荒川利治（第 5 章）、久田嘉章（第 6 章）、山村一繁（第 7 章）。

作者代表

西川孝夫

2008 年 7 月

目　录

绪论 地震与抗震设计

a. 地震国日本

日本处于地球上特殊的地理位置，无论在海边还是内陆，无论何时都有可能发生地震。有专家认为日本已进入地震活动的活跃期。的确，基本上没有发生过地震的九州福冈附近，2004年发生了大地震，并且仍有发生东海地震、南关东地震的危险性。

最近，顺应信息公开的潮流，政府地震调查

中央构造线断层带
金刚山东缘—和泉山南缘
大致 0 ~ 5%

丘陵盆地断层带
大致 0 ~ 7%

櫛形山断层带
0 ~ 7%

系鱼川—静冈
构造线断层带
14%

砺波平原断层带
东部 0.05% ~ 6%

森本—富樫断层带
大致 0 ~ 5%

奈良盆地东缘
断层带
大致 0 ~ 5%

三陆冲北部
M8.0 前后 0.007% ~ 5%
M7.1 ~ 7.6   90% 程度

宫城县冲 98%

三陆冲到房总冲的海沟附近
的海啸地震   20%（约 6%）
（）内是特定海域的值

伊那谷断层带
边界 0 ~ 7%
前缘 0 ~ 6%

三浦半岛断层群（武山断层带 6% ~ 11%）

富士川河口断层带   0.2% ~ 11%

参考 就在兵库县南部地震
（阪神·淡路地震）活动断层
发生之前
0.4% ~ 8%（临时值）

南海海沟
东南海约 50%
南海约   40%

0   200km

布田川·日奈久断层带
中部 大致 0 ~ 6%

图 0.1 断层的活动（日本政府地震调查研究推进总部发布）

促进部公布了如图 0.1 所示的活断层信息，而且中央防灾会议公布了首都直下型地震以及东海地震造成的受灾情况预测。[注1] 由于活断层是由它在未来 30 年内活动的概率表示的，所以外行并不十分明白，如果也用同样方法表示 1995 年兵库县南部地震（阪神·淡路大地震）发生时的概率，则只有百分之几，但即使是很低的发生概率，断层也可能随时活动。因此，即使说日本的大部分地区在不远的将来都有遭受大地震的可能性，也并非言过其实。

查阅过去的地震历史发现，针对日本全国而言，地震是时有发生的，但如果限定到某一地区，其发生地震的间隔则从数十年到几百年或者更长时间不等。据说人类历史的传承每 100～200 年就要中断一次，更不用说在世间事物发生急剧变化时，人类将会在更短的时间内忘记过去的事，这似乎已成为惯例。据说 1855 年发生的安政江户地震造成了超过 1 万人死亡，但是当时日本正好处于从明治向大正过渡的剧变时期，致使大部分人忘记了这一地震的教训，结果 1923 年的关东大地震又造成了重大伤亡。因此，70 年前的地震经验告诉我们，哪个地区的地震较弱，哪个地区的木建筑就密集、防火性能就差，但这些经验并没有应用到明治维新时期震后的东京城市建设中来。人们普遍认为关西地区地震少，一般情况下相对安全，但实际上是大约 400 年前发生的大地震（天正大地震）被人们遗忘了。

b. 地震灾害中的收获

从世界范围来看，在 1955 年的兵库县南部地震（阪神·淡路大地震）发生前，日本的建筑物一直被认为具有很高的抗震性能。

现在日本的抗震设计中规定的设计外力与其他地震国的规定数值相比要高很多。但是，那些被认为具有合理抗震设计的近代建筑、高速道路的桥墩，以及被认为绝对安全的地下结构物等在地震中大多遭受了严重毁坏，甚至倒塌。当然，还有很多建筑物和结构物未遭受毁坏。客观事实表明，受灾集中在根据 1981 年以前建筑标准法设计的建筑物，特别是根据 1971 年部分修订前的标

准法设计出来的建筑物。虽然现在的设计规定仍然存在部分问题，但它可以保证建造出来的建筑物能抵御阪神·淡路级别的地震。

2000 年至今，根据 1981 年以前的标准法所设计的建筑物，包括木结构在内还有 1200 万栋左右。据推测仅楼房就有 300 万栋，其中公寓大概 90 万栋左右。因此，从中找出抗震性能低于现行抗震标准的建筑物并提高抗震强度，使其达到现行抗震标准规定的抗震强度，这就是所谓使现有安全抗震性能不合格建筑物达到安全标准的加固设计。其中对公寓来说，受到地震灾害后的修复处理非常复杂，并且包含许多技术难点，基于整体考虑其难度是显而易见的，而且实际情况中兵库县南部地震造成了很多复杂的问题，所以技术处理难度很高。

了解建筑物在地震灾害作用下损坏的原因，并有针对性地进行加固处理设计，是建造高抗震性能建筑物最浅显易懂的方法。阪神·淡路大地震中，很多建筑物遭受了损害，根据建筑物结构的不同，损害的原因大致可分为以下几种：

i）木结构住宅的受灾情况 木结构住宅的破坏情况如下，整个神户市全毁坏的约有 55000 栋，半毁坏的约有 32000 栋，约 1/10 左右的家庭属于全部毁坏，对比最近 5、6 级地震作用下建筑物的破坏情况发现，这个数量是相对较高的。关于灾害的原因，很大一部分归结于地震的强度和地基特性，但是从建筑物自身角度来看其损坏原因，灾害调查的结果如下：

①斜支撑不足；②接头不良问题；③构件和接头的腐蚀问题；④墙壁量不够；⑤屋顶质量过大；⑥地基基础不良问题。

ii）钢筋混凝土结构建筑物的受灾情况

1981 年后按新型抗震设计法建造的建筑物，其受灾情况鲜有报道。但是，基于新抗震设计法建造的建筑物仍可能出现的问题，如底层架空式建筑的受损问题等，也逐渐明晰起来。灾害的特征归纳为以下几点：

①底层架空式建筑物最底层的破坏问题；
②因偏心作用（墙体分布不均匀）造成的扭

转破坏问题；

③中间层的破坏（结构形式发生变化的楼层）问题；

④伸缩缝及连廊（连接两个建筑物的）的破坏问题；

⑤短柱的剪切破坏问题；

⑥2次构件的破坏问题；

⑦钢筋端部锚固不牢固的问题；

⑧柱·梁接合部的破坏问题等。

如上所述，地震灾害的原因是多方面的，从设计到施工质量的优良与否，都在很大程度上决定着破坏情况的严重性。考虑到房屋的抗震性能，上述的建筑物破坏原因供大家参考。

2000 年修正的建筑标准法，从传统规范设计转向注重设计者责任的性能型设计方法，不再仅仅按照建筑业主、设计师或建筑施工方的想法进行设计，而是对安全性的要求进行了详细说明。因为建筑物是国民的财产，与生活息息相关，并且价值极大，在遭受地震灾害时的影响也是非常大的。

c. 抗震设计和巨大地震

关于 1995 兵库县南部地震的摇晃等级是否为最大级别，仍需等待地震专家的进一步研究。从工程学的角度考虑，设计房屋时遵守如下性能要求即可，即保证区域在发生震级为 7 级的地震时不会影响人的生命安全，而且大部分建筑物只坏不倒并可修复。

内陆型的兵库县南部地震暂且不提，根据地震调查促进部公布的结果，东南海地震、南海地震等里氏 8 级的海沟型巨大地震发生的概率持续提高，如表 0.1 所示。2003 年 9 月 26 日发生的十胜冲地震是长周期地震动，并引起石油罐火灾（图 0.2），让我们重新认识到了巨大地震所带来的持续威胁。虽然有关地震动的研究一直在进行，而且设计经验非常丰富，但有人指出，针对几乎没有遭受破坏考验的超高层建筑、隔震结构等长周期结构物，有必要阐明长周期地震动对其所带来的最终安全性方面的问题。

图 0.2　石油罐的全面火灾（消防局提供）
2003 年十胜冲地震引起浮屋顶坍塌的石油罐，在地震 2 日后发生石油罐的全面火灾

30 年内发生巨大地震的概率　　　　表 0.1
（截至 2008 年 1 月）

地域	概率	震级（程度）
东海地震	（87%）[*1]	8.0
东南海	60	8.1
南海	50	8.4
宫城县冲	99	7.5
南关东	70	7.2

*1：单独发生东海地震的可能性低

巨大地震具有广阔的震源区域，从那里发出的地震运动具有较长的持续时间，包含长周期因素，并包含在传播路径中存在的浅部地壳结构和沉积盆地等所产生的表面波等，这些都是长周期地震动的特征。现有的地震观测网在持续完善中，震源模型、沉积盆地模型的相关研究也在不断进步，针对巨大地震的预测预警手段也取得了快速发展，本书将在第 5 章进行介绍。

自 1923 年关东大地震之后，建筑物和构筑物的抗震设计开始使用震级法。震级法是强度设计方法，基本上一直沿用到现在。但是，随着多次地震灾害经验教训的汲取、振动理论的普及、地震响应分析技术的进步，作为地震作用结构的荷载效应，很明显其作用力和变形都非常重要，这一概念被引入 1981 年的新抗震设计方法中。现行的抗震设计是在假定设计地震动的基础上，将结构物的破坏控制在允许限度之内。作为抗震结构的发展类型，极力控制承重结构主要部分的破坏，通过设置吸收地震能量的隔震结构、减震结构正在普及（第3章）。

1995年的兵库县南部地震，在确信抗震设计进步的同时告诉人们，抗震设计不仅应确保建筑物的最终安全性，还应减少损害。以更高要求（或细致）的抗震性能为目标的设计称为性能化抗震设计，通过现有的性能化设计方法设计出来的相近型式的长周期结构物，即使是在兵库县南部地震中也几乎没有遭受损害。但是，东南海地震等巨大地震是可以预测的，它是比兵库县地震拥有更多长周期成分的地震动，然而对于这些地震作用，长周期结构物有何响应以及与其最终抗震性能有何种关系等方面仍有很多不明之处。

在日本，高层建筑林立的大都市并未遭受过海沟型大地震。因此，驱动最新技术预测地震动，再用这些假定地震动对比现存结构物的抗震性能非常重要。关于短周期地震动，1995年的兵库县南部地震取得了宝贵的经验。短周期区域的地震输入在有些地方远远超过了现行的设计地震输入，因此，按照现行的抗震设计方法设计出来的建筑物大致能避免致命性损坏，究其原因大抵是由于地震波发生和传播过程中地震动的不均衡性、地表地震动和结构物的实际输入的不一致以及结构物的抗震性能余力等。在长周期地震动方面，即使预测地震动超过现行的设计地震输入，也不能因为同样的理由立即判定现存结构物是危险的。为了评价建筑结构物真正的抗震安全性能，设计者应该养成这种基于地震动和建筑物性能相关的综合性判断能力，本书的目的正是要帮助大家培养这种能力。

d. 强抗震能力城市的建设

我们需要为确保建筑安全性（建设抗震能力强的城市）进行投资。顺便说一下，现在如果类似关东大地震这种震级的地震袭击首都圈的话，其受灾总金额可能超过100兆日元，这是风险评估专家和国家中央防灾会议共同提出的，因此强抗震能力的建筑物和城市建设是当务之急。

近几年在土耳其、印度、苏门答腊、巴基斯坦和中国等地发生的大地震破坏性都很大。毋庸置疑，日本的地震防灾对策会对今后其他地震国在减轻、防止地震灾害方面起到作用。不仅要充分总结阪神·淡路大地震的教训，还要将上述各国的受灾教训用于将来。谋求各结构物的抗震化和防灾化自不用说，尤其是在日本发生的阪神·淡路大地震，作为人口过于密集的都市或地区，其综合防灾计划的欠缺可以说浮现出一个很大的问题。如前所述，我们不能忘记，在21世纪南关东地震、东海地震和直下型的大地震必会发生，为了制订合理的防灾对策，结构物的抗震化是基本，为此抗震设计担负着重要使命。本书旨在培养读者对地震动、建筑物性能相关知识的综合判断力，如果能供各位参考，笔者将十分高兴。

注1 更多详情，请参考如下各机构网站。

www.bousai.go.jp/syuto_higaisoutei/pdf/higai_gaiyou.pdf

www.metro.tokyo.jp/INET/OSHIRASE/2006/03/20 g 3 t 400.htm-26 k

www.bousai.go.jp/jishin/chubou/shutochokka/16/shiryou 1.pdf

www.bo-sai.co.jp/tounankainankai.htm

第1章 振动测定及其解析

1.1 振动试验

建筑物因地震或台风等外在原因而引起的摇晃状态作为**振动数据**（vibration data）被收集，或者对建筑物的振动状态进行**振动测量**（vibration measurement），并对研究对象进行振动试验，通过分析研究**振动试验**（vibration experiment）中收集的振动数据对建筑物的振动特性进行评价。

通过人工产生地震动的机械装置称为**振动台**（shaking table）（图1.1）。在试验室里，通过在振动台上放置建筑物比例模型或者建筑物结构构件进行振动试验，也能对建筑物的振动特性进行预测，本书主要是以实际存在的建筑物为研究对象，通过振动试验进行解释说明。

图1.1 建筑物比例模型振动台试验

建筑物振动试验研究对象的振动种类不同，其测量数据的取得方法及分析方法也有所差异。建筑物的振动实测或振动试验的种类大致分类如下：①通过激振装置使其产生特定振型固有频率的振动，然后切断激振源使其自由振动试验；②基于应用激振器等进行强迫振动的稳态振动试验；③常时微动、风观测、地震观测等随机振动试验。

1.1.1 自由振动试验

自由振动试验对评价特定**振型**（vibration mode）的振动是有效的。

通过千斤顶和拉绳等静态加载方式，给建筑物施加**初始位移**（initial displacement）后急剧松开，或者对处于平衡状态的建筑物赋予**初始速度**（initial velocity），让建筑物进行**自由振动**（free vibration）。自由振动试验适用于重量较轻的住宅、临时结构物、低层建筑物以及容易施加初始位移、初始速度的小规模建筑。

通过人工激振、单摆振动对受关注的建筑物进行特定振型固有频率的振动试验，如果能确认目标振幅水平的共振现象，激振停止后会产生自由振动，由此可对高层建筑物、大跨（long-span）结构物等固有频率低的建筑物（周期长的建筑物）的振动特性进行评价。

施加初始位移、初始速度或共振振动后自由振动的震动波形可通过拉绳法、千斤顶加载法、人工激振法、摆锤激振法，利用减振装置的激振法等自由振动试验进行测量。

a. 初始位移法，初始速度法

这种激振法是指在小规模建筑物的上部通过钢丝绳等拉伸产生初始位移 d_0，通过切断拉绳让建筑物产生自由振动，或者是以相邻的结构物作为反力墙设置千斤顶，通过反压对建筑物赋予初始位移 d_0，然后通过瞬间卸除千斤顶的压缩力，让建筑物自由振动，自由振动试验的示意图如图1.2所示。基于拉绳法、千斤顶加载法的自由振动试验，必须充分确保拉绳及千斤顶的反力以及切断拉绳时的安全性。

另一方面，瞬间赋予初始速度的方法，意味着对于质量为 m 的建筑物在极短持时 Δt 内获得**冲击力**（impulse force）f，Δt 时间内速度从0变为 $v_0 = f \cdot \Delta t / m$，这个 v_0 是初始速度。还有一种方法是用大铁锤敲打木结构住宅的妻侧主屋端部的方法，以及把砂袋从大梁上层楼板扔下的方法。

质量（mass）为 m、阻尼系数（damping coefficient）为 c、刚度（stiffness）为 k 的单自由度建筑物（图 1.3）的自由振动运动方程（equation of motion）为：

$$m \cdot \ddot{x}(t) + c \cdot \dot{x}(t) + k \cdot x(t) = 0 \qquad (1.1)$$

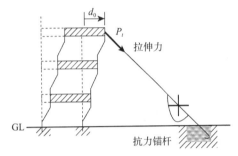

（a）拉绳法

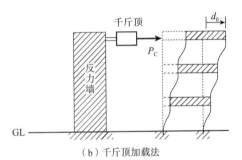

（b）千斤顶加载法

图 1.2 初始位移法

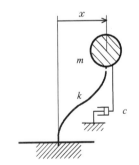

图 1.3 单自由度的建筑模型

建筑物的位移（displacement）$x(t)$、速度（velocity）$\dot{x}(t)$、加速度（acceleration）$\ddot{x}(t)$ 均为时间 t 的函数。省略（t），保留位移 x、速度 $\dot{x}$、加速度 $\ddot{x}$ 进行运算也比较常见。

将 $\omega^2 = k/m$，$2h\omega = c/m$ 代入上式可得：

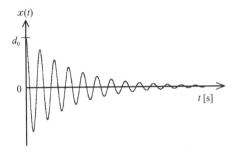

（a）给定初始位移的自由振动波形

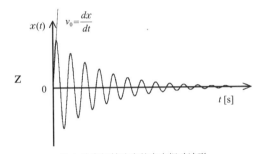

（b）给定初始速度的自由振动波形

图 1.4 自由振动波形

$$\ddot{x} + 2h\omega \dot{x} + \omega^2 x = 0 \qquad (1.2)$$

当给定初始位移 $x(0)=d_0$ 时其一般解为：

$$x(t) = \left(\frac{d_0}{\sqrt{1-h^2}}\right) \mathrm{e}^{-hwt}\left(\cos\sqrt{1-h^2}\,\omega t + \phi_0\right) \qquad (1.3)$$

$$\tan\phi_0 = -h/\sqrt{1-h^2}$$

同理，给定初始速度 $\dot{x}(0)=v_0$ 时其一般解为：

$$x(t) = \left(\frac{v_0}{\sqrt{1-h^2}\,\omega}\right) \mathrm{e}^{-hwt}\sin\sqrt{1-h^2}\,\omega t \qquad (1.4)$$

根据建筑物的自由振动试验可以推导得出公式（1.3）和公式（1.4），对其时程数据进行记录，可得如图 1.4 所示的理论上的自由振动波形。

b. 人工激振法

如果是为了使建筑物的固有频率调谐而重复进行激振的话，基于共振原理，即使是小功率也能使建筑物的振动幅度逐渐增加。让此共振现象发生的力称为**激振力**（external force），利用人力形成激振力的方法称为**人工激振法**（man power excitement）。人工激振法通过试验人员移动身体做功产生的力作为使建筑物产生振动的激振力，不需要加载装置，具备试验简单的特征。

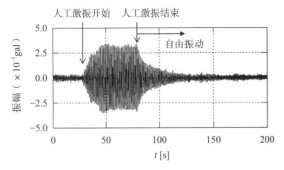

（a）常时微动 - 人力激振 - 自由振动 - 常时微动

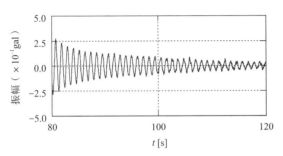

（b）通过人工激振得到的自由振动波形

图 1.5 人工激振所记录的自由振动波形示例

在人工激振法试验中，基于共振现象，当振幅水平变得足够大后停止激振，然后对停止人工激振后自由振动的**时程波**（time history wave）进行记录。图 1.5（a）举例说明从常时微动状态到人工激振开始，在振动的振幅水平变大之后停止人工激振，记录其自由振动产生的数据，图 1.5（b）为所得到的自由振动波形。针对常时微动的振幅，为了使其产生 10^1 ~ 10^2 倍振幅水平的自由振动，应尽可能调谐建筑物的固有频率，同时确保足够的身体移动重复次数也十分必要。为了较好地与固有频率调谐，通过常时微动测量波形计算出来的振动频率，进行激振的人根据节拍器等调整呼吸，有节奏地身体移动，这都非常重要。不应在建筑物高度方向上的振型节点处进行激振，而应该在腹部位置进行激振，水平方向的第一振型，尽量在邻接建筑物最顶层楼板处进行激振是比较高效的。激振的人其体力是有限的，对收集振幅水平大的自由振动波形来说，激振的次数也是很重要的，尽量由多人完成，激振质量变大后，能更好地对建筑物的固有频率进行调谐，形成比较合理的人工激振（图 1.6）。

在固有频率较高的建筑物（周期短的建筑物）中，进行快速身体移动是有必要的，因此人工激振在某些场合难以适用，该方法主要适用于固有频率在 0.5 ~ 2.0Hz 的建筑物。

图 1.6 人工激振情况

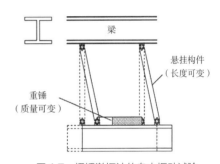

图 1.7 摆锤激振法的自由振动试验

c. 摆锤激振法

摆锤激振法可以获得建筑物第一振型的自由振动波形（图 1.7）。为了让建筑物的一阶固有频率调谐，通过调整悬挂构件的长度或重锤的装载量，使单摆悬挂在建筑物上部的梁上，水平方向拉住铅锤部分，然后松开，建筑物的时程波振幅水平变得足够大后，停止摆锤，然后对进行自由振动的建筑物振动响应进行记录。为了能使建筑物产生较大的振幅水平，摆锤装置需大型化、重量化，摆锤的激振·静止制动装置也十分重要，有时候会因摆锤的震动而产生拍现象。

在高层建筑物或细长建筑物中，以降低强风和地震所引起的振动为目的，可以在顶部设置主动或被动的减振装置。这些将减振装置作为激振机的自由振动试验是摆锤激振法的一种。摆锤激振法能将在人工激振法中所得不到的较大振幅水平的激振试验变为可能。

利用主动式减震装置 AMD 的激振法中，通过调节建筑物固有频率减震装置的活动质量使其按水平方向进行移动，可得到正弦波激振。振幅水平变得足够大之后，将活动质量停止，对之后进行的自由振动的建筑物振动响应进行数据记录。在被动式减震装置 TMD 中，对与建筑物的固有频率调谐的 TMD 的质量施加初始位移，松开后可以实现摆锤激振。

1.1.2　稳态振动试验

通过静态外力对建筑物施加初始位移或者初始速度，对于此后的无激振情况，见"1.1.1　自由振动试验"，如果激振持续作用，这种情况称为强迫振动试验。地震、风或者机械振动等来自外部的激励，作为持续作用**强迫振动**（forced vibration）的基本因素，可以考虑是**简谐振动**（simple harmonic vibration）输入对建筑物的强迫振动。

作用于建筑物上的外力 P，振动时表现为时间的函数 $P(t)$。$P(t)$ 又称为激振力或者强制力，当建筑物接受只有一个振动频率为 cos 曲线或 sin 曲线且激振力为 $P(t)$ 的简谐振动时，这是最基本的强迫振动。以 cos 曲线或 sin 曲线表示的激振外力 $P(t)=P_0\sin\bar{\omega}t$ 称为**谐振力**（harmonic force），可以想象成设置在建筑物内的电机按照一定的圆频率 $\bar{\omega}$ 持续进行旋转的稳定振动状态。

为给建筑物施加激振力而嵌入的电机组装置称为**激振器**（vibration generator），激振器一般设置在建筑物的上部。通过激振进行建筑物振动特性的试验即为强迫振动试验，也称为激振试验。激振器利用质量旋转所产生的**离心力**（centrifugal force）进行强迫振动试验，在电机转速较慢的低频域中很难实现较大的激振力。一方面，由于激振器重量大，设置以及移动等花费成本较高也是它的缺点。另一方面，在求解场地卓越振动频率或者建筑物**高阶振型**（higher mode）的固有频率方面，激振器试验能够发挥其作用。

被广泛使用的不平衡质量型激振器，相对位置设置两个等量的激振器进行逆回转，基于离心力的

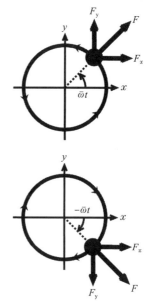

图 1.8　激振器

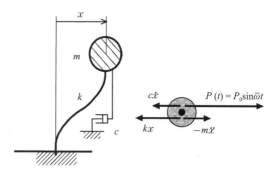

图 1.9　激振器在激振力作用下的阻尼振动模型

水平合力在 Y 方向上相互抵消，在水平 X 方向产生激振力。当质量为 m_0，旋转半径为 r，圆频率为 $\bar{\omega}$ 时，持续旋转情况下的离心力 $m_0r\bar{\omega}^2$ 在 X 方向的合力为激振力 P_0，可以用 $P_0=2m_0r\bar{\omega}^2\cos\bar{\omega}t$ 来表示（如图 1.8 所示），激振器的振动频率在 0.2 ~ 30Hz、最大激振力在 100kN 左右。

质量为 m，阻尼系数为 c，刚度为 k 的单自由度建筑物强迫振动的运动方程式为：

$$m\ddot{x}+c\dot{x}+kx=P(t) \qquad (1.5)$$

此单自由度建筑物的**固有圆频率**（natural circular frequency）ω 和**阻尼常数**（damping ratio）h 为（图 1.9）：

$$\omega=\sqrt{k/m}\ (\mathrm{rad}/\mathrm{s}), \qquad h=\frac{c}{2\sqrt{mk}}$$

激振器的旋转随着时间的流逝，建筑物的振动状态也会稳定下来。激振器的电机从起动时初始条件的自由振动逐渐衰减，一段时间之后变成圆频率为 $\bar{\omega}$ 的稳定振动，称其为**稳态振动**（steady state vibration）。强迫振动开始后，由于阻尼作用，自由振动随时间 t 持续减少，变为稳态振动之前的振动称为**瞬态振动**（transient vibration）。强迫振动的运动方程在数学上是非齐次线性微分方程式，其一般解和特解都很重要，以简谐外力的圆频率 $\bar{\omega}$ 表示振动持续的稳态振动。因此，将强迫振动试验称为稳态振动试验的情况也比较多，表示稳态响应的特解为：

$$x_p(t)=X_p\sin(\bar{\omega}t-\phi_p)$$
$$X_p=\frac{P_0/m}{\sqrt{(2h\omega\bar{\omega})^2+(\omega^2-\bar{\omega}^2)^2}} \quad (1.6)$$
$$\tan\phi_p=\frac{2h\omega\bar{\omega}}{\omega^2-\bar{\omega}^2}$$

将简谐外力的圆频率 $\bar{\omega}$ 和建筑物的固有圆频率 ω 的比 β，即 $\bar{\omega}/\omega$，代入上式可得：

$$x_p(t)=\frac{P_0/k}{\sqrt{(2h\beta)^2+(1-\beta^2)^2}}\sin(\bar{\omega}t-\phi_p) \quad (1.7)$$
$$\tan\phi_p=\frac{2h\beta}{1-\beta^2}$$

这里，P_0 指以简谐外力 $P_0\sin\bar{\omega}t$ 表示的激振器容量的大小，即激振力的振幅。k 是单自由度建筑物的刚度，P_0/k 是指力 P_0 静态作用在单自由度建筑物情况下的位移（如图 1.10 所示），这个位移被称为**静态位移**（static displacement），用 x_s 来表示，用 x_s 将稳态响应表示为：

$$x_p(t)=\frac{x_s}{\sqrt{(2h\beta)^2+(1-\beta^2)^2}}\sin(\bar{\omega}t-\phi_p) \quad (1.8)$$
$$x_p(t)=\alpha x_s\sin(\bar{\omega}t-\phi_p) \quad (1.9)$$

α 是静力 P_0 所引起的静态位移 x_s 与 $P_0\sin\bar{\omega}t$ 简谐激振所引起的稳态响应动态位移 $x_p(t)$ 的振幅 αx_s 的比。α 被称为动态响应系数或振幅放大率、动态响应放大率。**动态响应系数**（dynamic response factor）是**振动频率比**（frequency ratio）$\beta=\bar{\omega}/\omega$ 和建筑的阻尼常数 h 的依存函数。以频率比 β 作为横坐标，其与 β 所对应的动态响应系数的关系如图 1.11 所示。当简谐外力的圆频率 $\bar{\omega}$ 和建筑物

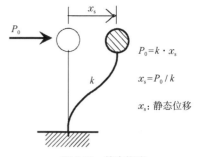

图 1.10 静态位移

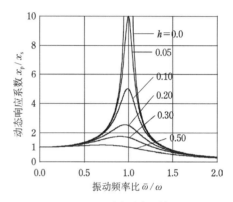

图 1.11 动态响应系数

的固有圆频率 ω 调谐时，即为**共振**（resonance），即 $\beta=1$ 时为共振状态。

强迫振动的稳态响应解 ϕ_p，表示质量为 m 的响应位移 $x_p(t)$ 对于简谐外力 $P(t)=P_0\sin\bar{\omega}t$ 的相位延迟（phase delay）。

由 $\tan\phi_p=[2h\beta/(1-\beta^2)]$ 可得相位函数（phase function）ϕ_p 为：

$$\phi_p=\tan^{-1}\left(\frac{2h\beta}{1-\beta^2}\right) \quad (1.10)$$

以振动频率比 β 为横坐标，β 与相应相位延迟 ϕ_p 的关系如图 1.12 所示。振动频率比与相对相位延迟的关系曲线称为**相位曲线**（phase curve）。这个相位曲线的参数是与动态响应系数一致的阻尼常数 h。表示振动频率比与相应动态响应系数以及相位延迟关系的曲线称为**共振曲线**（resonance curve）。

获得共振曲线的激振器试验方法是以任意振动频率进行激振，在建筑物进入稳态响应后进行测量，让振动次数发生变化后测量下一个稳态响应，在共振点附近的振动频率有必要减少变化幅

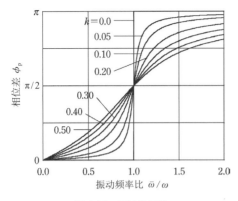

图 1.12　相位差函数

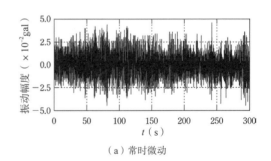

图 1.13　11 层钢结构建筑（明治大学理工学部 A 馆）

度。如果求一条共振曲线，也可以改变激振力 P_0 的大小，反复进行共振试验。

1.1.3　随机振动试验

激振器的设置在现实中有很多困难，通过对常时微动、风荷载响应观测、地震响应观测等不需要激振源的**随机振动**（random vibration）的测量数据进行收集并分析，可以对建筑物的振动特性进行评价。然而，地震响应观测时，即使有必要进行风荷载响应观测，也并非随时能够进行数据记录。

包括台风在内的强风，其发生在一定程度上是可以预测的。由于预测地震的发生是很困难的，所以地震响应观测需要建立在地震发生时确定能收集到数据的观测系统之上。

常时微动测量、风荷载响应观测以及地震响应观测的每个振动水平及数据收集时间都是不同的。对于在几分钟内结束的地震响应观测，常时微动测量、风荷载响应观测仪器不必记录几十分钟的测量数据，但是数据采集能力要大几个数量级。

图 1.14 显示了一个高度约 50m 的 11 层钢结构建筑物（如图 1.13 所示）顶层水平方向的常时微动测定和地震响应观测得到的时程波。

a. 常时微动测量

汽车、电车等交通设施，附近的工厂、施工等活动引起的地基振动，风和空气的流动，建筑物内电梯、空调设备等的振动源所传来的原因无法确定的机械振动输入，会使建筑物经常产生微小震动，这个微小振动一般称为**常时微动**

（microtremor）。通过对此常时微动的时程波进行测定和解析，就能对建筑物微小振幅水平下的振动特性进行评价。常时微动的测量不需要激振装置，可以简单且经济地进行数据收集，在稳态振动等振动试验的前后进行都可以。作为目前常用的 RD 法，如"1.2.3　阻尼常数"中所介绍的，已被固定用作常时微动测量的振动评价方法。对于常时微动测量在数据收集上的重要事宜列举如下：

①在外部噪声较少的深夜、特定激振频率影响因素较少时进行收集。

②建筑物的常时微动包含很多固有振型，建筑物水平振动所对应平面上的**扭转振动**（torsional

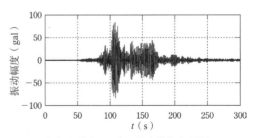

（a）常时微动

（b）地震（2005 年 8 月宫城县冲地震）

图 1.14　振动测量的时程波形示例

vibration）就是一个典型的例子，并且传感器设置在待测量振型的卓越位置。

③建议使用能对微小震动进行高精度记录的高分辨率传感器，近年来收集速度在 10^{-3} ~ 10^{-1}cm/s，加速度在 10^{-2} ~ 10^{0}gal 振动水平的伺服传感器使用较多。

④考虑傅里叶变换及 RD 法的适用性，对常时微动测定的时程波需要足够的持续时间来收集，1 个数据的收录需要几十分钟的时间。

⑤ A/D 变换（analog digital transform）的**采样频率**（sampling frequency）为 50 ~ 100Hz。

b. 地震响应观测

1923 年 9 月发生关东大地震时，当时的地震记录表针跳动比较大，但是关东附近未能保留下正确的地震记录。现在，与电脑连接的地震计已经很发达，所以现在正确的记录能被保留下来。**地震响应**（earthquake response）观测在数据收集上的重要事项有以下几点：

①积极利用电波手表、GPS 等，获得高精度的记录时间。

②强震计使用加速度计，需具备能收录Ⅰ级地震的分辨率。

③在地面运动水平中，假设最大振幅 1G=980gal，在建筑物水平上，有必要测定最大 2G 的振幅。

④作为测定频域，至少要确保 0.1 ~ 20Hz。

⑤为了能从地震发生的初期微动中进行收录，需要对触发开始以前和强震结束后的 20 ~ 30s 进行记录。

⑥ A/D 变换的采样频率为 100Hz 以上。

c. 风荷载响应观测

风荷载响应观测可以任意设定收录开始和结束的时间。风荷载响应观测中可以采用手动测量代替自动测量的地震观测系统。另外，也可以通过加大常时微动测量的振动水平切换到风荷载响应观测。

在风荷载响应中，需要注意由于风的**湍流**（wind turbulence）所引起的**风向**（wind direction）、**风速**（wind speed）的变化而导致的振动以及由于流体理论中因发生漩涡而导致的振动。另外，在

强风作用时应考虑在垂直于风的方向和扭转方向上的振动测量。风荷载响应观测在数据收集上的重要事项主要有以下几点：

①要收集多个测量持续时间为数十分钟的数据。

②为了同时收集风向·风速，应该设置风向·风速计。

③建筑物的风荷载响应以第一振型的振动为主，以上部为中心进行测量。

④ A/D 变换的采样频率为 50 ~ 100Hz。

1.2 时程波形分析

振幅的大小，即振动水平，可以直接从建筑物的自由振动试验、常时微动测量、风荷载响应观测、地震响应观测等的时程测量波形中获得。为了研究**时域**（time domain）中振幅水平的时间变化或者各振型的固有频率、阻尼常数、振型性状等振动特性，必须对时程测量波形下点功夫。另外，关于**频域**（frequency domain）的数据处理及解析方法，将在"1.3 频谱解析"中进行说明。

1.2.1 振动水平

时程波最大振幅的读取并不很难，但是在加速度收录的时程波中最大振幅有时候会显示为异常现象，如图 1.15 所示，存在类似剃胡须时漏剃 1 ~ 2 处或几处没有剃掉的"胡须"那样特别长的大振幅瞬间。虽然加速度是表示速度变化率的物理量，但是如果不弄清它是作为被测量建筑物的实际振动行为的瞬时值还是安装有加速度传感器位置处的冲击噪声，那么对最大振幅的评价可

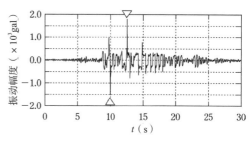

图 1.15 加速度记录的时程波中的最大值和"胡须"

能会存在偏差。另外，收录速度、位移的时程波中是没有"胡须"的。

在振动测量、振动试验的现场进行波形数据收录的同时，分析器与振动解析装置结合并用，然后与电脑联动的测量方法已经越来越普遍。那些分析器以及测量用的电脑软件中，能显示**振动水平**（vibration level）的情况比较多。时程波单侧的振幅值用（0-p）表示，双侧的振幅值用（p-p）表示。

a. 最大值和有效值

实际值也被称为**有效值**（effective value），是用 N 个时刻数据的平方和除以 N 后开平方所表示的均方根（root mean square）。调和正弦波中的有效值 A 能通过一个周期的均方根推算出来，大约为振幅 a 的 70%（$1/\sqrt{2}$）（如图 1.16 所示）。如果只通过最大值来判断振动水平，有时会对振动现象评价过高。

b. 平均值和标准差

解析振动波形时应知道振动的中心，建筑物的振动，其中心如字面意思所示，位于波形纵坐标的中央，如图 1.17 所示，以此点为基准坐标，波形集中分布在其正侧和负侧。在风荷载响应观测等方面，中心偏离基准坐标的情况也是有的，将此中心作为测量数据的**平均值**（mean value）$\bar{x}$，如果振动测量数据的数量为 n 个，则：

$$\bar{x} = \frac{1}{n}\sum_{t=1}^{n} x(t) \qquad (1.11)$$

为了能从振动振幅的分布情况或平均值中得到偏差，就要使用**标准差**（standard deviation）σ，其公式为：

$$\sigma = \sqrt{\frac{1}{n}\sum_{t=1}^{n} [x(t) - \bar{x}]^2} \qquad (1.12)$$

1.2.2 固有频率

利用目标振型卓越的自由振动时程波对固有频率进行评价并不困难，如图 1.18 所示，如果没有出现一阶振型以外的振动，评价是比较容易的。另外，即使是包含二阶以上振型的自由振动波形，一阶振型的固有频率也不会产生误差。

相等的振幅点以规则的间隔时间 T 出现的情况中，

$$x(t-T) = x(t) = x(t+T) \qquad (1.13)$$

存在每隔一定时间就重复同样振动状态的时间，这个时间就是周期，在建筑物的振动中称为固有周期，用秒或 sec、s 等来表示。固有周期 T 的倒数称为固有频率，一般用符号 f，Hz、cps 或 1/sec、1/s 等表示。

$$f = 1/T \qquad (1.14)$$

建筑物以纯粹的正弦波形式进行振动是罕见的。常时微动测量、风荷载响应观测、地震响应观测等的时程波中重叠了很多振型的振动，因此，其固有频率也包含多个，它们的固有频率是

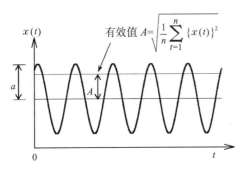

图 1.16 谐波的最大值和有效值

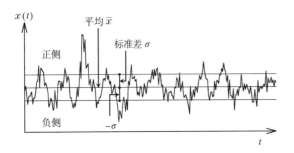

图 1.17 振动波形的平均值和标准差

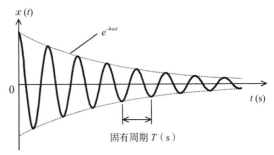

图 1.18 自由振动波形和固有振动频率

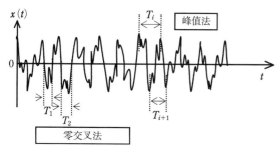

图 1.19 零交叉法和峰值法

随时间变动的。对这种不规则的时程波，固有频率的主要计算方法有零交叉法、峰值法（如图1.19所示）。

因与波形任意点具备相同状态的点出现的时间间隔为固有周期，所以为了计算固有周期，将初始点设在哪里都可以。从平均值或零轴等基轴进行横切（零交叉）的点开始向负侧，再由负侧到基轴作为周期 T_1，下一个从基轴向负侧，再由负侧到基轴作为周期 T_2，像这样记录半个周期的时间。计算波形和零轴交叉点的数量，所计算出的数量的一半作为 m，m 周期所需要的时间与 m 相除得出的平均值作为第一振型的固有周期，此方法就是零交叉法。

和零交叉法类似的方法是峰值法，它是把振动波形的波峰到波峰或波谷到波谷的时间当作固有周期来考虑。只有1个周期的话可靠性比较低，所以波形任意一个峰值到同一侧（波峰或波谷）的第 m 个点处峰值的时间为 m 个周期所需要的时间。在此峰值法中，用 m 个周期所需的时间除以 m 得出的平均值为固有周期。

1.2.3 阻尼常数

常时微动测量、风荷载响应观测、地震响应观测等时程波中应用 RD 法可以创建自由振动波形。用 RD 法制成的自由振动波形或通过人工激振等得到的自由振动波形，可以使用曲线拟合法计算阻尼常数，尤其对第一振型的阻尼常数非常有效。

下面介绍根据时程波制作自由振动波形的方法，以及从自由振动波形中计算一阶阻尼常数的方法。

a. RD 法

把随机的时程波切分成小样本，通过许多小样本的叠加制作自由振动波形的方法称为 RD 法（random decrement technique）。制作目标振型的自由振动波形时，将时程波的极大值作为小样本的初始值，让目标振型按1周期移动小样本的初始值，叠加之后就能得到高精度的自由振动波形。RD 法在制作一阶振型的自由振动波形时可以发挥作用。

单自由度体系中的 RD 法原理，假设干扰 $F(t)$ 是一个期望值为零的**随机概率过程**（probability process），作用于一阶固有圆频率为 ω_1、阻尼常数为 h_1 的单自由度体系，则有：

$$\ddot{x} + 2h_1\omega_1\dot{x} + \omega_1^2 x = F(t)/m \qquad (1.15)$$

这种情况下响应 $x(t)$ 的一般解是由自由振动解余函数 $D(t)$ 以及随机外力 $F(t)$ 的强迫振动解的特解 $R(t)$ 的和来表示的。

$$x(t) = D(t) + R(t) \qquad (1.16)$$

其中，

$$D(t) = A\exp[(-h_1 + i\sqrt{1-h_1^2})\omega_1 t] \qquad (1.17)$$

$$R(t) = \int_0^t F(\tau)h(t-\tau)\mathrm{d}\tau \qquad (1.18)$$

式中，A 是由初始条件决定的常数，$h(t)$ 是单位冲击响应函数。有关单位冲击响应函数的内容，在《建筑的振动（理论篇）》的 4.2 节中作为脉冲响应函数进行介绍。

响应 x 的期望值为自由振动解 $D(t)$ 和强迫振动解 $R(t)$ 的各期望值之和：

$$E[x(t)] = E[D(t)] + E[R(t)] \qquad (1.19)$$

随机响应成分 $R(t)$ 的期望值为：

$$E[R(t)] = \int_0^t E[F(\tau)]h(t-\tau)\mathrm{d}\tau \qquad (1.20)$$

如果外力 $F(\tau)$ 为零期望值的概率过程：

$$E[F(\tau)] = 0 \qquad (1.21)$$

则：

$$E[R(t)] = 0 \qquad (1.22)$$

响应 x 的时程系列小样本有很多，在 $t=0$ 时取峰值。如图1.20，横坐标的时间叠加到一起，随机分量的和 $\Sigma R_i(t)$ 接近零，只剩下自由振动波

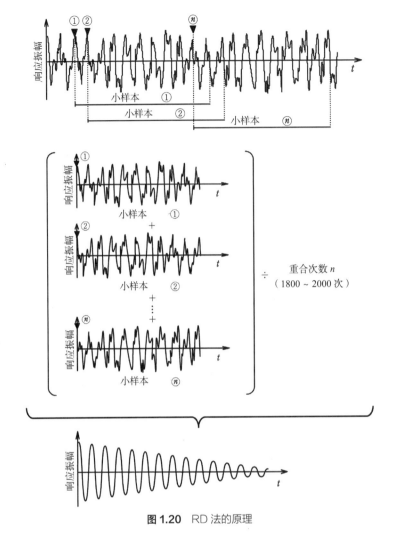

图 1.20 RD 法的原理

形和 $\Sigma D_i(t)$。因此，$\Sigma x_i(t)$ 的重合波形是以随机的极大值 P_i 的和 ΣP_i 作为自由振动波形的初始振幅。

$$\Sigma x_i(t) = \Sigma D_i(t)$$
$$= (\Sigma P_i) \exp(-h_1 \omega_1 t) \cos \sqrt{1-h_1^2}\, \omega_1 t$$
（1.23）

像常时微动波形这样稳态振动的场合，集合平均 $E[\ ]$ 可以用时间平均来替换。集合平均的叠加可沿时间轴方向边移动极大值边重合，逐个进行替换。

在建筑物振动等随机时程波中及时将多个小样本进行重叠，所制作的自由振动波形也会含有目标振型以外的振动频率成分，特别是对于第一振型的自由振动波形来说，$t=0$ 时的值比只有第一振型固有频率成分的自由振动波形的初始值大

的情况比较多。因此，对阻尼常数的评价，应该采用已经制作的自由振动波形第 2 周期以后的部分。为提高所制作的自由振动波形的精度，存在一种在应用 RD 法制作时程波之前除去目标振型以外的振型过滤器的方法。

b. 曲线拟合法

曲线拟合法是应用**最小二乘法**（least square method），根据自由振动波形的正侧或者负侧峰值和指数函数进行近似求解阻尼常数的方法。

假定给出具有以下结构形式的 n 个数据，

$$X_i = A \exp(-H \omega_1 t_i) \qquad （1.24）$$

式中，A、H 为未知常量，t_i 为已知变量。

以用这种数据为基础进行 A、H 的推测，称为曲线回归。得出推测值 a_0、h_1 后，$X(t) = a_0 e^{-h_1(n) \cdot \omega_1 \cdot t}$

称为**回归曲线**（regression curve）。

对式（1.24）取对数，与误差 ε_i 相加，得出：

$$t_i = \frac{1}{H\omega_1}\log\left(\frac{A}{y_i}\right) + \varepsilon_i \qquad (1.25)$$

A、H 用测定值 a_0、h_1 替换，ε_i 为残差，n 个残差的平方和 S_E 为：

$$S_E = \sum_{i=1}^{n}\varepsilon_i^2 = \sum_{i=1}^{n}\left[t_i - \frac{1}{h\omega_1}\log\left(\frac{a}{y_i}\right)\right]^2 \qquad (1.26)$$

令 S_E 最小来确定 a_0，h_1。S_E 最小为：

$$\frac{\mathrm{d}S_E}{\mathrm{d}a} = \frac{\mathrm{d}S_E}{\mathrm{d}h} = 0 \qquad (1.27)$$

用满足上述条件的 a_0，h_1 计算出一阶阻尼常数。

曲线拟合法中，初始值的位置和峰值数做为参数，在图 1.21 中，a_0 是初始值的位置（第几周期），到 a_n 之前的 n 个正的峰值数用作**曲线拟合法**的数据值。另外，如图 1.21 所示的自由振动波形的振幅是用 RD 法重合的次数相除得到的。例如，这里给出了一个将回归的峰值数量固定为 5，且初始值位置移动时的阻尼常数的计算方法。极值的初始值从第一个周期开始到第 n 个周期变化，求出 n 个一阶阻尼常数并取平均值，则可对 1 个自由振动波形中的一阶阻尼常数进行评价。图 1.22 是评价的阻尼常数的分布及其平均值的示例。

$x(t) = a_0\exp(-h_1(n)\cdot\omega_1\cdot t)$（$n$ 为初始值的位置，第 n 周期）

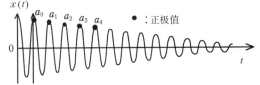

（a）初始值位置为第 1 周期

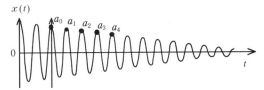

（b）初始值位置为第 2 周期

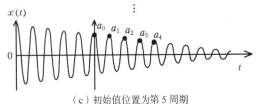

（c）初始值位置为第 5 周期

图 1.21 曲线拟合法

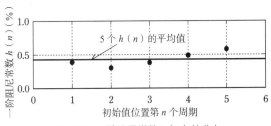

图 1.22 一阶阻尼常数 $h(n)$ 的分布

1.3 频谱解析

通过常时微动测量、风荷载响应观测、地震响应观测数据的时域解析，对建筑物的各阶固有频率、阻尼常数、振型等的振动特性进行高精度的评价比较困难，因此有必要对所收集的时程数据进行处理。尽管把时域的数据转换为振动频域的数据会用到傅里叶分析，但一般来说，傅里叶分析并不适用于非线性解析。

对振动频域的振动特性进行解析一般称为频谱解析。

1.3.1 傅里叶分析

利用傅里叶级数展开，时程波可以通过振动频率不同的谐波重合来表示。不规则时程波多为振动频率特性不明确，这种情况下，使用傅里叶层级数展开是振动频率解析的基础。

a. 傅里叶级数

振动测量的时程波，由基本振动频率 f_0（最低的振动频率，对应最长周期 T_0）的谐波与其高次谐波的和组成，如公式（1.28）所示，可以用**傅里叶级数**（fourier series）表示。所谓高次谐波是指振动频率为基本振动频率整数倍的谐波。傅里叶级数比较大的一个特征就是它是振动频率为整数 k 倍的谐波的叠加。

$$x(t) = \sum_{k=0}^{n}a_k\cdot\cos(2\pi f_0kt) + \sum_{k=0}^{n}b_k\cdot\sin(2\pi f_0kt) \qquad (1.28)$$

不管测试数据中是否存在，基本振动频率都

最好设定为低值。系数 a_k、b_k 是随机时程波所包含的各振动频率的 cos 波和 sin 波的振幅，a_k、b_k 如公式（1.29）所示：

$$a_k = \frac{2}{T_0} \cdot \int_0^{T_k} x(t) \cdot \cos(2\pi f_0 kt) \, \mathrm{d}t \\ b_k = \frac{2}{T_0} \cdot \int_0^{T_k} x(t) \cdot \sin(2\pi f_0 kt) \, \mathrm{d}t \qquad (1.29)$$

在傅里叶级数中，振动频率为 f 的任意谐波（cos 波和 sin 波）$\hat{x}(t) = a \cdot \cos(2\pi ft) + b \cdot \sin(2\pi ft)$，令

$$A = \sqrt{a^2 + b^2}, \quad \tan^{-1}\phi = \frac{a}{b} \qquad (1.30)$$

可得：

$$\hat{x}(t) = A \cdot \sin(2\pi ft - \phi) \qquad (1.31)$$

由此表明单振动为正弦波，由振幅 A、振动频率 f、相位 ϕ 三个因素来统一决定（图 1.23）。

随机时程波是多个不同振动频率（振动频率是基本振动频率整数倍）的 sin 波的叠加，如图 1.24 和图 1.25 所示。方形波（矩形波）为整数倍振动频率的 sin 波的叠加，如图 1.26 所示，

叠加的 sin 波的个数 k 越多，其目标波形就会逐渐变为长方形。

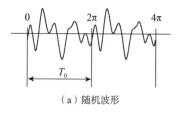

（a）随机波形

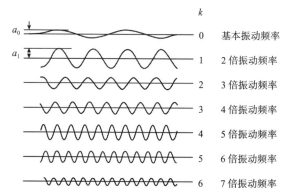

（b）基本波形和整数倍振动频率的谐波

图 1.25 随机波形的傅里叶级数展开

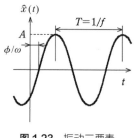

图 1.23 振动三要素

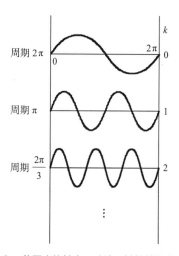

图 1.24 2π 范围内的基本正弦波及其整数倍波形

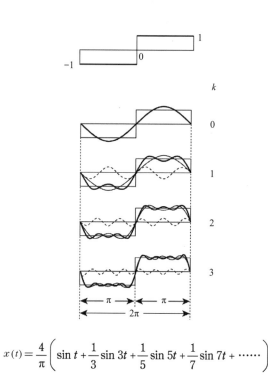

$$x(t) = \frac{4}{\pi}\left(\sin t + \frac{1}{3}\sin 3t + \frac{1}{5}\sin 5t + \frac{1}{7}\sin 7t + \cdots\cdots\right)$$

图 1.26 整数倍振动频率的 sin 波重叠而成的方形波

b. 傅里叶变换

傅里叶级数是时程波的函数 $x(t)$ 通过 cos 波和 sin 波的叠加来表示的。实际分析的测量波形不仅是具有周期特性的函数，还存在很多只有一个波形、比较孤立无周期的非周期函数，像脉冲一样只有一波的波形称为孤立波。孤立波是非周期性的函数，非周期性函数可以认为是周期 T 接近无穷 ∞ 的周期性函数，这种情况下可以采用**傅里叶变换**（Fourier transform）。

将 $t=0$ 到 T 之前测量波形按傅里叶级数展开，是把 $k=0$ 到 n 的有限个整数倍振动频数的高次谐波叠加的结果，叠加的个数越多，相邻高次谐波的振动频率间隔就越小。将时程波在傅里叶级数中展开，各级数的振动频率（或圆频率）所对应的振幅图称为**傅里叶振幅谱**（fourier amplitude spectrum）。如果叠加的振动频率间隔紧密，变成更小的连续量来考虑，则傅里叶振幅谱就是连续的频谱。因此，傅里叶级数的叠加（和）可以替换为积分来考虑的，因为振动频率是连续的，所以把 Σ 替换为 $\int$，对 t 积分，可得圆频率 ω 的函数：

$$X(i\omega)=\int_{-\infty}^{\infty} x(t)\mathrm{e}^{-i\omega t}\,\mathrm{d}t \qquad (1.32)$$

$X(i\omega)$ 为 $x(t)$ 的傅里叶变换。转换为积分后的函数所对应的公式为：

$$x(t)=\frac{1}{2\pi}\int_{-\infty}^{\infty} X(i\omega)\mathrm{e}^{i\omega t}\,\mathrm{d}\omega \qquad (1.33)$$

这是非周期函数的傅里叶表达，$x(t)$ 为傅里叶变换 $X(i\omega)$ 的逆变换。

c. 快速傅里叶

近年来，**快速傅里叶变换**（FFT：Fast Fourier Transform）已作为标准被嵌入振动分析的电脑软件中。"振动解析装置"上的测定器称为分析器，一般来说越是被称为 FFT 分析器，就越与快速傅里叶变换关联密切，这就意味着在测量的同时进行简单的振动频率分析是有可能的，现在市面上销售的 FFT 分析器就是这种可以简单操作的测量器。

Cooley 和 Tukey 在 1965 年发表了傅里叶级数的算法，但这只是 FFT 理论的开始。FFT 理论不仅在理工科有应用，而且在社会生活的很多领域中也有应用。现今 FFT 中的第一个字母 F，正从 Fast 的含义向 Finite 的含义进行演变。随着计算机软件和硬件的进步，计算速度已不再是问题，可以把傅里叶积分当作"有限"个数据所对应的傅里叶变换来考虑，把积分理解为通过数码运算进行的求解方式。现在，提起傅里叶变换，默认都是指 FFT。Cooley-Tukey 型算法是把有限个 $n=n_1 n_2$ 的大小进行变换，通过 n_1、n_2 的大小变换实现快速化，步骤中采用将变换的尺寸分割为 $n/2$ 大小的二分法。因此，通过快速傅里叶变换，作为对象的时程波数据的个数必须是 2 的乘幂。有限傅里叶系数是应用 1 的原始的 n 次根的 1 个 $F_n=\mathrm{e}^{-2\pi i/n}$ 来表示，得出如下公式（1.34）：

$$g_j=\sum_{k=0}^{n-1} F_n^{jk} x_k, \quad j=0,1,\cdots,n-1 \qquad (1.34)$$

比如，$n=4$ 时，其有限傅里叶系数用矩阵表达（把 F_4 用 F 简化表示）为：

$$\begin{bmatrix} g_0 \\ g_1 \\ g_2 \\ g_3 \end{bmatrix}=\begin{bmatrix} F^0 & F^0 & F^0 & F^0 \\ F^0 & F^1 & F^2 & F^3 \\ F^0 & F^2 & F^4 & F^6 \\ F^0 & F^3 & F^6 & F^9 \end{bmatrix}\begin{bmatrix} x_0 \\ x_1 \\ x_2 \\ x_3 \end{bmatrix} \qquad (1.35)$$

输入阵列 xk，通过下标为偶数和奇数的项分开进行转换时，

$$\begin{aligned}\begin{bmatrix} g_0 \\ g_1 \\ g_2 \\ g_3 \end{bmatrix}&=\begin{bmatrix} F^0 & F^0 & F^0 & F^0 \\ F^0 & F^2 & F^1 & F^3 \\ F^0 & F^4 & F^2 & F^6 \\ F^0 & F^6 & F^3 & F^9 \end{bmatrix}\begin{bmatrix} x_0 \\ x_2 \\ x_1 \\ x_3 \end{bmatrix}\\ &=\begin{bmatrix} F^0 & F^0 & F^0 F^0 & F^0 F^0 \\ F^0 & F^2 & F^1 F^0 & F^1 F^2 \\ F^0 & F^0 & F^2 F^0 & F^2 F^0 \\ F^0 & F^2 & F^3 F^0 & F^3 F^2 \end{bmatrix}\begin{bmatrix} x_0 \\ x_2 \\ x_1 \\ x_3 \end{bmatrix}\end{aligned} \qquad (1.36)$$

Size2 的 FFT 的运算结果如上式，尺寸可以分割。

$$\begin{bmatrix} g_0 \\ g_1 \\ g_2 \\ g_3 \end{bmatrix}=\begin{bmatrix} 1 & 0 & F^0 & 0 \\ 0 & 1 & 0 & F^1 \\ 1 & 0 & F^2 & 0 \\ 0 & 1 & 0 & F^3 \end{bmatrix}\begin{bmatrix} F_2^0 & F_2^0 & & \\ F_2^0 & F_2^0 & & \\ & & F_2^0 & F_2^0 \\ & & F_2^0 & F_2^0 \end{bmatrix}\begin{bmatrix} x_0 \\ x_2 \\ x_1 \\ x_3 \end{bmatrix} \qquad (1.37)$$

重复上式数列的分割渐进即可。

1.3.2 固有频率

通过振动测量记录时程波，并通过创建傅里叶振幅谱计算固有频率。在"1.1.3 随机振动试验"

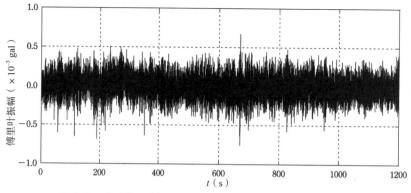

图 1.27　常时微震时的时程波形（11 层建筑顶层的水平加速度）

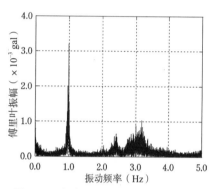

图 1.28　常时微动时程波的傅里叶振幅谱

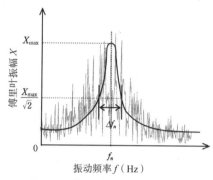

图 1.30　傅里叶振幅谱和 $1/\sqrt{2}$ 方法

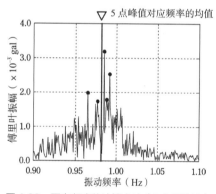

图 1.29　固有频率的计算方法（5 点峰值法）

峰值在固有频率的频域范围之外的测量数据。

图 1.29 举例说明以高精度计算固有频率的方法。对各阶振型的固有频率附近的 5 个最大峰值振动频率进行平均，与其平均值最接近的高峰振动频率为该振型的固有频率。图中的·是固有频率附近的 5 个最大峰值的振动频率，在此示例中，左起第 3 个·被评价为固有频率。

1.3.3　阻尼常数

在共振曲线和傅里叶振幅谱等频域中对阻尼常数进行评价的方法有半功率法和 $1/\sqrt{2}$ 法。下面基于傅里叶振幅谱对 $1/\sqrt{2}$ 法进行说明。

给定傅里叶振幅峰值 X_{max} 对应的振动频率 f_n（n 阶振型的固有频率），计算相当于 X_{max} 的 $1/\sqrt{2}$ 倍的振动频率的幅度 Δf_n，通过公式（1.38）能求出 n 阶振型的阻尼常数 h_n。图 1.30 为横坐标是振动频率 f 所表示的傅里叶振幅谱法中适用 $1/\sqrt{2}$ 法的案例。

中所例举的 11 层楼的建筑物，通过常时微动测量得到的 20 分钟时程波如图 1.27 所示，其时程波的傅里叶振幅谱如图 1.28 所示。固有频率一般采用傅里叶谱中各阶振型的固有频率振动频域里傅里叶振幅的最大值来计算。然而，通过常时微动测量得到的时程波制作的傅里叶振幅谱中，包含建筑物固有频率以外成分的情况很多，根据收录数据，存在傅里叶振幅卓越不明确的测量数据或者最大

$$h_n = \frac{\Delta f_n}{2 \cdot f_n} \qquad (1.38)$$

质量为 m，阻尼系数为 c，刚度为 k 的弹簧和阻尼器所对应的单自由度建筑物，当质点受到动态外力 $P(t)$ 的作用时，单质点系振动模型的运动方程式为：

$$m\ddot{x}(t) + c\dot{x}(t) + kx(t) = P(t) \qquad (1.39)$$

此微分方程式的解由余解和特解的和来表示，余解对应自由振动问题的解，特解对应强迫振动问题的解。

受到激振圆频率 $\bar{\omega}$ 的简谐外力 $P(t) = P_0 \cos \bar{\omega} t$ 作用下的运动方程式为：

$$\ddot{x} + 2h\omega\dot{x} + \omega^2 x = \frac{P_0}{m} \cdot \cos \bar{\omega} \qquad (1.40)$$

其特解可用静态位移 $x_s = P_0/k$ 以下式表示：

$$x(t) = x_s \cdot A \cdot \cos(\bar{\omega}t - \phi) \qquad (1.41)$$

式中，A 为动态响应放大率，ϕ 为输入所对应响应的相位延迟。

$$A = 1/\sqrt{(1-\beta^2)^2 + 4h^2\beta^2} \qquad (1.42)$$

$$\phi = \tan^{-1}[2h\beta/(1-\beta^2)] \qquad (1.43)$$

式中，β 是干扰项的激振圆频率 $\bar{\omega}$ 和建筑物的固有圆频率 ω 的频率比。在单自由度模型中，动态响应放大率 A 是频率比 $\beta=1$ 时的最大值 $A_{\max}$。根据式（1.42）的动态响应放大率，共振曲线的值是最大值 $A_{\max}$ 的 $1/\sqrt{2}$ 倍的频率比 β 满足：

$$\frac{A_{\max}}{\sqrt{2}} = \frac{1}{2\sqrt{2}h} = \frac{1}{\sqrt{(1-\beta^2)^2 + 4h^2\beta^2}} \qquad (1.44)$$

公式（1.44）中的频率比 β 为：

$$\beta^2 = (1-2h^2) \pm 2h\sqrt{h^2+1} \qquad (1.45)$$

假设阻尼常数 h 很小，当 $h^2 \approx 0$ 时，公式（1.45）的两个频率比 β 为 $\beta^2 = 1 \pm 2h$。从 $\beta_1^2 = 1+2h$，$\beta_2^2 = 1-2h$ 得出 $4h = \beta_2^2 - \beta_1^2$，即：

$$4h = (\beta_2 + \beta_1)(\beta_2 - \beta_1) = 2\Delta\beta \qquad (1.46)$$

即：

$$h = \frac{\Delta\beta}{2} \qquad (1.47)$$

如图 1.31 所示，用 $1/\sqrt{2}$ 倍峰值振幅 $A_{\max}$ 的两个振动频率的间隔 $\Delta\beta$ 求出阻尼常数。

比较共振曲线和傅里叶振幅谱，可以看出其形状非常相似。对 $1/\sqrt{2}$ 法的原理进行若干修正后，共振曲线可适用于半功率法。

1.3.4　振型

对建筑物高度方向振型的 1 阶振型、2 阶振型或高阶振型进行评价，有必要在建筑物高度方向的各测量位置对时程波进行收录。通过对高度方向的**振型**（mode shape）进行调查，可以明确各阶振型的傅里叶振幅最卓越的高度位置，即振动测量的楼板和楼层位置。

作为计算高度方向振型的方法之一，是在振动测量的各层位置中，用常时微动波形的傅里叶振幅谱来进行计算。图 1.32 表示的是 11 层建筑物顶层水平方向的常时微动加速度数据的傅里叶振幅谱，每个测定层都要制作这种傅里叶振幅频谱，通过各阶振型高度位置的傅里叶振幅的比算出高度方向上的振型。

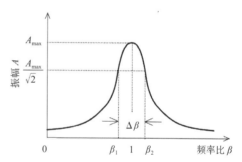

图 1.31　以频率比 β 表示的傅里叶振幅谱和 $1/\sqrt{2}$ 方法建立的单自由度系统模型

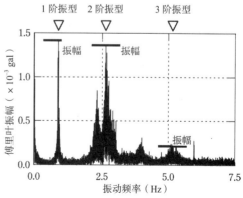

图 1.32　用于振型计算的各阶振型的振幅（建筑物顶层常时微动加速度的傅里叶振幅谱）

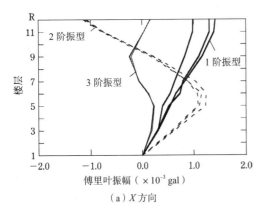

(a) X 方向

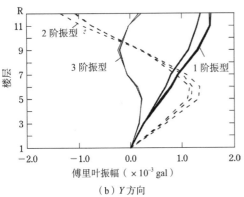

(b) Y 方向

图 1.33 根据 11 层建筑物的水平加速度计算高度
方向的振型

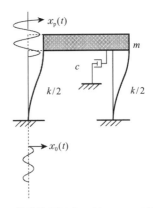

图 1.34 受简谐地面运动 $x_0(t)=a_0\sin\bar\omega t$ 的单层建筑

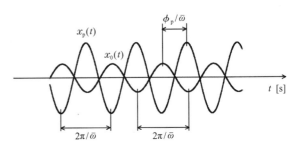

图 1.35 地面运动输入 x_0 和建筑物响应 x_p 的振幅及
相位延迟

图 1.33 是用常时微动测量所得的测量数据来评价高度方向振型的示例。各测量方向上各阶振型的测量数据差别不大，形状大致相同。在 2 阶振型中，各测量方向傅里叶振幅的最大值都在第六层附近，2 阶振型的固有频率、阻尼常数等的振动特性可通过第六层进行评价。在 3 阶振型中，X 方向、Y 方向的傅里叶振幅最大值都在第九层，3 阶振型的振动特性应通过第九层的测量数据进行评价。

1.4　传递函数

1.4.1　受地面运动激振的单自由度建筑物的响应

地震作用下的单层建筑物，受到地面位移为 $x_0(t)=a_0\sin\bar\omega t$ 的谐波振动的干扰（图 1.34）。

把地面运动加速度 $\ddot x_0(t)=-\bar\omega^2 a_0\sin\bar\omega t$ 代入公式（1.39）中，单自由度振型的运动方程为公式（1.48）。公式（1.49）中的 $x_p(t)$，是公式（1.48）所示的微分方程的特解，它表明瞬态响应结束后，**地面运动**（ground motion）与圆频率 $\bar\omega$ 的稳态响应相同。

$$\ddot x(t)+2h\omega\dot x(t)+\omega^2 x(t)=\bar\omega^2 a_0\sin\bar\omega t \quad (1.48)$$

$$x_p(t)=A_p\sin(\bar\omega t+\phi_p) \quad (1.49)$$

式中，A_p 为响应振幅，ϕ_p 为地面运动输入所对应质点 m 的响应的相位延迟。地面运动输入的位移 x_0 的振幅 a_0 和建筑物响应的相对位移 x_p 的振幅 A_p 以及 x_0 和 x_p 的相位如图 1.35 所示。

$$A_p=\frac{\beta^2\cdot a_0}{\sqrt{(1-\beta^2)^2+4h^2\beta^2}} \quad (1.50)$$

$$\phi_p=\tan^{-1}\left(\frac{-2h\beta}{1-\beta^2}\right) \quad (1.51)$$

式中，β 是地面运动圆频率 $\bar\omega$ 与建筑物固有频率 ω 的频率比。稳态响应公式（1.49）的振幅公式（1.50），和设置在质点的激振器输入对应的稳态响应公式（1.6）的解类似。

地面运动输入的位移 x_0 与建筑物响应的相对位移 x_p 相关的振幅放大率 x_p/x_0 为：

$$\left|\frac{x_p}{x_0}\right| = \frac{\beta^2}{\sqrt{(1-\beta^2)^2 + 4h^2\beta^2}} \quad (1.52)$$

此放大率称为**相对位移响应放大率**（response factor of relative displacement）。阻尼常数 h 作为参数，频率比 β 对应的相对位移响应放大率如图1.36所示。$\beta \approx 0$ 时，相对位移响应放大率 $x_p/x_0 \approx 0$，也就是说，当简谐地面运动频率远小于系统固有频率时（$\bar{\omega} \ll \omega$），建筑物几乎不发生变形，位移响应随着 $\bar{\omega}$ 越接近 ω，x_p/x_0 就会越大，且位移响应随阻尼常数 h 的减小而显著增大。

特别是，当共振点 $\beta=1$ 时，$x_p/x_0=1/2h$，当 $h=0$ 时 $\beta=1$ 变为无穷大。当输入频率比建筑物固有频率大时，$x_p/x_0 \approx 1$。

输入地面运动的加速度 $\ddot{x}_0$ 与建筑物响应的绝对加速度之和 $\ddot{x}_0 + \ddot{x}_p$ 的放大率 $(\ddot{x}_0 + \ddot{x}_p)/\ddot{x}_0$ 为：

$$\left|\frac{\ddot{x}_0 + \ddot{x}_p}{\ddot{x}_0}\right| = \sqrt{\frac{1+4h^2\beta^2}{(1-\beta^2)^2 + 4h^2\beta^2}} \quad (1.53)$$

此放大率称为**绝对加速度响应放大率**（response factor of absolute acceleration）。将阻尼常数 h 作为参数，频率比 β 与绝对加速度响应放大率的关系如图1.37所示。绝对加速度响应放大率也同相对位移响应放大率一样，随频率比 β 及阻尼常数 h 的变化而变化。绝对加速度响应放大率的大致形状与"1.1.2 稳态振动试验"的动态响应系数图表是近似的。$\beta \approx 0$ 时，绝对加速度响应放大率 $(\ddot{x}_0 + \ddot{x}_p)/\ddot{x}_0 \approx 1$，也就是说简谐地面运动的振动频率远小于系统固有频率时（$\bar{\omega} \ll \omega$），建筑物中几乎不产生相对加速度。当 $\bar{\omega}$ 和 ω 接近时，$(\ddot{x}_0 + \ddot{x}_p)/\ddot{x}_0$ 就会变大，且阻尼常数 h 越小其增长就越显著。特别是，当 h 较小时，共振点的 $(\ddot{x}_0 + \ddot{x}_p)/\ddot{x}_0 \approx 1/2h$，当 $h=0$ 时，$\beta=1$ 变为无穷大，当输入频率比建筑物固有频率大时，$(\ddot{x}_0 + \ddot{x}_p)/\ddot{x}_0 \approx 0$。

1.4.2 受地面运动激振的单自由度建筑物的传递函数

受简谐地面运动作用的单层建筑物（如图1.34），将谐波振动的地面运动位移 $x_0(t)=a_0\sin\bar{\omega}t$ 用复数 $x_0(t)=a_0 e^{i\bar{\omega}t}$ 表示，则地面运动加速度 $\ddot{x}_0(t)= -\bar{\omega}^2 a_0 e^{i\bar{\omega}t}$ 的运动方程式为：

$$\ddot{x} + 2h\omega\dot{x} + \omega^2 x = \bar{\omega}^2 a_0 e^{i\bar{\omega}t} \quad (1.54)$$

地面运动位移输入 $x_0(t)$ 对应的相对位移响应 $x(t)$ 可用传递函数 $H_x(\bar{\omega})$ 来表达：

$$x(t)=H_x(\bar{\omega}) \cdot x_0(t)=H_x(\bar{\omega}) \cdot a_0 e^{i\bar{\omega}t} \quad (1.55)$$

同理，速度响应，加速度响应也可以表达为：

$$\dot{x}(t)=i\bar{\omega} \cdot H_x(\bar{\omega}) \cdot a_0 e^{i\bar{\omega}t} \quad (1.56)$$

$$\ddot{x}(t)=-\bar{\omega}^2 \cdot H_x(\bar{\omega}) \cdot a_0 e^{i\bar{\omega}t} \quad (1.57)$$

将公式（1.55）~（1.57）代入公式（1.54），可求出 $H_x(\bar{\omega})$：

$$H_x(\bar{\omega})=\frac{\bar{\omega}^2}{\omega^2 - \bar{\omega}^2 + 2ih\omega\bar{\omega}} \quad (1.58)$$

地面运动位移输入是用复数来表示的，因此表示响应的传递函数也由复数表示。为了保证数学计算简便而使用复数 $a+bi$、$1/(a+bi)$，即：

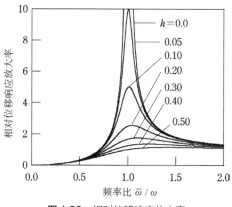

图1.36 相对位移响应放大率

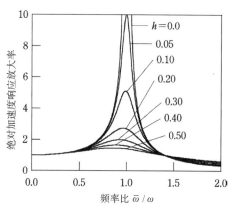

图1.37 绝对加速度响应放大率

$$a+ib=\sqrt{a^2+b^2}\cdot e^{i\theta}, \qquad \theta=\tan^{-1}\left(\frac{b}{a}\right) \quad (1.59)$$

$$\frac{1}{a+ib}=\frac{1}{\sqrt{a^2+b^2}}\cdot e^{-i\theta}, \qquad \theta=\tan^{-1}\left(\frac{b}{a}\right) \quad (1.60)$$

由此可得:

$$H_x(\bar{\omega})=\frac{\bar{\omega}^2}{\sqrt{(\omega^2-\bar{\omega}^2)^2+(2h\omega\bar{\omega})^2}}\cdot e^{-i\phi} \quad (1.61)$$

$$\phi=\tan^{-1}\left(\frac{-2h\omega\bar{\omega}}{\omega^2-\bar{\omega}^2}\right) \quad (1.62)$$

两边同除 ω^2，采用地面运动圆频率 $\bar{\omega}$ 和建筑物固有圆频率 ω 的频率比 β，则上式与相对位移响应放大率的响应振幅 A_p 式（1.50）、相位延迟 ϕ_p 式（1.51）是完全相同的，即:

$$|H_x(\bar{\omega})|=\frac{(\bar{\omega}/\omega)^2}{\sqrt{[1-(\bar{\omega}/\omega)^2]^2+4h^2(\bar{\omega}/\omega)^2}} \quad (1.63)$$

$$\phi=\tan^{-1}\left[\frac{-2h(\bar{\omega}/\omega)}{1-(\bar{\omega}/\omega)^2}\right] \quad (1.64)$$

然后，求出地面运动加速度输入对应的绝对加速度响应的传递函数 $H_{\ddot{x}+\ddot{x}_0}(\bar{\omega})$，则绝对加速度响应 $\ddot{x}(t)$ 为:

$$\begin{aligned}\ddot{x}(t)+\ddot{x}_0(t)&=H_{\ddot{x}+\ddot{x}_0}(\bar{\omega})\cdot\ddot{x}_0(t)\\&=H_{\ddot{x}+\ddot{x}_0}(\bar{\omega})\cdot-\bar{\omega}^2a_0e^{i\omega t}\end{aligned} \quad (1.65)$$

可求出 $H_{\ddot{x}+\ddot{x}_0}(\bar{\omega})$:

$$H_{\ddot{x}+\ddot{x}_0}(\bar{\omega})=\frac{\omega^2+2ih\omega\bar{\omega}}{\omega^2-\bar{\omega}^2+2ih\omega\bar{\omega}} \quad (1.66)$$

响应是相对于输入的输出，地面运动输入对应的稳态响应就是建筑物的**输入**（input）所对应的**输出**（output），所以被称为**传递函数**（transfer function）。$H_x(\bar{\omega})$、$H_{\ddot{x}+\ddot{x}_0}(\bar{\omega})$ 等是地面运动输入所对应的建筑物响应的函数表达，因此也称为**频率响应函数**（frequency response function）。

参 考 文 献

1) 日本建築学会：建築物の減衰（2000）.

2) 大崎順彦：新・地震動のスペクトル解析入門，鹿島出版会（1994）.

3) 荒川利治・菅野裕晃：常時微動による鉄筋コンクリート造高層煙突の減衰特性，日本建築学会技術報告集，No. 7, pp. 27-32（1999）.

第2章 运动方程式的数值计算法

结构物的外力和响应关系的运动方程式一般用公式（2.1）表达：

$$m \cdot \ddot{x}(t) + c(t) + f(t) = p(t) \qquad (2.1)$$

式中，$c(t)$ 为阻尼力，$f(t)$ 为恢复力，$p(t)$ 为作用于结构物的外力，都是与时间相关的连续函数。

我们已经了解到，当结构的恢复力特性为线弹性并且外力由调和函数表示时，结构物的响应在理论上是可求的。

当外力为任意函数（图 2.1）或结构物恢复力特性为非线性（塑性）时（图 2.2），运动方程式在理论上来说一般是无解的。如果将外力和恢复力都在微小时间间隔 Δt 内进行离散，在此时间间隔 Δt 中，外力、恢复力都近似为线性，可求出线性微分方程的解并求出微小时间的响应，然后将它们依次进行叠加，也就是通过逐次逼近法求解。因此，严格意义上说，这样通过离散化而求得的

解是近似解。在后面的叙述中，会尽量去接近准确解，且保持在稳定的情况下求解，这是逐次逼近法的必要条件。本章介绍的是简单明了的单质点系的响应分析方法，对于多质点系的情况，也可以用同样的方法去求解。

2.1 外力的离散

外力可随时间发生连续性变化，一般来说，其大小可以随意变动，如《建筑的振动（理论篇）》中描述的那样，当系统为弹性且外力稳定（用调和函数来表示）时，运动方程式在理论上是可以求解的，但如果系统为非线性且外力为任意函数时，理论上是无法求解的。

如图 2.1 所示，一般情况下外力被认为是在微小时间 Δt 的固定力的集合（脉冲的集合）。因此，在 Δt 之间，$p(t)$ 是固定的。当然 Δt 越小因外力离散化导致的误差就会越小。

图 2.1 外力的离散

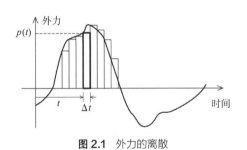

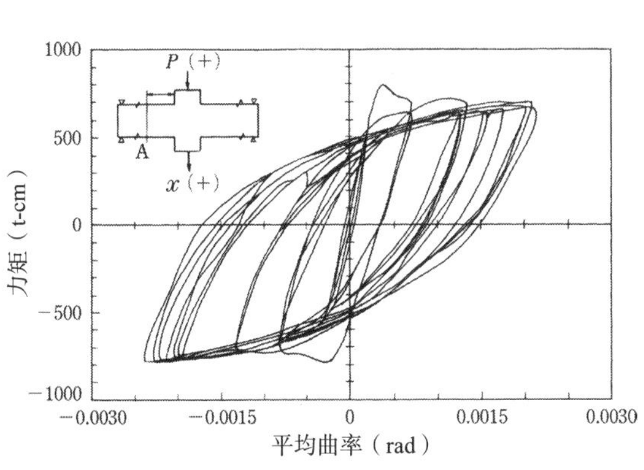

图 2.2 构件（建筑物）恢复力特性的示例

2.2 恢复力特性的直线近似

将力作用在结构物上所产生的结构物位移 x 和作用力 $p(x)$ 的关系称为恢复力特性，即 $p(x) = f(x)$ 的关系。其中的一个例子如图 2.2 所示（此图为构件中央的力矩和构件 A 点的平均曲率之间的关系，荷载 P 和荷载作用点位移 x 的关系也是类似的）。恢复力 $f(x)$ 和位移 x 的关系，除了初始极其微小的力以及位移的部分以外都不是线性关系。众所周知，力和位移如果是线性关系，那么其关系可用比例常数（刚度 k）表达，即 $p(x) = k \cdot x$。此位移 x 如果超过某个值，则 $p(x)$ 和位移 x 不再是比例关系，此时运动方程式中的恢复力项 $f(x)$

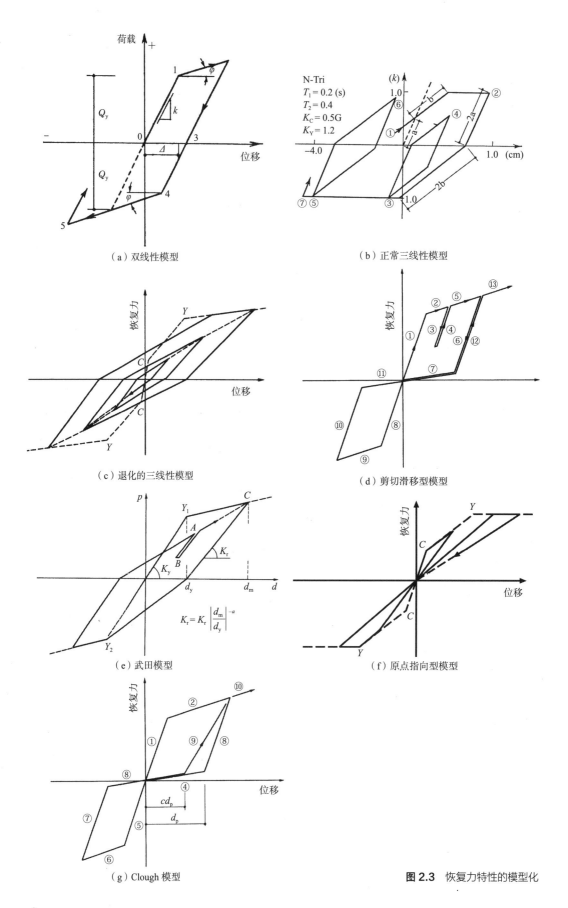

（a）双线性模型

（b）正常三线性模型

（c）退化的三线性模型

（d）剪切滑移型模型

（e）武田模型

（f）原点指向型模型

（g）Clough 模型

图 2.3 恢复力特性的模型化

是与 x 相关的非线性函数。因此，在微小时间 Δt 之间，位移的增量是线性的，如果假定恢复力在微小时间 Δt 之间也是线性的，则在 Δt 之间力的增量 Δp 和位移的增量 Δx 之间的关系可以用 $\Delta p = k(\Delta t) \cdot \Delta x$（但是 $k(\Delta t) = k$：Δt 间是固定的）这个形式线性表达。因此，《建筑的振动（理论篇）》一书中再三说明的线性运动方程式如果以增量形式表示，则如下式（2.2）所示：

$$m \cdot \Delta \ddot{x}(t) + c \cdot \Delta \dot{x}(t) + k \cdot \Delta x(t) = -m \cdot \Delta \ddot{x}_0(t) \quad (2.2)$$

式中，假定在微小时间 Δt 之间的阻尼系数 c，刚度 k 均是定值。在恢复力为非线性或外力由任意函数表示的情况下，运动方程式是基于微小时间 Δt 上的运动方程式，即增量形式的线性运动方程式。

在工程学上，经常将其恢复特性本身进行简化，用多个直线对折线进行近似处理。被近似的恢复力特性模型很多，部分模型如图 2.3 所示。

2.3 数值计算法的基本公式

单质点系的线性运动方程如公式（2.3）所示。这里采用线性运动方程，是因为有关非线性的情况如前所述，在微小时间 Δt 中与线性方程是近似的，所以省略增量形式，方便表达。

$$m\ddot{x}(t) + c\dot{x}(t) + kx(t) = -m\ddot{x}_0(t) \quad (2.3)$$

式中，m：质量；c：阻尼系数；k：刚度；$x(t)$：基础的相对位移；$\ddot{x}(t)$：地面运动的加速度。

在公式（2.3）中，已知时间 $t = t$ 时刻的响应 $x(t)$、$\dot{x}(t)$、$\ddot{x}(t)$，可以求出在 Δt 秒后的 $(t+\Delta t)$ 时刻的响应 $x(t+\Delta t)$、$\dot{x}(t+\Delta t)$、$\ddot{x}(t+\Delta t)$。把时间间隔 Δt 设为一固定值，使用泰勒展开法，由时刻 t 的响应去预测 $(t+\Delta t)$ 秒后的响应。

$$x(t+\Delta t) = x(t) + \Delta t \cdot \dot{x}(t) + \frac{\Delta t^2}{2}\ddot{x}(t) + \frac{\Delta t^3}{6}\dddot{x}(t)$$
$$+ \cdots + \frac{\Delta t^{(n-1)}}{(n-1)!}\overset{(n-1)}{x}(t) \quad (2.4)$$

$$\dot{x}(t+\Delta t) = \dot{x}(t) + \Delta t \cdot \ddot{x}(t) + \frac{\Delta t^2}{2}\dddot{x}(t) + \cdots$$

$$\ddot{x}(t+\Delta t) = \ddot{x}(t) + \Delta t \cdot \dddot{x}(t) + \cdots$$

式（2.4）是无穷级数的，所以为使其有限化，一般来说 $\dddot{x}(t)$ 以下是省略的，加速度的增量 $\dddot{x}(t)$ 为：

$$\dddot{x}(t) = \frac{\ddot{x}(t+\Delta t) - \ddot{x}(t)}{\Delta t}$$

把这个关系代入公式（2.4）的速度和位移公式，则

$$\dot{x}(t+\Delta t)$$
$$= \dot{x}(t) + \Delta t \cdot \ddot{x}(t) + \frac{\Delta t}{2} \cdot [\ddot{x}(t+\Delta t) - \ddot{x}(t)]$$
$$x(t+\Delta t) = x(t) + \Delta t \cdot \dot{x}(t) + \frac{\Delta t^2}{2} \cdot \ddot{x}(t)$$
$$+ \frac{\Delta t^2}{6} \cdot [\ddot{x}(t+\Delta t) - \ddot{x}(t)]$$

在式（2.4）中，因省略了高次项，因此会产生计算误差（如图 2.4）。考虑到已省略高次项的影响，因此：

$$\dot{x}(t+\Delta t)$$
$$= \dot{x}(t) + \Delta t \cdot \ddot{x}(t) + \gamma \cdot \Delta t [\ddot{x}(t+\Delta t) - \ddot{x}(t)]$$
$$x(t+\Delta t)$$
$$= x(t) + \Delta t \cdot \dot{x}(t) + \frac{\Delta t^2}{2} \cdot \ddot{x}(t) \qquad (2.5)$$
$$+ \beta \cdot \Delta t^2 [\ddot{x}(t+\Delta t) - \ddot{x}(t)]$$
$$(1/2 \leqslant \gamma \leqslant 1, \quad 1/6 \leqslant \beta \leqslant 1/4)$$

上式由 N.M.Newmark 提出，因此又称为 Newmark β 法，通过加大与位移、速度相关的加速度的增量，以确保忽略高次项所引起的误差和解的稳定性。$\gamma = 1/2$，$\beta = 1/4$ 时称为平均加速度法，$\gamma = 1/2$，$\beta = 1/6$ 时称为线性加速度法。

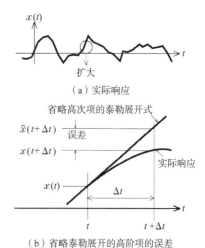

（a）实际响应

（b）省略泰勒展开的高阶项的误差

图 2.4 省略泰勒展开式的高次项时的误差

平均加速度法假定微小时间 Δt 之间的加速度为 t 时的加速度和 $(t+\Delta t)$ 时的加速度的平均值，为一定值。线性加速度法是假定 Δt 之间的加速

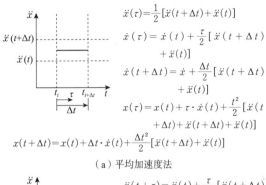

$$\ddot{x}(\tau)=\frac{1}{2}[\ddot{x}(t+\Delta t)+\ddot{x}(t)]$$

$$\dot{x}(\tau)=\dot{x}(t)+\frac{\tau}{2}[\ddot{x}(t+\Delta t)+\ddot{x}(t)]$$

$$\dot{x}(t+\Delta t)=\dot{x}+\frac{\Delta t}{2}[\ddot{x}(t+\Delta t)+\ddot{x}(t)]$$

$$x(\tau)=x(t)+\tau\cdot\dot{x}(t)+\frac{t^2}{2}[\ddot{x}(t+\Delta t)+\ddot{x}(t+\Delta t)+\ddot{x}(t)]$$

$$x(t+\Delta t)=x(t)+\Delta t\cdot\dot{x}(t)+\frac{\Delta t^2}{2}[\ddot{x}(t+\Delta t)+\ddot{x}(t)]$$

（a）平均加速度法

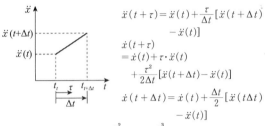

$$\ddot{x}(t+\tau)=\ddot{x}(t)+\frac{\tau}{\Delta t}[\ddot{x}(t+\Delta t)-\ddot{x}(t)]$$

$$\dot{x}(t+\tau)=\dot{x}(t)+\tau\cdot\ddot{x}(t)+\frac{\tau^2}{2\Delta t}[\ddot{x}(t+\Delta t)-\ddot{x}(t)]$$

$$\dot{x}(t+\Delta t)=\dot{x}(t)+\frac{\Delta t}{2}[\ddot{x}(t\Delta t)-\ddot{x}(t)]$$

$$x(t+\tau)=\ddot{x}(t)+\tau\cdot\dot{x}(t)+\frac{\tau^2}{2}\ddot{x}(t)+\frac{\tau^3}{6\Delta t}[\ddot{x}(t+\Delta t)-\ddot{x}(t)]$$

$$x(t+\Delta t)=x(t)+\Delta t\cdot\dot{x}(t)+\Delta t^2\left[\frac{1}{6}\ddot{x}(t+\Delta t)+\frac{1}{3}\ddot{x}(t)\right]$$

（b）线性加速度法

图 2.5 平均加速度法和线性加速度法

度增量是固定的。各方法中的加速度、速度、位移的关系如图 2.5 所示。如果考虑加速度的增量，则线性加速度法比平均加速度法精度高，在泰勒展开公式（2.4）中，把 $\ddot{x}(t)$ 以后的项设为 0，则：

$$\ddot{x}(t)=\frac{\ddot{x}(t+\Delta t)+\ddot{x}(t)}{2}$$

将其代入公式（2.4）中进行整理，Newmark β 法中公式（2.5）则会变成 $\gamma=1/2$，$\beta=1/4$ 的平均加速度法的公式，$\ddot{x}(t)$ 以后的项设为 0，则：

$$\ddot{x}(t)=\frac{\ddot{x}(t+\Delta t)-\ddot{x}(t)}{\Delta t}=常数（固定）$$

将其代入公式（2.4）中，则和 $\gamma=1/2$，$\beta=1/6$ 的线性加速度法公式是一致的。

2.4 逐次计算法

逐次计算法是指在对涉及如前所述的微小时间 Δt 间隔的非线性问题进行计算时，按照时间经过顺序依次进行合计的增量形式的解法。

t 时刻的运动方程为：

$$m\cdot\ddot{x}(t)+c(t)\cdot\dot{x}(t)+f(t)=-m\cdot\ddot{x}_0(t) \qquad (2.6)$$

（t+Δt）时刻的运动方程式为：

$$m\cdot\ddot{x}(t+\Delta t)+c(t+\Delta t)\cdot\dot{x}(t+\Delta t)+f(t+\Delta t)=-m\cdot\ddot{x}_0(t+\Delta t) \qquad (2.7)$$

式中，m 是质量；$c(t)$、$f(t)$、$c(t+\Delta t)$、$f(t+\Delta t)$ 分别是 t 时刻以及（$t+\Delta t$）时刻的阻尼系数和恢复力。

如果将公式（2.6）从公式（2.7）中去除的话，则增量时间 Δt 之间的运动方程可以如公式（2.8）所示，即：

$$m\cdot\Delta\ddot{x}(t)+c\cdot\Delta\dot{x}(t)+k\cdot\Delta x(t)=-m\cdot\Delta\ddot{x}_0 \qquad (2.8)$$

$\Delta\ddot{x}(t)$、$\Delta\dot{x}(t)$、$\Delta x(t)$ 分别表示各自的增量加速度、增量速度、增量位移。另外，假定在微小时间 Δt 间的阻尼系数 c 与恢复力相关的刚度 k 为定值，由 Newmark 公式得出：

$$\dot{x}(t+\Delta t)=\dot{x}(t)+[(1-\gamma)\Delta t]\ddot{x}(t)+\gamma\cdot\Delta t\cdot\ddot{x}(t+\Delta t) \qquad (2.9)$$

$$x(t+\Delta t)=x(t)+\Delta t\cdot\dot{x}(t)+[(0.5-\beta)\cdot\Delta t^2]\ddot{x}(t)+\beta\cdot\Delta t^2\cdot\ddot{x}(t+\Delta t) \qquad (2.10)$$

增量位移、增量速度、增量加速度为：

$$\begin{aligned}\Delta x(t)&=x(t+\Delta t)-x(t)\\\Delta\dot{x}(t)&=\dot{x}(t+\Delta t)-\dot{x}(t)\\\Delta\ddot{x}(t)&=\ddot{x}(t+\Delta t)-\ddot{x}(t)\\\Delta\ddot{x}_0(t)&=\ddot{x}_0(t+\Delta t)-\ddot{x}_0(t)\end{aligned} \qquad (2.11)$$

由此，公式（2.9）和公式（2.10）可重新整理为：

$$\Delta\dot{x}(t)=\Delta t\cdot\ddot{x}(t)+\gamma\cdot\Delta t\cdot\Delta\ddot{x}(t) \qquad (2.12)$$

$$\Delta x(t)=\Delta t\cdot\dot{x}(t)+\frac{\Delta t^2}{2}\ddot{x}(t)+\beta\cdot\Delta t^2\cdot\Delta\ddot{x}(t) \qquad (2.13)$$

通过公式（2.12）和公式（2.13）能求出增量速度和增量位移，通过公式（2.13）得出增量加速度为：

$$\Delta\ddot{x}(t)=\frac{1}{\beta\cdot\Delta t^2}\Delta x(t)-\frac{1}{\beta\cdot\Delta t}\dot{x}(t)-\frac{1}{2\beta}\ddot{x}(t) \qquad (2.14)$$

代入公式（2.12）得：

$$\begin{aligned}\Delta\dot{x}(t)&=\Delta t\cdot\ddot{x}(t)+\frac{\gamma}{\beta\cdot\Delta t}\Delta x(t)-\frac{\gamma}{\beta}\dot{x}(t)-\frac{\gamma\cdot\Delta t}{2\beta}\dot{x}(t)\\&=\frac{\gamma}{\beta\cdot\Delta t}\Delta x(t)-\frac{\gamma}{\beta}\dot{x}(t)+\Delta t\left(1-\frac{\gamma}{\beta}\right)\ddot{x}(t)\end{aligned} \qquad (2.15)$$

将公式（2.14）和公式（2.15）代入（在微小时间 Δt 中，阻尼系数、刚度为定值）增量形式的运动方程式（2.8）中进行整理，可得：

$$\bar{k}(t)\cdot\Delta x(t)=\Delta\ddot{x}_0(t) \qquad (2.16)$$

其中，

$$\tilde{k}(t) = k + \frac{\gamma}{\beta \cdot \Delta t} \cdot c + \frac{1}{\beta \cdot \Delta t^2} \cdot m$$

$$\Delta \ddot{x}_0(t) = -m \cdot \Delta \ddot{x}_0(t) + \left(\frac{1}{\beta \cdot \Delta t} \cdot m + \frac{\gamma}{\beta} \cdot c \right) \dot{x}(t)$$
$$+ \left[\frac{1}{2\beta} \cdot m + \Delta t \left(\frac{\gamma}{2\beta} - 1 \right) c \right] \ddot{x}(t)$$

由公式（2.16）可知增量位移为

$$\Delta x(t) = \Delta \ddot{x}_0(t) / \tilde{k} \qquad (2.17)$$

M、γ、β 为常数，$\dot{x}(t)$、$\ddot{x}(t)$ 为 t 时刻的已知值，$\Delta \ddot{x}(t)$ 为外力在 t 和 $(t+\Delta t)$ 之间的增量值，也是已知值。

将公式（2.17）代入公式（2.14）和公式（2.15），如果可以求出 $\Delta \dot{x}(t)$，$\Delta \ddot{x}(t)$ 的话，则通过公式（2.11）可计算出 $x(t+\Delta t)$、$\dot{x}(t+\Delta t)$、$\ddot{x}(t+\Delta t)$，也就是说，$(t+\Delta t)$ 时刻的响应值，通过 t 时刻的响应值来求出。在初始条件 $t=0$ 中，设 $x(0)=0$，$\dot{x}(0)=0$，$\ddot{x}(0)=0$，如果按照顺序进行解决的话，能依次求出各时刻的响应。此方法称为**逐次计算法**（time stepping method）。

另外，虽然多质点系用矩阵表达，但其解决思路是相同的，可自行尝试推导。

2.5　解的稳定性和计算误差

在数值计算中，由于连续事件的离散化，因此在伴随着解的稳定性和离散化等过程中产生的计算误差肯定会成为问题。将时间增量的微小时间间隔 Δt 变小，虽然能在很大程度上解决问题，但是变小也是有限度的。本节将介绍解法本身引起的稳定性问题、误差的产生，非线性响应计算引起的离散化和因此产生的误差等以及对策。

关于解法，Newmark 方法的解在以下条件下是稳定的：

$$\frac{\Delta t}{t_n} \leq \frac{1}{\pi\sqrt{2}} \cdot \frac{1}{\sqrt{\gamma - 2\beta}} \qquad (2.18)$$

式中，t_n 是固有周期（s）。因此，在平均加速度法（$\gamma = 1/2$，$\beta = 1/4$）中，

$$\frac{\Delta t}{t_n} < \infty \qquad (2.19)$$

也就是说，不论时间增量 Δt 如何选择，Newmark 法的解都是无条件稳定的。

另一方面，在线性加速度法（$\gamma = 1/2$，$\beta = 1/6$）中，在

$$\frac{\Delta t}{t_n} < 0.551 \qquad (2.20)$$

的条件下是稳定的，根据时间增量 Δt 的选择，有可能得不到稳定的解。在单自由度体系的解析中，外力的时间增量 Δt 一般取 0.01 秒，因此解的稳定性一般没有问题，但是在多自由度体系中，因高阶振型的固有周期 t_n 变得相当小，所以如果公式（2.20）不好好斟酌来确定时间增量的话，就得不到稳定的解，有时还会造成发散，特别是在立体解析的情况中，如果只考虑位移的自由度把质量设为 0，其自由度对应的固有周期变为 0 秒，响应值就会变得发散，所以需要务必注意。

确保解的稳定性的方法是后述介绍的威尔逊 θ 法。这个方法是把条件稳定的线性加速度法当作无条件稳定的方法进行修正，多被用在多自由度体系响应解析中。

其次，在非线性解析中产生的误差，提出了确定恢复力特性中刚度变化点的判定方法。这里是对卸载的情况进行说明，对于加载的情况也是同样。例如，如图 2.6 所示，在恢复力特性中，在 a→b→c 和 b 点卸载的地方，因时间增量 Δt 的关系前进到 b′ 点时，从那里开始卸载的话会产生误差，在数值计算方面，这种状态是一定会产生的，所以在刚度变化点附近必须进行处理。一般来说在通过 b 点的情况下，返回一步从 a 点开始，将增量时间 Δt 变小进行重新计算，尽可能找寻接近 b 点的位置。可以考虑逐渐收敛时间刻度使其慢慢变小，而且考虑指定误差范围，在实用性方面，把原来的增量时间 Δt 缩小为原值的数分之一，然后就这样直接进行计算的情况较多。采用通过从卸载点再回到原位的时间增量 Δt 进行计算，被认为是尽量减少误差的方法。

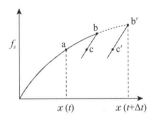

图 2.6 恢复力特性曲线上卸载点的修正

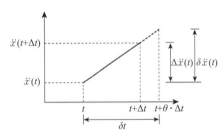

图 2.7 威尔逊 θ 法的思路

2.6 威尔逊 θ 法

E.L.Wilson 所研发的方法，是把具有附带条件稳定的线性加速度法修正为无条件稳定的方法，如图 2.7 所示，即假定加速度在比原来的增量时间 Δt 长的时间间隔 $\delta t = \theta \cdot \Delta t$ 中是线性变化的。

通过公式（2.12）和公式（2.13），Δt 的增量响应如下式所示：

$$\Delta \dot{x}(t) = (\Delta t) \cdot \ddot{x}(t) + \frac{\Delta t}{2} \Delta \ddot{x}(t) \qquad (2.21)$$

$$\Delta x(t) = (\Delta t) \cdot \dot{x}(t) + \frac{\Delta t^2}{2} \cdot \ddot{x}(t) + \frac{\Delta t^2}{6} \cdot \Delta \ddot{x}(t) \qquad (2.22)$$

将公式（2.21）和公式（2.22）中的 Δt 替换为 δt，增量响应替换为 $\delta x(t)$、$\delta \dot{x}(t)$、$\delta \ddot{x}(t)$，则延长时间间隔所对应的增量响应为：

$$\delta \dot{x}(t) = (\delta t) \cdot \ddot{x}(t) + \frac{\delta t}{2} \cdot \delta \ddot{x}(t) \qquad (2.23)$$

$$\delta x(t) = (\delta t) \cdot \dot{x}(t) + \frac{(\delta t)^2}{2} \cdot \ddot{x}(t) + \frac{(\delta t)^2}{6} \cdot \delta \ddot{x}(t) \qquad (2.24)$$

公式（2.24）可重新写为：

$$\delta \ddot{x}(t) = \frac{6}{(\delta t)^2} \cdot \delta x(t) - \frac{6}{\delta t} \cdot \dot{x}(t) - 3 \ddot{x}(t) \qquad (2.25)$$

将其代入公式（2.23），得：

$$\delta \dot{x}(t) = \frac{3}{\delta t} \cdot \delta x(t) - 3 \dot{x}(t) - \frac{\delta t}{2} \cdot \ddot{x}(t) \qquad (2.26)$$

将上式代入与时间间隔 δt 对应的增量形式的

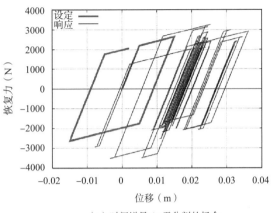

（a）时间增量 Δt 无分割的场合

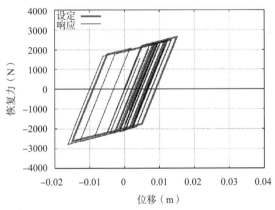

（b）时间增量 Δt 再分 1/10 的场合

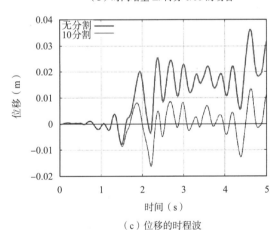

（c）位移的时程波

图 2.8 双线性恢复力特性

（固有周期为 0.3s 的单质点体系）

运动方程式，得：

$$m \cdot \delta \ddot{x}(t) + c \cdot \delta \dot{x}(t) + k \cdot \delta x(t) \\ = -m \cdot \delta \ddot{x}_0(t) = -m \cdot \theta \cdot \Delta \ddot{x}_0(t) \qquad (2.27)$$

整理后可得：

$$\tilde{k}\delta x(t) = \delta \ddot{x}_0(t)$$
$$= -m \cdot \theta \cdot \Delta \ddot{x}_0(t) - \left(\frac{6}{\delta t}m + 3c\right)\dot{x}(t) \quad (2.28)$$
$$- \left(3m + \frac{\delta t}{2}c\right)\ddot{x}(t)$$

式中,

$$\tilde{k} = k + \frac{3}{\delta t} \cdot c + \frac{6}{\delta t^2} \cdot m$$

因此,通过公式(2.28)可求出 $\delta x(t)$,通过公式(2.25)可求出 $\delta \ddot{x}(t)$。原来的时间增量 Δt 中的增量加速度为 $\Delta x(t) = \delta \ddot{x}(t)/\theta$,增量速度、增量位移可由公式(2.23)和公式(2.24)算出。

这种情况下 θ 的值能控制解的稳定性,如果 $\theta \geq 1.37$,则为无条件稳定,当 $\theta = 1.42$ 时的精度最高。

2.7 数值算例

本节介绍前述的各种响应计算法的数值计算具体示例,对每种方法中计算时间间隔的时间增量 Δt 与数值误差等的关系进行说明。图 2.8 显示的是固有周期为 0.3 秒的单质点体系模型的双线

性恢复力特性。图中,(a)图是时间增量 Δt 为 0.01 秒且即使产生刚度变化时间增量 Δt 也不会进行修正而直接继续计算的情况;(b)图是如 2.5 节所述,时间增量 Δt 再分 1/10 后进行计算的情况中,给出已设定的恢复力和从响应值中所求出的恢复力之间的关系;(c)图给出两种情况下对位移的时程波进行比较的情况,图中,计算方法均采用线性加速度法。在(a)图中,如果不对时间间隔进行重新分割,则对刚度变化点的认识误差就会变大,从已设定的恢复力特性中我们能看出逐渐产生偏差的情况,即使从时程来看,两者的差距也是很明显的。上述是单质点体系中的情况,对多质点体系的情况因(a)所产生误差可能对其造成更大的影响。

图 2.9 给出的是一阶振型的固有周期为 1.0 秒的 10 质点系模型对应的线性加速度法和平均加速度法及威尔逊 θ 法的响应位移计算结果。(a)图是恢复力特性在双线性情况下的非线性响应;(b)图是线性响应的结果。如果时间增量 Δt 不重新分割,通过(a)图(1)这种方法,会产生响应时程,而

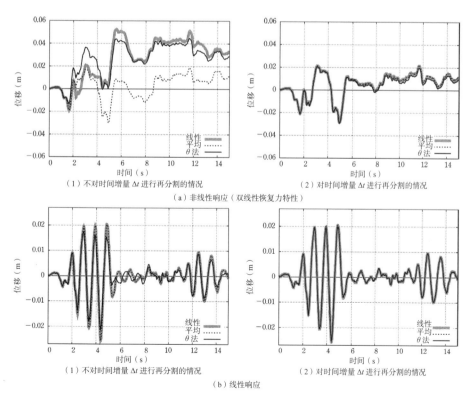

图 2.9 方法和时间间隔的响应差异(一阶固有周期为 1.0s 的 10 质点体系)

且从中心线开始随着时间的推移开始产生偏差，在此算例中，线性加速度的值和基于威尔逊方法的值差异比较少，平均加速度法的响应是相对稳定的。（b）图线性响应的例子中，线性加速度法的情况和平均加速度法的情况几乎是一致的，但是和威尔逊方法的响应有很细微的差异。另一方面，该图的（2）是将时间增量 Δt 再分为原来的 1/10 大小，但是和（1）不同方法的时程响应的差别几乎是没有的，而且在中心线周围是有响应的，也就说不会产生偏差，在线性的情况中此倾向是显著的。

由此可以看出，与使用的计算方法导致的结果差异相比，增量时间的大小对计算结果精度的影响更大。

第3章 动态抗震设计

3.1 静态抗震设计

作用在建筑物上的各种外力，能保证其安全的设计可称为结构设计，内容大概分为结构规划、结构计算和结构绘图。其中，针对地震力的安全性进行讨论的事项可以称为抗震设计。钢筋混凝土构件截面的钢筋锚固以及钢结构接合部的节点详情都是抗震设计的重要部分，一般来说，确定这些结构细节的必要计算不会称为抗震设计，与建筑物整体在地震时的行为预测及相关的各种计算才会称为抗震设计。

以1891年发生在日本的浓尾地震所造成的巨大结构损害和人身伤害为契机，抗震设计法的发展完善工作才算开始。像地震一样的**动态激振**（dynamic excitation）使建筑物产生的**惯性力**（inertia force）毕竟是复杂的动态变化量，将其用简洁的静态力代替考虑的方法称为静态计算法。地震破坏力的大小是由与建筑物重量之比的**地震烈度**（seismic intensity）确定的，并且设计用的总水平力按比例分配到建筑物各层的柱子和墙上，因此引入了**水平力分布系数**（distributing coefficient of horizontal force）的概念，可以对组成建筑物的各个构件的必要强度进行估算。虽然计算方法简便，但是根据本计算法所设计的日本兴业银行和歌舞伎座，在关东大地震（1923年）中完全没有损坏，此后，对刚度较高的结构（**刚性结构**，rigid structure）进行**静态抗震设计**（static seismic design）成为惯例。

3.2 动态抗震设计

在实施上述静态抗震设计之际，应用**振动理论**（theory of vibration）的抗震设计研究已经在进行了。例如，与今天的超高层建筑和隔震建筑的设计理论一样，也有人认为，将建筑物设计为**刚度**（stiffness）低的结构（**柔性结构，flexible structure**）能有效减少地震力。然而，当时地震运动特性本身未被查明，缺乏对于足够长周期的**高层建筑**（high rise building）的社会性需求，实际建筑物的现状无法对其优劣性给予决定性的判断。另外，在同一时期，为了结构实现抗震性能，不仅要确保刚度、**强度**（strength），就连以**塑性**（ductility）变形为基础的吸能能力也被认为是非常重要、值得关注的。这些理论都主张把建筑物振动中的特有现象融入抗震设计中，现在可以称其为普及化的**动态抗震设计**（dynamic seismic design）的先驱。但是，由于其本身在理论上的复杂性，计算也比较繁琐，因此并没有马上得到普及。

到了20世纪50年代后，日本成功开发了能够记录地震的**地震计**（seismometer），使得震动的加速度记录得以保存下来，对地震振动特性的阐明来讲是一个巨大进步。另外，应用电子计算机（一开始是模拟式计算机，后来是数码式计算机）对地震动所对应的建筑物响应性状进行分析的技术也在进步，不仅考虑建筑物的弹性特征，也考虑其弹塑性特性的**地震响应**（seismic response）性状，主要以实现建筑物的超高层化为目标进行研究。1968年日本第一个超过100m的超高层大厦——霞关大厦竣工，采用的抗震设计称为**时程响应分析**（time history response analysis）。之后，为了确保核能发电设施的抗震安全性，一直使用抗震设计的时程响应分析，这也是该解析法得以取得飞跃性进步的原动力。

时程响应解析法是使复杂结构的抗震设计成为可能的先进方法，即使是在电脑取得了长足进步的今天，对一般的设计技术者来说它也是理解难度高且很费时间的方法。此外，将这种复杂的方法强制用于城市建筑物大部分一般中低层建筑物也是不合理的。1964年新潟地震、1968年十胜冲地震以及1978年宫城县冲地震等相继发生，中低层建筑物相继遭受地震损害。由此，1981年对抗震设计标准进行了大幅度的修订。在修订中，对于一般中低层建筑物，在根据时程响应计算的建筑物动态特性的以往经验基础上，提出了一种无需进行时程响应计算就可以对抗震安全性进行简便评价的静态计算法，这是本次修订的特点，并且在此基础上，特别是超高层建筑，其安全性必须采用时程响应分析进行验证。

除了上述计算方法的进步，为确保建筑物主要结构构件的变形能力，其构件截面、接合部设计技术也在不断进步，在20世纪80年代后期，为了实现建筑物的抗震：①针对一般的中低层建筑物，出现了根据结构的塑性（**变形能力**，flexibility，**吸能能力**，energy absorbing capacity）程度选择强度控制设计或是塑性控制设计；②在超高层建筑物中，以时程响应分析为基础，选取柔性结构利用减少地震输入的计算等其他方法等；

③在**隔震**（base isolation）结构、**减震**（seismic response control）结构中也能进行同样的设计，使多种抗震设计方法的选择成为可能。其后，在1995年的阪神淡路大地震中，建筑物的结构损害严重，而且即使是新建建筑物，地震后不能马上继续使用的情况也比较多，因此1998年建筑标准法之后的法令体系修订为以性能规定为前提的形式，而且以此为依据的抗震设计被重新引入并沿用至今。

3.3 建筑标准法的抗震设计

根据建筑标准法及该施行令，将建筑物抗震设计方法进行如下分类：

a. 不需要结构计算，只考虑规范规定的方法

这个方法并不是说不需要进行结构设计，而是除根据各种各样的规范规定之外，还须对屋顶材料等进行计算。

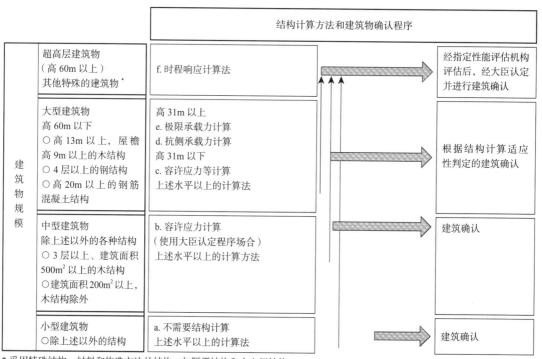

* 采用特殊结构、材料和构造方法的结构，如隔震结构和大空间结构

图3.1 《建筑标准法》施行令中的结构规定关系

b. 只进行容许应力计算的方法

对于小型、中型规模的建筑物，在保证建筑物和各种接合部在假定剪切力作用下的响应行为安全的前提下，根据以往建筑物在大地震时的响应行为等经验，只确认强度就能保证足够安全。

c. 进行容许应力等计算的方法

结合 b 项的容许应力计算，对各层建筑物的层间变形角和刚度率、偏心率在限制值以内进行确认的同时，通过对确保构件、接合部、结构整体延性的结构进行详细确认，对 d 项这种形式的结构物的极限水平强度不进行计算也是可以的。

d. 进行抗侧承载力计算的方法

对于在 c 项计算中刚度率和偏心率超过限制值的情况，根据通过试验或解析所调查的建筑物的变形能力（吸能能力），即使是对极其稀少的地震动作用，为了不使建筑物倒塌，也必须对抗侧承载力进行确认计算。

e. 进行极限承载力计算的方法

这个方法是假定建筑物荷载为极限状态，考虑各种状态所对应的安全性的方法，是根据 1998 年建筑标准法的修订公布内容而新引入的。在明确显示赋予建筑物性能的条件下，关于结构强度上的主要构件，其主要特点是不接受由结构强度引起的耐久性有关规定以外的规范规定的制约。

f. 时程响应计算等特殊计算的方法

对高 60m 以上所谓的超高层建筑物必须使用此方法，针对隔震结构和减震结构，采用建筑标准法施行令和国土交通省（原建设省）通告中所没有明示的特殊构造、特殊的材料时也必须使用该方法。

3.4　时程响应计算

3.4.1　计算法的定位

所谓时程响应计算，是采用第 2 章介绍的**地震响应分析**（seismic response analysis）对建筑物的地震响应性状进行精准分析的方法，它在建筑物抗震安全性的评价方法中处于最高位置。如

上所述，该方法没有必要应用于所有建筑物，但是对 60m 以上的建筑物或结构强度上的主要部件，除建筑标准法施行令或者通告指定的建筑材料之外的构件必须使用该方法。超高层建筑物的人流量出入很大，所投入管理的资产也很庞大，同时其地震所对应的响应性状也很复杂，因此有必要更慎重地进行抗震设计。此外，近年来一直在普及推进的隔震、减震结构（《建筑的振动（理论篇）》2.3 节，请参照 4.3 节），即使是设计简单的中低层主要结构，除使用指定的建筑材料外，对于构成它们的隔震体和**减震器**（damper）构件，迄今为止长周期震动成分所产生的影响等还没有得到充分阐明，所以要求必须进行慎重的抗震设计。

为了对建筑物的地震输入进行安全性评价，有必要特别留意各种事项。进行时程响应计算必须使用代表结构系统的建筑物模型和作用于其上的地震数据。另外，参照基于它们的组合所得到的响应计算结果的**位移**（displacement）、**速度**（velocity）、**加速度**（acceleration）、**应力**（stress）、**变形**（deflection）等对建筑物安全性进行综合评价是非常重要的。

3.4.2　基本振动模型的构成
a. 质点的构成

响应计算中，离散化模型采用代表建筑物重量（weight）的**质点**（node）和代表变形特性的**弹簧**（spring）的集合体。当对于构成结构物的**构件**（member）的每个响应评价都非常重要时，如图 3.2 所示，需要使用由代表平面结构质量的节点和连接它们的线材所组成的**平面框架**（plane frame）模型，如果平面上两个互相垂直方向的振动性状相关性比较高时，则必须使用图 3.3 所示的**立体框架**（three dimensional frame）模型。

很多情况下，包含梁在内的楼板水平面内的变形对建筑物的整体行为所产生的影响是很小的，因此上部结构各层的质量可以被归纳成一个质点，两个相互垂直方向分别对应的荷载和变形关系用模拟剪切弹簧进行连接，可以利用如图 3.4 所示的**剪切模型**（shear model）。如果地基土密实，

其与支撑上部结构的基础之间所产生的变形影响可忽略不计，简单取上部结构进行振动分析也是足够充分的。反之，基础结构和质点都要作为弹簧的组合，并将其与上部结构相连接，形成如图3.5所示的**土 - 结构相互作用模型**（soil structure interaction model），必须进行振动分析。

建筑物整体的变形，受到各种力学特性的影响而呈现复杂多样性。在许多纯框架结构中，柱子水平变形引起的建筑物水平变形是显著的，所以，图3.4中剪切模型的各质点间的弹簧可以视为只是在水平方向发生剪切变形。对此，在配置了其他代表性结构形式的剪力墙结构中，剪力墙整体会像悬臂梁一样发生变形，对建筑物整体的弯曲变形影响比较大，使剪切模型中响应计算的精度不足。在这种情况下，可以采用图3.2所示的并列质点系模型，如果进行近似性评价，可以采用与图3.4所示的剪切模型弯曲变形近似的等值剪切模型并联配置的**弯曲剪切模型**（bending-shear model），如图3.6所示。

如果结构在平面、立面上形状不规则，则建筑物各层地震力的作用点（重心）和结构物抵抗力

的中心点（刚心）相互错位，建筑物整体会伴随着平面旋转的同时发生变形。这种变形如果过大，则平面的外侧结构面会早于其他结构面发生损坏，因此需要充分注意。这种可能性较高时，可以采用图3.3所示的三维框架模型，一般剪切模型连接上下层的弹簧追加扭曲变形特性，考虑使用水平两个方向和扭转变形，采用图3.7的剪切扭转模型（shear tortional model）的刚性要素进行计算也可以。

b. 恢复力特性

如第2章所述，建筑物各层的**恢复力特性**

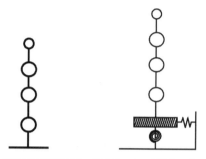

图 3.4 基础固定剪切模型　图 3.5 土 - 结构相互作用模型

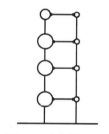

图 3.6 弯曲剪切模型

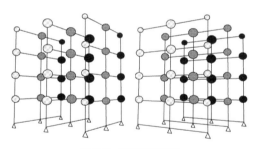

图 3.2 平面框架模型

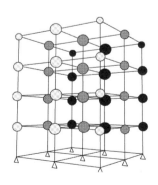

图 3.3 三维框架模型

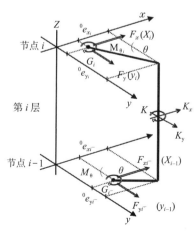

图 3.7 剪切扭转模型

（restoring–force characteristic）通过**推覆分析法**（push over analysis）所取得的荷载变形关系曲线，更加近似于两条或是三条直线；但是，一般的推覆分析（push over 分析）所得到的关系相当于地震力作为静态力作用的情况。因此，对于正负方向变动的实际地震动作用所得到的荷载变形关系，考虑到试验或反复变形的解析情况，需要事先进行规则化处理。这些荷载与变形的关系如图 3.8 所示，称为**滞回曲线**（hysteretic loop）。结构物本身的荷载变形关系，需要将其刚度、强度、变形能力作为参数，充分反映结构形式等种类特征的高精度模型化。

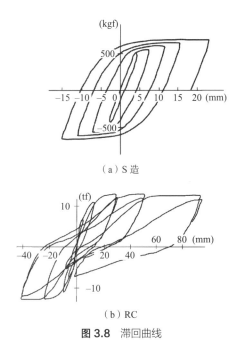

（a）S 造

（b）RC

图 3.8 滞回曲线

c. 阻尼

阻尼（damping）对建筑物振动性状的影响较大。建筑物所发挥的阻尼性能是建筑物整体固有的，区别于特殊能量吸收装置（减震器）所附加的阻尼。虽然前者的原因未能正确指定，但可以近似表示为阻尼力与建筑物各层的层间速度成比例。因此，分析上相当于在结构模型质点间设置了缓冲器。

多质点模型作为**阻尼系数**（damping coefficient）矩阵，大多与刚度矩阵、质量矩阵成正比，或者与它们的和相近似。此时应注意的是当阻尼力被

确定为与初始刚度成正比时，对高次振动的阻尼力变大，随着塑性化的进行，尽管刚度下降，但由于使用相同的阻尼系数，减少阻尼特性有可能使评价过小。对于塑性化以后的刚度变低、预测塑性变形较大的情况，存在将阻尼系数矩阵设定为与瞬间刚度成正比的方法，但是在这种情况下，反而导致对阻尼评价过低的结果较多。比较简便的办法是，通过与最大变形对应的割线刚度成正比来确定阻尼系数矩阵，或者追加与质量矩阵成正比关系的项（Rayleigh 阻尼）。不管怎样，建筑物在固有阻尼方面还有很多不明之处，在进行一连串的时程响应计算时，事先充分考虑这个设定的妥当性是很重要的。

实际上对建筑物的固有周期和地震的周期特性进行准确预测是不可能的，所以我们可以预想到建筑物的地震响应偏差也是很大的，一旦附加阻尼性能，地震响应谱周期对应的变化曲线随着阻尼的增加将更平滑，使地震响应的预测精度提高成为可能。

如果在多层建筑的各个楼层中加上黏性阻尼，那么，通过与速度成比例的阻尼力作用，将各层的变形自动统一化，这对弹塑性响应的稳定性非常有用。基于这样的思路，在进行减震器设置时，可以看到减震器的荷载变形关系。以振幅的依赖性、振动频率（速度）的依赖性、温度依赖性、反复变形所伴随的性能劣化等相关的试验性讨论为基础，仔细构建力学结构模型，根据实际的设置状况，在主要结构模型质点之间进行设置。

当安装减震器时，不仅是减震器，就连安装减震器时的辅助器材也会发生变形，从而造成减震器的效果降低，所以对安装部件的刚度进行适当的评价也是很重要的，例如，在图 3.9 单质点系模型的层间安装结构主体的弹簧和油压减震器的情况。对于实际的建筑物，其减震器也通过支撑和角撑板安装在结构主体上，所以将其刚度与结构主体的刚度所对应的比设为 α。另外，当减震器完全被安装在结构主体上时，其模型的阻尼常数设为 h，此时，将 h 设为横坐标，α 作为参数，结构整体的等价阻尼常数 h_{ep} 如图 3.10 所示。

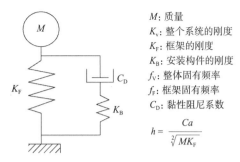

M：质量
K_V：整个系统的刚度
K_F：框架的刚度
K_B：安装构件的刚度
f_V：整体固有频率
f_F：框架固有频率
C_D：黏性阻尼系数

$$h = \frac{Ca}{2\sqrt{MK_F}}$$

图3.9　具有黏性阻尼的单质点模型

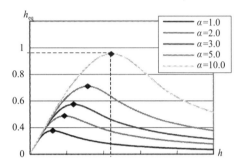

图3.10　考虑安装构件刚度的等效黏性阻尼常数

$$K_V = \frac{(2\pi f_V)^2 C_D^2}{K_B^2+(2\pi f_V)^2 C_D^2} K_B+K_F \qquad (3.1)$$

$$h_{eq} = \frac{2\pi f_V}{2} \cdot \frac{K_B^2 \cdot C_D}{K_B^2 K_F+(2\pi f_V)^2 C_D^2(K_F+K_B)} \qquad (3.2)$$

$$\alpha = \frac{K_B}{K_F} \qquad (3.3)$$

$$C_D = 2\sqrt{MK_F} \cdot h = \frac{2\xi}{2\pi f_F} K_F \qquad (3.4)$$

从图中可以看出，随着 α 的降低，结构整体的阻尼比可能会大幅度地降低。

3.4.3　设计用输入地震动

根据建筑物建设地点的不同，预测地震动的复杂程度也不同，输入地震动的不同，造成响应计算结果也大不相同，因此在进行输入地震动的选定时必须慎重。如第6章所述，准确预测建筑物的建设地点"何时发生了多大强度的地震"是很困难的，但是，可以在一定程度上预测"在几年之间，最可能发生多大强度地震的概率是百分之多少"以及任意建设地点的地震周期特性、持续时间等。因此，对个别建筑物的抗震安全性可以进行如下探讨。

根据建设地点邻近活断层的活动频率，预测断层运动所产生的波动传到地基，并且通过表层地基在地面震动，再用**模拟地震动**（artificial seismic ground motion）对其进行预测。这种情况下，对于地震的相位特性等通常是导入随机变量，因此根据多个模拟地震动对应的响应计算结果进行综合判断是非常重要的。但是，由于地震的预测尚未完全阐明，所以使用迄今为止所观测到的强地震记录中不同特性的多个地震动记录也是可行的。

在建筑物中，除单独设计、建设的作品以外，像工业化住宅等这种遵循一定型式在全国进行建设的建筑是普遍存在的。这种建筑物大部分为低层，因此不依据时程响应进行计算，而是根据静态抗震设计对其进行安全验算，如果使用后述的隔震、减震技术，很多情况下必须依据时程响应计算进行安全验证。在这种情况下，创建多个模拟地震动以包含建筑标准法施行令中假定的所有地基条件下可能发生的地震动的一切特性，并以它们相对应的响应统计评价为基础，对其安全性进行评价也是可行的。

在建筑物的时程响应计算中，决定输入地震动方向的问题也很重要。无需多言，地震动是地基的三维运动，实际震动被记录为两个水平方向分量（**水平地震动**，horizontal ground motion）+上下分量（**竖向地震动**，vertical ground motion）。如3.4.2节所述，在形状规则的建筑物中，对结构的两个正交方向设定相互独立的串联质点系模型，仅使用一个水平方向的输入也可以解决问题。复杂的立面形状可以用并联质点系模型进行计算，具有复杂平面形状的建筑物，基于两个方向的独立输入的计算结果进行二维评价，或针对立体质点系模型从两个水平方向同时输入不同的地震动进行计算的情况也是有的。

对一般的住宅和办公大楼，地震竖向震动成分的影响几乎可以忽略不计，但是特别针对大跨度的钢架结构或大空间结构，有必要研究竖向地震运动对其的影响。另外，当地震入口的基础结构平面尺寸与地震波动的波长相比有很大扩展时，需要考虑到输入地震动时机的相位差对基础各个部分的影响。

3.4.4　抗震性能评价方法

关于建筑物的"性能"可能有各种各样的评价。例如，在**重现期**（return period）为 1000 年的大地震中，虽然通过提高结构强度、增加变形能力来确保结构体的安全并不是不可能的，但是强度的增加不单单伴随着主体施工费的增加，还会诱导加速度响应增大产生各种负面效果，例如，下部结构的应力增加，由建筑物附件的移动、坍塌、跌落等引起的二次灾害的发生，特别是对现有不合格建筑物进行抗震加固，避免在下部结构造成应力负担过高的情况。另一方面，一旦允许过大变形，不管是结构的还是非结构的，都恐怕会导致意想不到的不稳定现象。因此对下述的 a ~ c 事项进行综合判断及合理的性能评价是必要的。

a. 基于变形的评价

作为提高建筑物抗震安全性的具体方法，通过简化结构系统可以有效提高结构的地震响应预测精度。为实现此目的，有必要在结构的详细设计阶段结构构件所具有的变形能力充分发挥之前，避免接合部发生脆性破坏。而且为了防止破坏集中在结构的特定层和特定截面，必须进行合理的结构设计。在满足这些条件的基础上，还必须防止大的变形，以免建筑物不能支撑自身重量并导致坍塌。

限制变形是抗震结构的基础，如果考虑到地震动强度的不确定性，最好不要在 1/50 ~ 1/30 之间的层间变形角上发生急剧的承载力降低。特别是随着变形的增加，垂直力 P 和水平变形 Δ 的乘积产生的附加力矩作为增加结构物的水平变形的附加剪切力而起作用的 P-Δ 效应的影响也需要注意。在制定与结构物的水平变形有关的恢复力特性的试验中，由于试验装置的限制，不考虑竖向力而进行加载的情况也很多，所以最终为了确定响应计算结构模型的恢复力特性，也有必要反映 P-Δ 效应的修正。

近年来一直呼吁建筑物的长寿命化，如果预计使用期为 100 ~ 200 年，地震灾害后能继续利用也是有必要的，因此，控制过大的**残余位移**（residual displacement）也是一个极为重要的目标性能。

b. 基于加速度的评价

作用在建筑物主体或者设置物、收容物上的力，为其质量乘以地震响应加速度所得的值。因此，随着加速度响应变大，不仅是上部结构各层的**设计剪切力**（design shear force）会变大，就连支撑基础结构设计用的地震力也会变大。而且，不仅对建筑物设备机器的固定强度产生影响，也会对非固定物的移动、坍塌、坠落所造成的二次损害带来很大的影响，因此需要多加注意。

对于**既有建筑物**（existing building）的抗震加固，增强上部结构的刚度、强度可能会防止其发生损坏，但是其加速度响应也会增加很多。这种情况下，随着作用在地下结构的地震力的增强，存在基础结构损坏的风险，因此有必要进行充分的讨论。换而言之，对于降低一般建筑物的地震响应，有必要留意其变形和加速度之间的权衡关系。

c. 基于能量的评价

基于**地震输入能量**（seismic input energy）与建筑物吸收能量交换的建筑物抗震安全性评价方法，在现行的建筑标准法施行令中作为容许应力度等计算的一部分一直被灵活使用。这是一种基于经验判断的方法，即在强烈的地震力下被视为弹性的建筑物瞬间积蓄的最大应变能量实际上等于包含塑性变形在内的弹塑性能量。建筑物的实际坍塌不仅是由于如上所述发生预测的大变形，而且由于反复变形而导致的刚度和强度的劣化。因此，在时程响应计算中，伴随反复塑性变形，对主要结构构件所累积吸收的能量时程进行调查，并将最终值与实验确认的结构构件的能量吸收能力进行比较，以期确认是否有足够的安全保证余量。在通过安装于建筑物中的减震器吸收建筑物地震输入能量的抗震设计中，有必要事先确认减震器吸收能量的时程与试验结果能较好地对应。

3.5　不依赖时程响应分析的动态抗震设计

3.5.1　建筑标准法的抗震设计

如 3.3 节所述，除超高层建筑物以外的一般建筑物的结构计算，原则上根据图 3.1 中 b ~ e 的计算模式进行抗震设计，但是为了确保其具有同等以上的安全性，不排除今后国土交通大臣制定新的方法追加进来的可能性。例如，以能量平衡为基础的抗震设计法（能量法）作为公告在2005年追加进来。

3.5.2 抗侧承载力计算

a. 初步设计（primary design）和二次设计（secondary design）

一般建筑物的抗震设计分为前半部分容许应力设计（allowable stress design）和后半部分抗侧承载力计算两个阶段，与结构类型无关。本计算与时程响应计算相比，可简略总结为以下两点：

1）地震力的估算　时程响应计算所使用的地震动特性的区别为地域性（发生频率、预期强度）和地基特性（频率特性）两大方面。此外，地震剪切力作为地震动对建筑物所产生的效果沿建筑物的高度方向分布。这些工程特性由基于工程学判断的计算公式提供，无需通过动态计算方法计算允许应力。具体来说，可通过下面公式对建筑物各层剪切力进行计算：

$$Q_{ud} = C_i W_i \qquad (3.5)$$

式中，W_i 为建筑物（下标 i 对应于第 i 层）所支撑的该层以上的总重量，将其与 $C_i = ZR_tA_iC_0$ 的值相乘即得到同一层产生的地震剪切力。系数 C_i 被称为剪力系数，它是地域相关系数 Z、地基特性相关系数 R_t、高度方向的地震力分布相关系数 A_i 以及代表地震力强弱程度的标准剪力系数 C_0 的积。假定建筑物在弹性范围内（各部件的应力在容许应力以内），初步设计中通常采用 $C_0 = 0.2$。

2）结构特性的估算

上述计算式中的系数 A_i 是与建筑物各层的质量分布和固有周期相关的系数。采用矩阵计算法可以正确求出多层建筑物的固有周期 T，但通常大都是根据既往大多数建筑物的实际测量为基础的估算公式

$$T = (0.02 + 0.01\alpha) \times H \qquad (3.6)$$

进行计算即可。这里，H 为建筑物的高度（m），α 为该建筑物结构受力的主要部件与木结构或钢框架结构的累计层高 H 所对应的比例。

b. 初步设计的要点

在前半部分容许应力计算确认安全性中，当多种荷载同时作用时，需要考虑长期以及短期的各种力的组合。安全性判定标准中的各个材料的标准强度是由建筑省通告所提供的，容许应力考虑了应力的种类，作为标准强度所对应的比例也是由施行令所规定的。在使用通告中未规定标准强度的材料时，必须取得以标准法37条第2号为基础的国土交通大臣的许可认定。安全性的判定所使用的各种计算公式，参照建筑标准法施行令的其他各种通告、指南等即可。

c. 二次设计的要点

1981年建筑标准法和施行令大幅修改实施之前的抗震设计，只依据容许应力进行计算，因此从现在来看，地震力所假设的荷载与实际作用的地震力相比要小很多，但是，即使遇到大地震，建筑物也未必坍塌破坏。这是因为构成建筑物的很多材料即使超过弹性极限，也不会立刻遭受损坏，这被认为是材料存在一定量的变形能力及吸能能力的缘故。在二次设计中，考虑的是建筑物的安全性"因地震引起的建筑物的地震能量输入被建筑物的弹塑性变形所伴随的时程吸收能力所消耗掉"，也就是说，图3.11中的三角形OCD的面积是建筑物为弹性的情况下其最大变形对应的输入能量，建筑物在A点达到强度后，梯形OABE所包围的面积和三角形OCD的面积相等，在达到点E之前，如果建筑物存在一定的变形能力，则可判断那个建筑物是安全的。

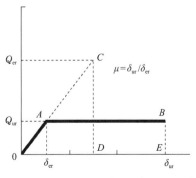

图3.11　建筑物抗震安全概念（二次设计）

在图 3.11 中，Q_{er} 是建筑物弹性阶段的响应
剪切力，Q_{ur} 是建筑物的变形能力允许范围内设
定的较低建筑物承载力。另外，建筑的最大变形
（δ_{ur}）与弹性极限位移（δ_{er}）的无量纲比 $\mu = \delta_{ur} / \delta_{er}$
称为塑性率。越是变形能力高的（μ 的值越大）
建筑物，承载力就越低。公式（3.7）中的系数 D_s
定义为结构特性系数。公式（3.8）中的 h 是建筑
物的阻尼常数，阻尼性能高于 0.05 时，D_s 的值进
一步降低。

$$D_s = \frac{\beta}{\sqrt{2\mu - 1}} \quad (3.7)$$

$$\beta = \frac{1.5}{1 + 10h} \quad (3.8)$$

使用以这种方式确定的结构特性系数，建筑
物根据其变形能力所需要的第 i 层的抗侧承载力
（必要抗侧承载力）Q_{un} 通过下面公式进行计算：

$$Q_{un} = D_s F_{es} Q_{ud} \quad (3.9)$$

$$Q_{ud} = Z R_t A_i C_0 W \quad (3.10)$$

其中，$C_i = Z R_t A_i C_0$，在二次设计中 $C_0 \geq 1.0$。

上述公式中，Q_{un} 是每层的必要抗侧承载力，
D_s 是之前所述的结构特性系数，F_{es} 是每一层的
形状特性，上述是根据各楼层的刚度比及偏心
率对必要的强度进行切分增加的系数，Q_{ud} 是建
筑物处于弹性阶段时根据地震力不同各楼层所产
生的水平力，F_{es} 为独立的两个系数的积，如下
式所示：

$$F_{es} = F_e \times F_s \quad (3.11)$$

F_s 为基于图 3.12 所示的建筑物各层的刚度沿高度
方向分布不规则性的指标而被导入定义的以刚度
率 R_s 为基础的值，为了防止刚度显著向低层集中
变形，当 R_s 为 0.6 以下时，F_s 的值设为 1.0 以上，
以增加其承载力（图 3.13）。

F_e 随着被定义为因建筑物平面内的刚度偏差
引起的扭转变形导致的影响指标的偏心率 R_e 的增
大而增加，刚度低的结构面变形会变大，它是防
止建筑物安全性受损失的系数。当 R_e 的值在 0.15
以上时，最大到 1.5 之间相应层的承载力都会增
加（图 3.14），关于偏心率的定义在《建筑的振动
（理论篇）》的第 3.3 节中有详细说明。

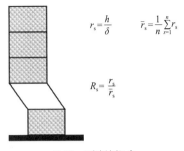

$$r_s = \frac{h}{\delta} \qquad \bar{r}_s = \frac{1}{n}\sum_{s=1}^{n} r_s$$

$$R_s = \frac{r_s}{\bar{r}_s}$$

3.12 刚度比概念

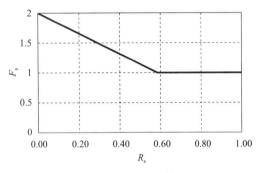

图 3.13　F_s 值

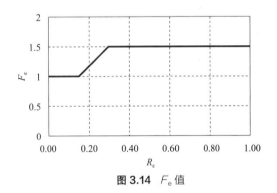

图 3.14　F_e 值

3.5.3　极限承载力计算
a. 与容许应力等计算的区别

极限承载力计算是在对极其罕见的大规模积
雪、暴风所对应的安全性进行直接讨论的同时，
对地震时建筑物的变形进行计算，并考虑其所引
起的结构力学特性的变化，通过验算必要的承载
力对建筑物的安全性进行确认。在极限承载力计
算中，扩展了用于实现设计者所针对的建筑物
性能的方法的选择自由度，如 3.3 节所介绍的那
样，在结构计算中不需要无法确保耐久性相关规

定以外的规定。与前述容许应力等计算一样，需对各种荷载、外力和结构条件组合所对应的多个极限状态进行讨论。在极限承载力计算中除了求出变形以外，与地震力设定有关的容许应力等计算方面存在很大的差异。本计算中，我们认为在支撑建筑物的表层地基下面还有被称为工程基岩的坚固基岩，通过地震断层传来的波动在到达地基后被放大，成为地基表面的地震动。在对通过**表层地基**（surface soil）所引起的增幅比例进行计算时，只需详细考虑建筑用地的**地基特性**（soil characteristic）后进行计算，或者通过利用对安全方面进行充分评价的估算式进行计算即可。

在像工业化住宅那样全国统一建设可能性很高的建筑物中，最好能确定包含各种地基所对应的**放大率**（amplification）。另外，与容许应力等计算相比，极限承载力计算的公式在形式上稍微复杂，是为了确保通过两种计算法确定的各楼层地震力和各层剪切力之间的一致性，并非基于理论不同而产生。[7] 以下是针对假定极限状态所对应的安全验证计算方法的概括。

b. 损伤界限计算中的地震力

建筑物在使用期间很可能会遭遇一次左右的地震力作用，需根据表 3.1 的规定进行容许应力计算。表 3.1 中的各楼层地震力 Pd_i，从上层开始依次累加，可以得出作用在各层的剪切力 Qd_i，由此确认该层的抗侧承载力并未超过其容许值。在表 3.1 中，Td、Pd_i、m_i、Bd_i、Z 以及 G_s 分别表示的是：

Td：建筑物的损伤界限固有周期（s）

Pd_i：各层水平方向产生的力（kN）

m_i：各层的质量（各层的恒荷载与活荷载之和（根据第 86 条第 2 项的规定，在特定行政厅指定的多雪区域中再加上积雪荷载）除以重力加速度之后的值）（t）

Bd_i：建筑物各楼层所产生的加速度分布的值，针对损伤界限固有周期，根据国土交通大臣规定的标准算出相关数值

Z：第 88 条第 1 项所规定的 Z 的数值

G_s：表示表层地基加速度放大率的值，是结合表层地基的种类，根据国土交通大臣规定的方法计算出来的数值

（在上述的符号说明中，"国土交通大臣规定的标准"是指 2000 年建设省通告第 1457 号）。

损伤界限计算中各层地震力的计算	表 3.1
当 $Td < 0.16$ 时	$Pd_i = (0.64 + 6\ Td)\ m_i\ Bd_i\ Z\ G_s$
当 $0.16 \leq Td \leq 0.64$ 时	$Pd_i = 1.6\ m_i\ Bd_i\ Z\ G_s$
当 $0.64 \leq Td$ 时	$Pd_i = \dfrac{1.024\ m_i\ Bd_i\ Z\ G_s}{Td}$

安全界限计算的各层地震力的计算	表 3.2
当 $Td < 0.16$ 时	$Ps_i = (3.2 + 30\ Ts)\ m_i\ Bs_i\ Fh\ Z\ G_s$
当 $0.16 \leq Td \leq 0.64$ 时	$Ps_i = 8\ m_i\ Bs_i\ Fh\ Z\ G_s$
当 $0.64 \leq Td$ 时	$Ps_i = \dfrac{5.12\ m_i\ Bs_i\ Fh\ Z\ G_s}{Ts}$

c. 安全界限计算中的地震力

根据表 3.2 对极其罕见的地震水平力进行假设，并对建筑物有无倒塌、崩塌进行确认。在容许应力计算中，临界破坏状态下初步、二次设计的标准剪力系数比基本上是 1：5，以此为标准，即使在进行极限承载力计算，安全极限状态设计中的工程基岩地震响应加速度频谱的比例也是 1：5。表 3.2 所包含的各变量的下标 S 与表 3.1 的变量下标 d 相对应，有对安全界限 s 进行变更的意思。F_n 是安全界限固有周期的振动衰退所引起的加速度减少率，其值根据国土交通大臣认定的标准计算得出。

d. 安全界限承载力计算中的变形计算

安全界限承载力计算与极限承载力计算的容许应力强度等计算的主要区别在于要求出建筑物各层的变形作为计算的一部分。界限承载力计算可通过下面的步骤求出变形。首先，以同一个设计计算中规定的加速度响应谱 S_a 和以此为基础求得的位移响应谱 $S_d = S_a\ (T/2\pi)^2$ 分别作为纵坐标和横坐标，绘制 S_a–S_d 频谱，关于本频谱请参考《建筑的振动（理论篇）》的 4.3.2 节。其次，将这个频谱的纵坐标与质量相乘，纵坐标即变成设计用地震荷载。最后，如果在这个图中重叠描述结构

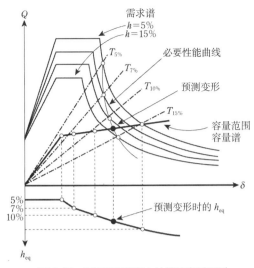

图 3.15 根据界限承载力计算的变形预测

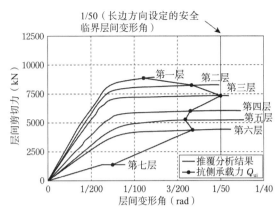

图 3.16 根据推覆分析的荷载变形关系

的荷载变形关系，其交点可求出变形。图 3.15 是将一般性多层建筑物置换为等价单质点系模型的等效单自由度体系的需求谱（承载力与变形关系）和容量谱（极限承载力和变形的关系）之间关系的宏观图。因此为了求出结构各层的变形，有必要进行以下的程序。

很多建筑物由于是弹塑性变形而采用极限承载力计算，为了求出需求和容量的交点，有必要对建筑模型的塑性变形所伴随的**滞回阻尼**（hysteretic damping）进行考虑，也就是说，图 3.15 中用细线描绘的各种线段是基于 S_a–S_d 频谱，S_a 乘以建筑物质量并转换为剪切力，对荷载和变形的关系进行绘制的，线的不同是由阻尼常数的不同决定的。另一方面，粗的实折线是建筑物的荷载变形关系的包络线，在不考虑滞回阻尼的情况下，细线和粗线对应的阻尼常数（通常是 h=5%）的交点即是变形的第 1 近似值。其次，考虑到伴随以这样方式得到的变形缺乏滞回阻尼作用，基于其他细线（或线性插值）和粗线的交点，可以得到第 2 近似值，下面同样对细线和粗线的交点进行重复计算，直到收敛为止。为了避免这种收敛计算，可预先求出随着结构的变形而变化的等价刚度和等价黏性阻尼常数的关系，其关系作为必要性能曲线在相同的图中叠加绘制，该频谱和荷载变形关系的交点即可获得最大变形的预测值。

一般的多层建筑和单质点模型进行替换的方法和例题在本书第 4 章中有介绍。在本计算中，事先对建筑物模型的荷载变形关系进行推覆分析，如图 3.16 所示，以得到的荷载阶段所对应的各层位移（各层变形）为前提，从代表点的位移所换算出来的各层的任一变形，在达到所设想的容许变形时，则会产生结构的最大强度以及最大变形。

3.6 时程响应算例

3.6.1 3 层建筑模型的响应计算
a. 建筑模型

如图 3.17 的 3 质点系串联质点模型，第 i 层的质量 m_i 和第 i 层的刚度 k_i 如表 3.3 所示。本计算相当于实际设计之前进行的预备的时程响应计算，如果是钢结构，建筑物的固有周期可用建筑物高度（m）乘以 0.03 即可，这个模型作为《建筑的振动（理论篇）》第 5 章的例题 5.2，已经对固有周期进行了精确计算，所以在这里直接使用其值 $T = 0.655$（s）。在 2 种地基上建设此模型的话，基于容许应力等计算的振动特性系数 R_t=1.0，标准剪力系数 C_0=1.0，地域系数 Z=1.0，结构特性系数 $D_s = 0.4$ 进行分别设定所得到的各层的必要抗侧承载力，在这里作为各层的承载力 Q_{yi}，见表 3.3。屈服点的位移是 $X_{yi} = Q_{yi}/k_{yi}$。这里，钢结构各层的恢复力特性是双线性的，屈服后的刚度设定为

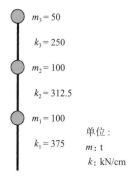

$m_3 = 50$

$k_3 = 250$

$m_2 = 100$

$k_2 = 312.5$

$m_1 = 100$

单位：

$k_1 = 375$

$m : \mathrm{t}$

$k : \mathrm{kN/cm}$

图 3.17　3 质点系模型

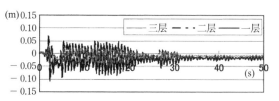

图 3.18　各层的位移时程

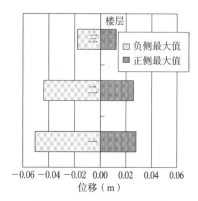

图 3.19　各层的最大位移分布

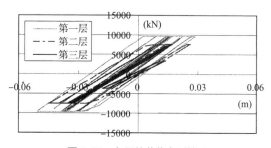

图 3.20　各层的荷载变形关系

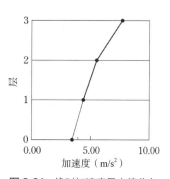

图 3.21　绝对加速度最大值分布

初始刚度的 1/100，阻尼特性作为初始刚度的比例型阻尼，取一阶振型的阻尼常数为 2%。

模型的结构特性				表 3.3
楼层	m_i（t）	k_i（kN/cm）	Q_{yi}（kN）	x_{yi}（cm）
三	50	250	372.3	1.49
二	100	313	767.5	2.45
一	100	375	980.0	2.61

b. 输入地震动

本计算中的输入地震动，相当于**震级**（seismic intensity）为 6 级的地震取 1940 年 Imperial Valley 地震中 El Centro 市所记录地震的 NS 成分，相当于震级为 7 级的地震取 1995 年兵库县南部地震中神户海洋气象台所记录的地震动的 NS 成分，都使用各自的原波，最大加速度分别是 340cm/s² 和 820cm/s²。

c. El Centro 波的解析结果

图 3.18 显示的是地震动持续时间内各楼层质点基础的位移随时间的变动，由于下层的位移累积，上层的位移很大。

图 3.19 是取出各层层间变形的正负最大值，并以柱状图标显示的结果。第一层、第二层进入大的塑性区，变形稍稍偏负值的一侧，但是第三层基本上停留在弹性范围内，所以几乎是正负相当的变形。

图 3.20 显示的是各层变形和剪切力关系的重叠图。第一层、第二层在进入塑性率为 2 的塑性域振动，第三层基本停滞在弹性域。由于荷载变形关系的第 2 刚度几乎为零的双线性，所以各层屈服点强度以上的力都无法传到上层，因此在抗震

设计上能预测到上一层楼板的加速度响应不会过大。实际上，图 3.21 记录了各楼层绝对加速度最大值的分布，相对于地表面的最大加速度 3.4m/s² 来说，最顶层的加速度是大约地表面加速度的 2 倍即 8m/s² 左右，这正是所预计的结果。在一般建筑物中，为了防止设备仪器以及其他收容物、

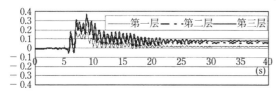

图 3.22 各层的位移响应时程

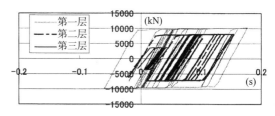

图 3.24 各层的荷载变形关系

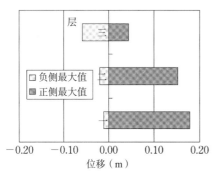

图 3.23 各层的最大变形分布

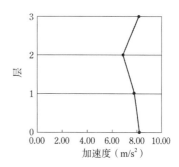

图 3.25 绝对加速度最大值分布

附带物的倒塌、移动、下落，其最大加速度目标控制在 10m/s² 以下，因此基本上没有问题。

d. 对于兵库县南部地震波的解析结果

在同一栋建筑模型中，神户海洋气象台记录的各楼层位移时程如图 3.22 所示，与图 3.18 相比较，很明显不管哪一层楼都有极大的正向位移。

图 3.23 显示了从各楼层的位移差中所获得的层间变形最大值。在第一层、第二层中，正向有比较大的变形，特别是第一层最大变形的层间变形角会超过大约 1/20。本建筑模型的抗侧承载力中，基础剪切系数为建筑物重量的 4 成，可以认为是相对较高的抗震性能，但神户海洋气象台的地震记录可能会造成建筑物因变形过大而倒塌。

在图 3.24 的**荷载变形关系**（load-reflection relation）中，每层都有正向变形的片流。由于恢复力特性接近完全弹塑性，所以进入塑性域以后，其剪切力几乎不增加。因此，与前例一样，为了抑制向上层的传递力，加速度响应的增加也是一直被抑制的。实际上，在图 3.25 绝对加速度响应的最大值分布中，即使是最顶层也基本上和地表加速度 8.2m/s² 相同，与先前的 El Centro 波对应的情况相比，处于相同程度上。

3.6.2 3 层隔震建筑模型的响应

a. 解析模型

本节把上节计算所使用的 3 层建筑模型当作隔震结构时的响应计算结果，在之前 3 质点模型的最下层，追加了隔震层（一楼地板）作为 4 质点模型，其隔震层的质量设为 150t（表 3.4）。

模型的结构特性			表 3.4
楼层	m_i（t）	k_i（kN/cm）	Q_{yi}（kN）
三	50	250	372.3
二	100	313	767.5
一	100	375	980.0
隔震	150	17.5	—

最下层把叠层橡胶隔震板（laminated rubber isolator）模型化为弹性弹簧，受到基础的支撑作用，假设从隔震层上部刚体开始，该单质点系的周期为 3s，则隔震层的刚度为 17.5kN/cm。在非隔震时，上部结构的阻尼相当于弹性的 1 阶阻尼常数的 2%，以各层的刚度按比例设置缓冲器。作为隔震层阻尼用的减震器，分别对摩擦减震器和油压减震器进行比较。在使用摩擦减震器的分析中，通过将双线性弹簧的初始刚度设为叠层橡胶刚度的 100 倍来模拟摩擦模型。如果初始刚度过

度放大,将会导致数值计算的不稳定,因此在响应解析时程的选择方面,通过进行若干的试错来确认稳定性非常重要。对摩擦减震器的滑动荷载变化为建筑物重量的 1% ~ 10% 时的隔震效果同样进行了探讨。采用油压减震器时,把上部结构视为刚体单质点模型,其阻尼常数在 2% ~ 20% 之间时,按照 2% 的刻度变化去改变减震器容量。

b. 输入地震动

本解析方法只采用神户海洋气象台所记录的 1995 年兵库县南部地震地震动 NS 成分的原波。

c. 最佳减震量的讨论

采用油压减震器时,将隔震层的最大变形作为横坐标,最顶层的最大绝对加速度响应作为纵坐标,两者的关系如图 3.26(a)所示。该图中结构的各点从右往左其阻尼常数是一直增加的,根据该图,最大加速度和最大变形是权衡的关系,阻尼常数在 12% 时,加速度响应约为 200cm/s² 的极小值,此时隔震层的变形大约为 30cm,因

此一般的低层建筑物会得到较好的隔震效果。另一方面,图 3.26(b)是采用摩擦减震器的情况,结构各点从右向左其摩擦减震器的滑动荷载是变大的。在这种情况下,加速度虽然得不到明确的极小值,但是当滑动荷载是建筑物重量的 2% 左右时,能得到和油压减震器在最适量的情况下同等的结果。

d. 各层的最大变形

在图 3.27 中,安装了油压减震器,在一层地板的加速度响应取极小值的情况下,隔震层以及上部结构各层的层间变形分布如图所示。与隔震层相比,上部结构层的刚度比较高,所以可知变形只集中在隔震层。

图 3.28 为每层的加速度响应分布,相对于地表面的 8.2m/s²,上部结构各楼层都降低到约 1/4 的 2m/s²。这样,降低上部结构的变形且大幅降低加速度响应成为隔震结构的主要特征。图 3.29 为隔震层的荷载变形关系,上部结构在弹性范围内

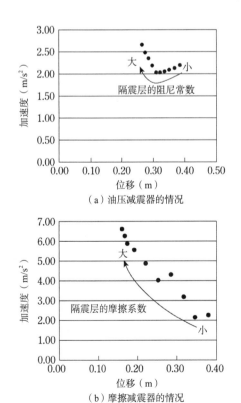

图 3.26 隔震层变形与顶层加速度的关系

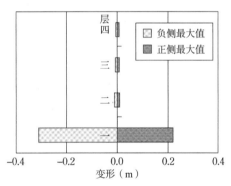

图 3.27 各层的最大变形分布

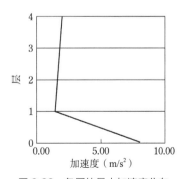

图 3.28 各层的最大加速度分布

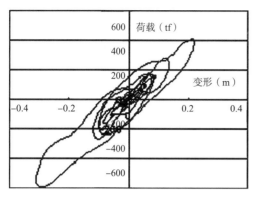

图 3.29 隔震层的荷载变形关系

已经停滞，所以与基于此荷载变形关系在图中所圈出的总面积相当的累积能量和地震所引起的累积输入能量几乎相同。

3.7 隔震、减震用减震器

隔震结构和减震结构用的减震器大致分为被动减震器、主动减震器和半主动减震器。**被动减震器**（passive damper）根据主结构的变形和摇晃发挥预定的能量吸收性能，考虑到结构和干扰的多样性未必经常发挥最佳阻尼性能。利用建筑物的外部供给电能抵销地震引起的输入能量的减震器，被称为**主动减震器**（active damper）。理论上主动减震器应该是最有效的，但是由于还存在减震器的容量和供给电力的制约，所以实际上很难处理大地震。现在，以克服这些缺点为目的的省电型**半主动减震器**（semi-active damper）有望作为第二种最佳解决方案。

关于半主动减震器，目前也有各种类型的开发，大致分为可变摩擦减震器和可变黏性减震器两类，因为它们都是靠小电力供应，所以减震器的容量可以随时变动，与通常的被动减震结构相比，它们以实现更有效的控制为目的。但是，这些减震器在广泛的实用化进程中存在成本和控制系统稳定性等方面的问题，因此，本节基于被动减震器和改良后的智能被动减震器，记录了通过

试验得到的荷载变形关系的概要与时程响应计算所使用的力学模型结构方法。具有代表性的减震器结构概要、基于试验的荷载变形关系与其解析用的力学模型详见表 3.5。

a. 弯杆减振器

钢棒主要通过反复的弯曲塑性变形发挥其能量吸收性能，容易得到比较稳定的荷载变形关系，而且一般来说变形量很大，所以经常作为减震器设置在隔震层。如果使用铅作为弯曲棒，在较小的变形中就发挥了能量吸收的优势。作为解析用模型的荷载变形关系，虽然和一般双线性模型近似的东西比较多，但是铅制减震器有时候会变得相对复杂，由于金属材料的反复变形会伴随着疲劳效应，所以有必要考虑这种负面影响，事先对耐久性进行定量评价。

b. 剪切钢板减震器

前面介绍的弯杆减振器设计用于展示小变形引起的能量吸收性能，而塑性变形仅在相对较大的变形后才开始。在钢材中广泛使用低屈服点钢代替普通钢材，以表现出高塑性应变下的稳定性能。荷载变形关系虽然更加接近完全弹塑性类型，但在大多数情况下，出现了因反复变形而导致的畸形硬化，所以在分析模型时使用运动硬化模型精度更高，此减震器的力学极限性能是由钢板在面板外部的屈曲决定的，所以根据面板的厚度和大小采用适当的加强筋很重要。

c. 钢材的移动弯曲减震器

较大的变形使用弯杆减振器，较小的变形使用剪切钢板减震器，这种结合结构特性的减震器的使用方法是有效的。作为从小变形到大变形都以发挥能量吸收性能为目的而被开发出来的减震器，存在着安装了向导滚轮的钢材移动弯曲减震器。滚轮的作用是使弯曲部分的曲率（弯曲变形）保持一定的标准，从而使荷载变形关系稳定，增强能量吸收性能。变形性能是通过扭曲为 U 字形构件的直线部分的延长进行任意调整的。解析模型是双线性模型或三线性模型，其精度是比较近似的。

		减震器的结构概况和特征	实验中的荷载变形关系	分析模型
弹塑性摩擦滞回减震器	a. 弯杆	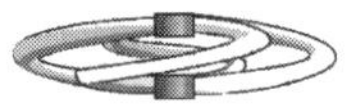 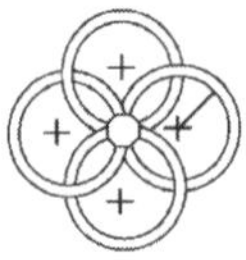 广泛用于隔震。因为它具有较大的弹性变形，不适合减震	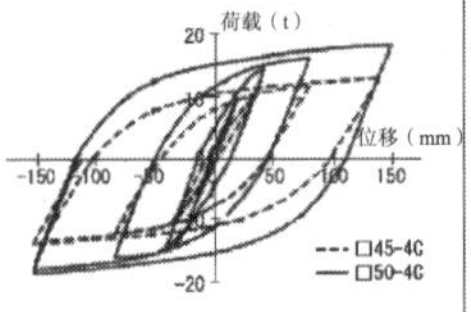	一般的双线性弹塑性模型
	b. 剪切钢板	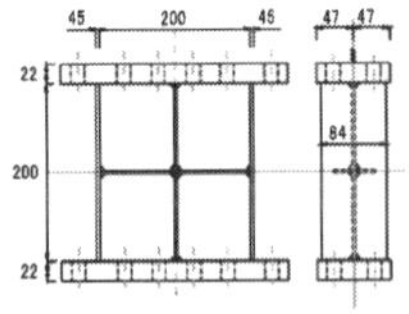 利用钢板的剪切变形。由于通过面板的弯曲确定变形能力，因此可适当设置加强构件等	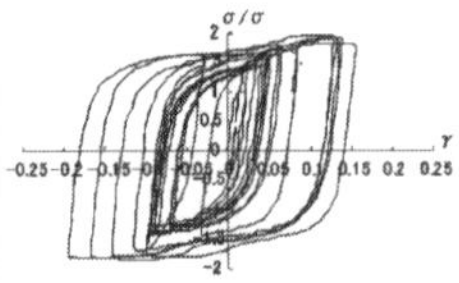	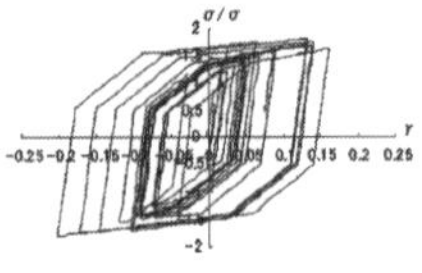 考虑反复变形的运动硬化模型
	c. 移动弯曲	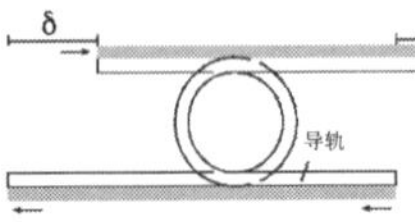 在弧形部分安装导向装置，以防止变形集中在钢材的特定部位。它可以对应小变形到大变形	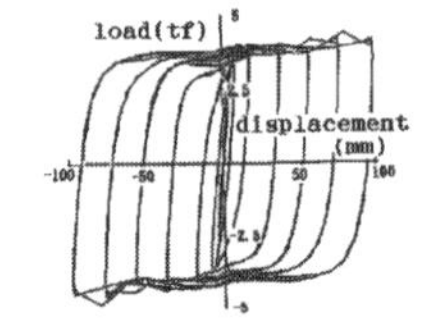	一般的双线性弹塑性模型
	d. 摩擦	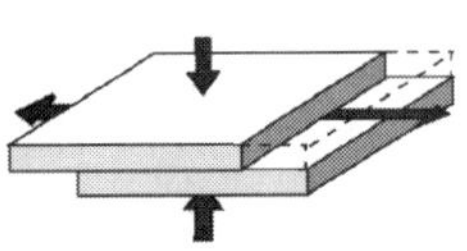 摩擦材料组合的摩擦系数在 0.05 ～ 1.0 的范围内变化，但一般来说，静摩擦的影响很小	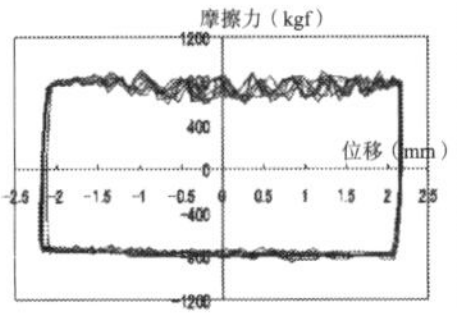	近似于双线性模型，具有极高的初始刚度和屈服后几乎为零的刚度。此时必须注意数值计算的稳定性
	e. 原点复归	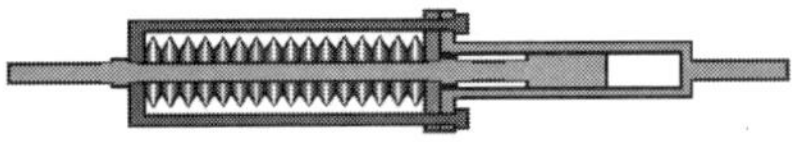 图中所示的阻尼器中，通过预先向弹簧施加压缩力增加对原点的返回能力。摩擦部分串联出现，但由于它们实际上是平行的，因此获得了假定的滞回	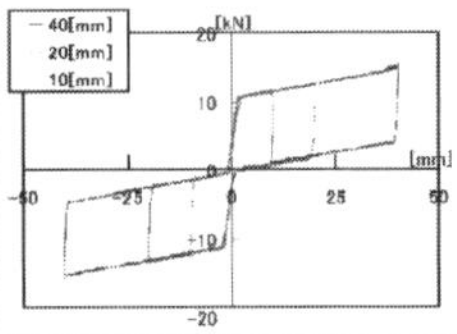	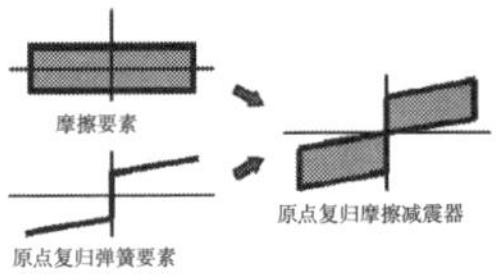 摩擦弹簧＋原点复归弹簧
黏性螺纹减震器	f. 黏性	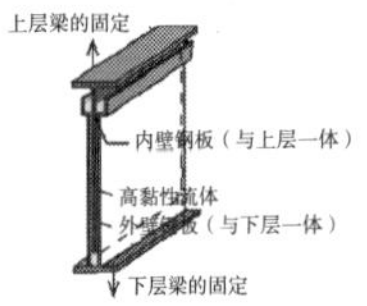 由于黏性体具有高流动性，因此将其置于薄箱型容器中并对流体施加剪切变形	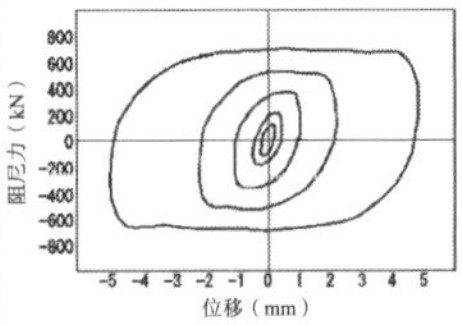	抵抗力可由其与速度的平方成比例确定。另外还需要考虑温度依赖性
	g. 黏弹性	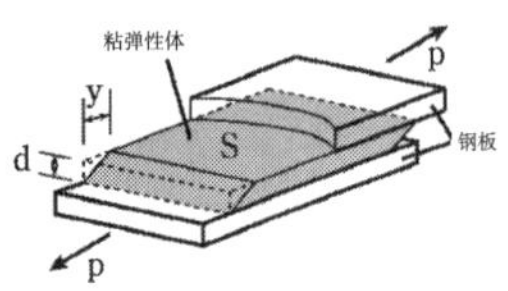 利用平行钢板的黏稠体在剪断变形时的抵抗力。材料保持形态，注意温度依赖性、振动数依赖性等	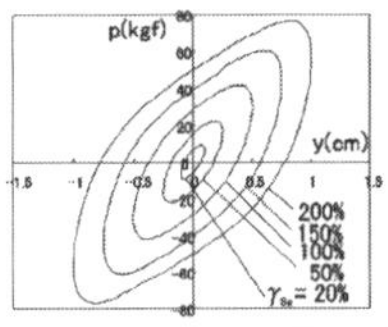	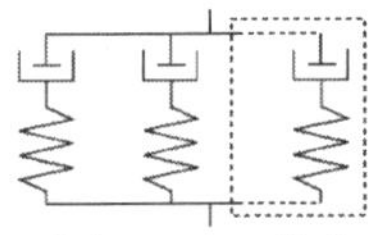 广义 Maxwell 模型
	h. 线性油压	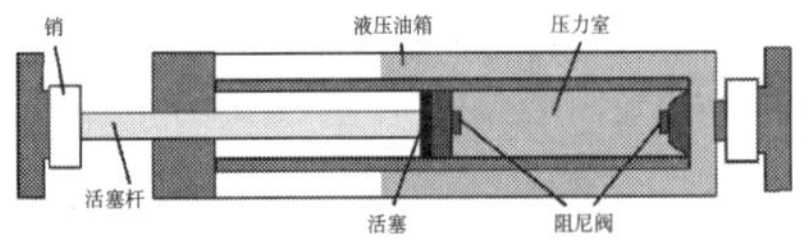	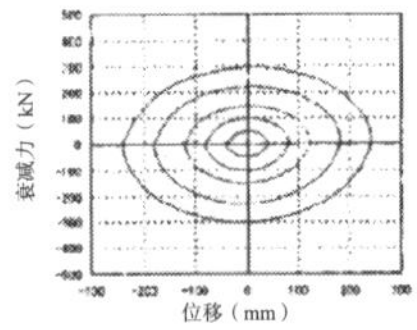	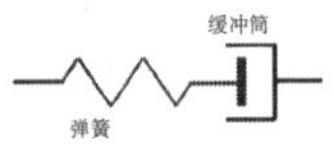 将阻尼器和安装构件的变形视为 Maxwell 模型
	i. 油压附带卸载结构	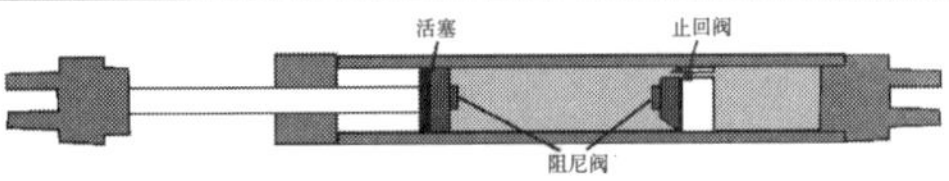 用于防止螺钉从木制装置中拔出。另外还有减压装置，防止木材由于过大的压缩力而破裂	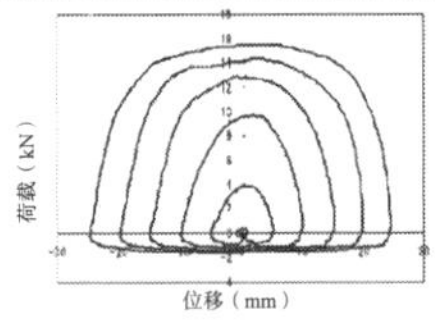	通过组合一对在相反方向上移动的阻尼器，可以用与通常的双端油压阻尼器相同的方式处理分析

d. 摩擦减震器

各种减震器中，摩擦减震器的机械结构原理最简单。初期开发的减震器利用了金属面之间的摩擦阻力，其滞回特性的稳定使机械结构变得复杂，而且也不具备成本方面的优势。由于摩擦现象很复杂，弹塑性滞回反而不如利用金属材料塑性变形简便。自此以后，因为通过金属和不同种类材料（高分子材料等）的相对滑动比较容易得到稳定的荷载变形关系，所以现在摩擦减震器得以广泛利用。

如前面 3.6 节时程响应计算的案例中所确认的那样，摩擦减震器的优点是弹塑性系统特有的力的传递阻断效果明显，但也存在输入达不到一定值，其减震器无法运转，从而导致完全发挥不了性能这一缺点。而且一旦启动后会在偏离中立点的位置静止，有在建筑物上残留残余位移的可能性，另外，如 3.6.2 节的 a 中所述，在进行解析时，虽然能使用完全弹塑性双线性模型，但是一旦初始刚度过高，有可能会引起数值计算上的不稳定现象发生，所以慎重选择解析条件是很重要的。

e. 原点复归型摩擦减震器

为了改善上述摩擦减震器容易残留残余位移而设计的减震器，相比之下，其滞回面积是一般性摩擦减震器的一半，所以在同样振幅变形重复的情况下，能量吸收的性能也只有一半。实际上，为了不伴随变形的片流，在很多情况下，最大变形是相同或稍小的。此外，无残余位移是这种减震器的一大优点，但是作为摩擦减震器固有的特性，依然存在如果不作用一定的力则性能得不到发挥的缺点，所以也需要下功夫考虑利用下一项所记载的油压减震器发挥相同原点的复归性。在这种情况下，即使是小的干扰，也能期待其发挥减震效果。

f. 黏性减震器

把像麦芽糖一样能发挥自身粘着性的材料（实际上使用的是石油系高分子材料）放入平底的容器，上面加上平板，在其与底板进行平行移动时，两张平板间的黏性材料受到剪切变形，利用其滞回特性所伴随的能量吸收性能，这一原理所制作

的东西，实际上一直当作减震结构使用。在减震结构中作为减振墙壁使用比较方便，把黏性材料封入薄箱形的容器中，通过与插入其中的平板和箱子的侧面相对运动，让黏性材料被迫发生剪切变形，从而发挥能量吸收性能。因为在抗震结构中，隔震层的变形周期带被限定在狭窄的范围内，所以基于 Voigt 模型解析也能预测出比较好的响应精度。高层建筑物多使用减震结构，所以有必要考虑高阶振动形式所对应的振动频率的影响，以及使用后面叙述的广义 Maxwell 模型等。

g. 黏弹性减震器

黏弹性减震器是利用黏弹性材料的剪切变形所伴随的滞回特性的减震器。在这里假定粘弹性材料具有即使放置不管也拥有足以保持自己形状的刚度，所以如前项的黏性减震器一样，可以不需要容器这一制作上的优势，在迄今为止已开发完成的减震器中，线性性质比较强的地方是通过使用作为力学模型的几个 Maxwell 模型并联配置的广义 Maxwell 模型，使高精度响应的预测成为可能。

需要注意的是线性黏弹性减震器的显著特性是对温度和振动频率的依赖性。现在以 20℃ 的特性为基础，在 0 ~ 40℃ 范围内，刚度的变化会达到一倍半，并且在地震响应没有很大差异的范围内。温度依赖性低的减震器在高倾斜区域有发挥伴随硬化非线性特性的倾向，可以通过搭建非线性特性所对应的力学模型，再使用通用振动分析软件进行地震响应分析。

h. 线性油压减震器

油压减震器是通过改变气缸内活塞中孔的设置变化，可以相对自由地设定油压减震器的荷载变形关系。其中，最基本的油压减震器是和力学缓冲器能发挥同样速度比例抵抗力的减震器，称为线性油压减震器。在很多场合，减震器是在建筑物的层间进行设置的，不过，有时候为了设置减震器而介入使用的构件的变形会降低减震器的效果。像这样使用弹簧的情况有一点需要注意，整个减震器如果不被评价为减震器和弹簧串联的 Maxwell 模型，其效果有时会被高估。

i. 附带卸载构件的油压减震器

上述线性油压减震器具有容易搭建力学模型的优势，反之因为是线性的，所输入的地震一旦变强的话，减震器的抵抗力也会成比例上升，导致减震器的安装构件和接合部的应力可能比较高。当使用减震器对既有建筑物进行抗震加固时，会导致上部结构的加速度响应增大，甚至引起地下结构的负担应力变大，从而使加固变得更加困难等一系列问题。

为了克服上述缺点，需要增加减震器的活塞速度使内压上升，打开隔板的逆止阀，通过并用节流孔卸载抵抗力的构件，使各部分应力达到最高点。特别是木质结构的减震器在安装时，螺丝等引起接合部的拉伸强度降低是导致减震器的效果受损的主要原因，因此也要下功夫使拉伸侧的卸载小于压缩侧的卸载。在这种情况下，因为压缩和拉伸是非对称的，所以要把相互逆向运动的一对减震器相组合，解析方法和通常附带卸荷构件的油压减震器相同。关于附带卸荷构件的减震器的特性，如果阻力和速度的 n 次幂成比例关系的话，确定系数后就能搭建良好的力学模型。

参 考 文 献

1) 耐震構造の設計　学びやすい構造設計，日本建築学会関東支部 (2003).

2) 西川孝夫ほか：建築の振動（初歩から学ぶ建物の揺れ），朝倉書店 (2005).

3) 国土交通省住宅局建築指導課ほか監修：2007 年版建築物の構造関係技術基準解説書，全国官報販売共同組合 (2007).

4) 非構造部材の耐震設計施工指針・同解説および耐震設計施工要領，日本建築学会 (2003).

5) 平成 17 年国土交通省告示第 631 号「エネルギーの釣合いに基づく耐震計算法（エネルギー法）」(2005).

6) 国土交通省住宅局指導課ほか編：2001 年版限界耐力計算法の計算例とその解説，工学図書 (2001).

7) 石山祐二：「耐震規定と構造動力学」，三和書籍 (2008).

8) 日本免震構造協会編：パッシブ制振構造設計施行マニュアル (2005).

第4章　地基和建筑物的相互作用

4.1　相互作用和力学模型

地震动从震源开始传播，经过地表的震动后到达建筑物（详细请参照第6章）。如图4.1所示，①由于建筑物周边地基的震动引起建筑物产生惯性力；②使建筑物振动。作用在建筑物（上部结构）上的地震力经过基础被传递到地基，因为支撑建筑物的地基是弹性体；③基础产生的力引起基础周边地区的地基发生变形。①的地基震动，是没有建筑物的地基（因为是空地状态，所以称为自由地基）震动，当地基形状、物理性质是理想的水平层状地基时，在相同深度上的震动相同。另一方面，③的地基变形（振动）是由作用在建筑物基础部分的力所引起的，因此当离基础部位越远时，基础部位周边地区的局部附加激振就会越小。因此，基础周边地基的振动是由①+③组成的。

地震计如图4.2（a）所示，设置在自由地基的地表G、建筑物基础F和建筑物顶部B，对其地震时观测到的行为进行研究。G是不受建筑物振动影响的位置，F可以说是一直在对和基础密切接触的地基振动进行测量。基于某些建筑物地基条件，求出地震观测记录中的傅里叶谱（第1章），如果对每个振动频率f求G点对应的B/G

和F/G，可以得到如图4.2（b）实线所示的关系。这里，假设$F=G$，即图4.1中③的附加激振能够小到可以忽略的情况时（G作为上部结构输入地震动的基底固定模型）B/G则为虚线的比，上部结构的固有频率在f_b（固有值）处呈现高峰值。另一方面，当附加激振对实线一直有影响时，则$F \neq G$，B/G所呈现的峰值振动频率是低于f_b处振动频率的，且峰值也比基底固定的情况时小。沿着单质点系的加速度响应放大率曲线（第1章），如果认为这个B/G曲线所显示的是一个振动系统特性的话，则可以把这个振动系统当作具有与上部结构不同固有频率f_{SSI}（$<f_b$）和阻尼常数h_{SSI}（$>$上部结构h_b）的系统来考虑。

如上所述，如果存在图4.1③的附加激振，建筑物的振动（响应）会被影响，建筑物的地震力从基础到地基的作用力也会发生变化，这样

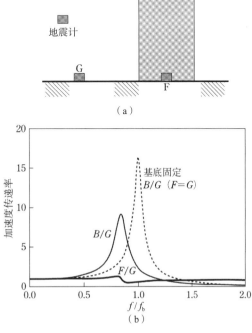

（a）

（b）

图4.2　地震计的设置位置和观测值

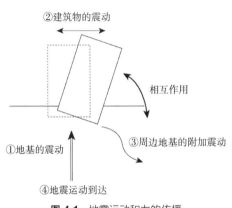

图4.1　地震运动和力的传播

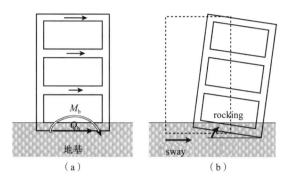

图 4.3 地基运动的力和位移

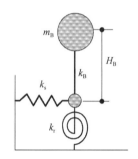

图 4.4 sway-rocking 模型

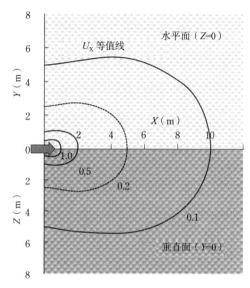

图 4.5 水平位移的等值线图

的现象称为**土 - 结构动力相互作用**（dynamic soil structure interaction，SSI）。

如图 4.3（a）所示，地震时从建筑物基础到地基上的作用力为水平力 Q_b 和力矩 M_b。对这些如图 4.1 ③中地基的附加变形，可以显示为如图 4.3（b）所示的水平移动和旋转变形，这些变形分别称为 sway 和 rocking。由于地基类似于缓冲介质进行受力，因此可以表示为力学上的"弹簧"（称为地基或相互作用），如图 4.4 所示的建筑物 - 基础模型中，将水平移动和旋转的弹簧（k_s, k_r）附加到 sway-rocking 模型（SR 模型）上，进行典型相互作用的解析。此模型的固有频率为图 4.2 所述的 f_{SSI}。相互作用的影响也称为辐射阻尼的阻尼效应。建筑物施加给地基的力一直处于振动状态，因此会产生地基波动的状态，此波动在地基中向下方或水平方向无穷远处进行消散，会使建筑物产生振动的能量减少，其效果用图 4.2 中所述的 h_{SSI} 表示。在这里，已述内容是以水平方向的震动为研究对象，以上下地震动为研究对象时也与图 4.4 相同，考虑通过上下变形对所对应的地基弹性进行解析。

4.2 地基弹簧常数和辐射阻尼

作用在建筑物基础上的力，在无限（其实严格来讲地表是自由边界，所以称为半无限）地基中的"弹簧"作用下，随着距离力的作用点越远，其地基变形越小，直至变形趋向于零。给地表面（$Z=0$）的原点施加静态水平力（点加载）时，其地表面（X–Y）、垂直面（X–Z，$Y=0$）的水平变形 U_X 等值线图如图 4.5 所示。$X=1$（m），用 $Y=Z=0$ 的位移相除来表示，随着远离加载点，其地基的变形是逐渐减少的，变形 u 具有减少的倾向，基本上为如下式表示的这种放射形状：

$$u \propto \frac{1}{R}, \qquad R = \sqrt{X^2 + Y^2 + Z^2} \qquad (4.1)$$

这个关系是假设以加载点为中心的半球，与位移振幅的平方成比例关系的能量在距离 R 的球表面中，$u^2 \times 2\pi R^2 =$ 定值，也就是意味着能量得以保存下来。

假设地基为均质地基（物体性质是固定的），给地表或地基中施加水平、垂直静态荷载时，能得到被称为 Mindlin 解的位移解。其中在地表施加水平或者垂直力得到的解是 Cerruti 和 Boussinesq 解。在振动加载的情况下无限积分虽然稍微难解，但是存在妹泽的一般解、Lamb 的扩展解等情况。在某

个振动频率 ω 下谐波振动加载 $P(t)=P\cdot\exp(i\omega t)$ 时的位移 $u(t)=u\cdot\exp(i\omega t)$ 基本如下式所示：

$$u \propto \frac{1}{R}\exp(-ixR), \qquad i=\sqrt{-1} \qquad (4.2)$$

x 是 ω 的函数，包含多个复数的指数函数，是通过位移向远方作为波传播的，称为波动散逸。

这里为了考虑地基弹性和波动散逸所引起的阻尼效果，图 4.6 显示的表面（$z=z_0$）半径为 r_0 的剪切振动弹性体的圆锥台向 z 方向无限扩展，求出水平激振力 $P_0(t)$ 作用在表面圆盘上的位移和速度之间的关系。

某个深度 z 处的剪切力 Q 和位移 u 的关系以及与微单元体 dz 的惯性力的平衡如下所示：

$$Q=\mu A\frac{\partial u}{\partial z}, \qquad \frac{\partial Q}{\partial z}\mathrm{d}z=\rho A\mathrm{d}z\ddot{u}$$

接下来可得到波动方程式为：

$$\frac{\partial^2}{\partial z^2}(zu)-\frac{\partial^2}{\partial t^2}\left(\frac{zu}{V_s}\right)=0 \qquad (4.3)$$

式中，μ 为剪切刚度，ρ 为密度，V_s 为**剪切波速**（shear wave velocity），三者的关系为 $\mu=\rho V_s^2$。公式（4.3）的位移解可用 z 方向的行进波（散逸波）表达，具体如下式：

$$u=\frac{z_0}{z}f\left(t-\frac{z-z_0}{V_s}\right) \qquad (4.4)$$

位移振幅 $u \propto 1/z$ 是减少的，对于 $z=z_0$ 中的位移 $u_0(t)=f(t)$，作为有相位差的波动，是一直在离散的。表面的水平力和剪切力的关系可通过下式推导：

$$P_0=-\mu A_0\frac{\partial u}{\partial z}\bigg|_{z=z_0}=\frac{\mu A_0}{z_0}u_0+\rho V_s A_0\dot{u}_0 \qquad (4.5)$$

位移相关的系数是弹性常数，速度相关的系数是阻尼系数，即

$$k=\frac{\mu A_0}{z_0}, \qquad c=\rho V_s A_0 \qquad (4.6)$$

公式（4.5）可表示为：

$$P_0=k\cdot u_0+c\cdot\dot{u}_0 \qquad (4.7)$$

像这种表示相互作用的**地基弹性常数**（soil spring constant）k 和**辐射阻尼系数**（radiation damping coefficient）c，可通过作用在基础上的激振力和基础的位移 - 速度关系求出。在力学方面，可以通过如图 4.7 所示的弹簧和缓冲器表示。

建筑物的基础形式，如图 4.8 所示，有设置在地表附近的直接基础、嵌入式基础以及其端

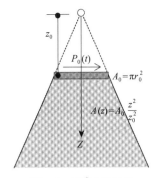

图 4.6 圆锥台的模型

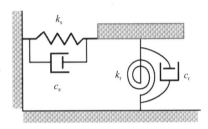

图 4.7 基础的力学模型

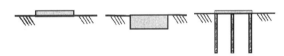

图 4.8 各种各样的基础

部能够到达持力层的桩基础。通过给这些基础施加谐波振动加载 $P\cdot\exp(i\omega t)$ 所对应位移 $u\cdot\exp(i\omega t)$ 的关系，例如在公式（4.7）中，

$$k^*=\frac{P}{u}=k+ic\omega \qquad (4.8)$$

称为**阻抗**（impedance），或动态地基弹性和相互作用弹簧。

阻抗的计算方法如下：

①通过作用于基础各位置的力和位移（格林函数）的关系设定边界条件求解。

②将地基用有限元法或有限差分模型，通过附加基础要素的模型求解基础激振的振动方程式（参考图 4.16）。

①的情况中，一旦得到格林函数理论解，通过作用在基础上的基底反力分布即可求出阻抗，图 4.9（a）是均质地基上的某圆形**直接基础**（direct settlement foundation）的情况[4]，在 sway 的情况下，使用 X 方向水平力 Q 的下一个点激振水平位移解。

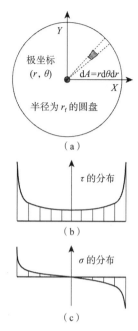

（a）

（b）

（c）

图 4.9 圆形直接基础的模型

$$u_X = Q\frac{2-\nu}{4\pi\mu}\frac{\exp(-i\kappa r)}{r} \qquad (4.9)$$

圆形基础下分布的水平地基反力 τ 引起的中心点位移是：

$$u_{X_0} = \frac{2-\nu}{4\pi\mu}\int_A \tau\frac{\exp(-i\kappa r)}{r}\mathrm{d}A$$

这里，τ 为图 4.9（b）所表示的刚板分布（中心以外的位移也是由同一个基底反力分布所引起的）

$$\tau = \frac{Q}{2\pi r_f\sqrt{r_f^2 - r^2}}$$

因此，由贝塞尔函数 J_n（n 次）和 Struve 函数 H_n 得到如下的位移解：

$$u_{X_0} = Q\frac{2-\nu}{8\mu r_f}[J_0(\kappa r_f) - iH_0(\kappa r_f)] \qquad (4.10)$$

上面公式的倒数进行泰勒展开取低次项时，侧移的水平阻抗通过下面公式表达：

$$k_s^* = \frac{Q}{u_{X_0}} = (k_s - m_s\omega^2) + ic_s\omega$$

$$k_s = \frac{8\mu r_f}{2-\nu}, \qquad m_s = 0.59\cdot\rho r_f^3, \qquad (4.11)$$

$$c_s = 0.87\cdot\rho V_s A_f$$

对于 rocking 状态，可以使用下面激振点的竖向位移解：

$$w_z = P\frac{1-\nu}{2\pi\mu}\frac{\mathrm{evp}(-i\kappa' r)}{r} \qquad (4.12)$$

接下来 Y 轴周边 X 方向的中心旋转角如下所示：

$$\theta_{y0} = \frac{1-\nu}{2\pi\mu}\int_A \sigma_z\frac{\mathrm{d}}{\mathrm{d}r}\left[\frac{\exp(-i\kappa' r)}{r}\right]\cos\theta\cdot\mathrm{d}A$$

Y 轴周边力矩 M_y 所对应的竖向地反力 σ_z 为图 4.9（c）中的刚板分布：

$$\sigma_z = M_y\frac{3r\cos\theta}{2\pi r_f^3\sqrt{r_f^2 - r^2}}$$

此时，旋转角如下式所示：

$$\begin{aligned}\theta_{y0} = M_y\frac{3(1-\nu)}{8\mu r_f^3}\Big\{&J_0(\kappa' r_f) + \kappa' r_f J_1(\kappa' r_f)\\ &- i\Big[H_0(\kappa' r_f) + \kappa' r_f\Big(H_1(\kappa' r_f) - \frac{2}{\pi}\Big)\Big]\Big\}\end{aligned} \qquad (4.13)$$

因此，和水平相同，rocking 旋转阻抗如下式所示：

$$k_r^* = \frac{M_y}{\theta_{y0}} = (k_r - m_r\omega^2) + ic_s\omega$$

$$k_r = \frac{8\mu r_f^3}{3(1-\nu)}, \qquad m_r = 1.8\cdot\rho r_f^5, \qquad (4.14)$$

$$c_r = 1.6\cdot\rho V_s I_f\cdot\left(\frac{r_f\omega}{V_s}\right)^2$$

式中，ν 是地基的泊松比，A_f 和 I_r 分别是圆形基础的面积和断面的 2 次力矩（Y 轴四周）。公式（4.11）和公式（4.14）中 m 和 c 的常量是 $\nu=7/16$ 时的值。m 是阻抗的实数部和 ω^2 成比例减少的项的系数，被称为附加质量，是和基础同位相振动的附近地基的质量。c_r 从定义来看与 ω^2 成正比等价关系，但是相对于 k_r 来说阻尼是小的。

在适用上述理论之际，实用性方面多采用下面的弹性常数和阻尼系数，附加质量因为比较小可以忽略。

$$k_s = \frac{8\mu r_s}{2-\nu}, \qquad r_s = \sqrt{\frac{A_f}{\pi}}, \qquad c_s = \rho V_s A_f \qquad (4.15)$$

$$k_r = \frac{8\mu r_f^3}{3(1-\nu)}, \qquad r_r = \sqrt[4]{\frac{4}{\pi}I_f}, \qquad c_r = \rho V_L I_f, \qquad (4.16)$$

$$V_L = 3.4\,V_s/\pi/(1-\nu)$$

对圆形以外的矩形等形状基础，为了适用各自的公式（4.15）和公式（4.16），r_s 和 r_r 转换为圆形基础的等价半径。

当基础形状复杂且在解析性方面无法表示为格林函数时，如图 4.10 所示，对基础进行离散化，赋予各网状代表点（黑圆点）公式（4.9）和公式（4.12）这种格林函数，就能求出阻抗。首先，j 点在单位激振力作用下的 i 点位移记为 g_{ij}，可得到如下关系，其中 $[G_f]$ 是把 g_{ij} 作为要素的全矩阵。

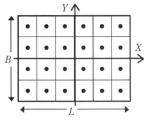

图 4.10 基础的离散化

$$\{u\} = [G_f]\{P\} \tag{4.17}$$

将基础视为刚性基础，在 sway 的情况下，从基础的水平位移 U_0 到基础各点的位移根据形状矢量 $\{S\}$（这种情况下都是单位 1）来决定，

$$\{u\} = \{S\} U_0$$

然后取基础各点作用力的合力 P_0：

$$P_0 = \{S\}^T \{P\} = \{S\}^T [G_f]^{-1} \{S\} U_0$$

因此，阻抗能通过下式求出：

$$k_s^* = \{S\}^T [G_f]^{-1} \{S\} \tag{4.18}$$

当属于 rocking 的情况时，根据从所考虑的轴到各点距离形成的形状矢量，通过使用上下点激振解，也能算出与上述一样的阻抗。

这里，列举一些非均质的**成层地基**（layered ground）的实际地基和各个常数的例子。图 4.11 为**地基柱状图**（soil profile），显示的是地基结构和各个常数、土质、S 波速度 V_s、P 波速度 V_p 及质量密度 ρ 的分布。这个图能显示出建筑物持力层以下位置的地基信息，V_s 为 400m/s 且深 35m 以上的土层被称为**工程地基**（engineering bedrock），是表层地基在地震动放大时解析的基础（第 6 章）。V_s 和 V_p 以及泊松比 ν 的关系如下式所示，接下来可以求出 ν 的值。

$$\frac{V_p}{V_s} = \sqrt{\frac{2(1-\nu)}{1-2\nu}}$$

泊松比的范围是 $0 < \nu < 0.5$，通常地基 ν 的范围在 $0.4 \sim 0.5$。

另外，由于土基本上属于非线性材料，土的应力—应变关系也呈现出如图 4.12 所示的刚度折减和滞回曲线特征。具有代表性的黏土和砂土的剪应变和**刚度折减比**（reduction ratio of stiffness）的关系如图 4.12 所示。μ_0 是微小应变（线性）的剪切刚度，μ 是最大应变的割线刚度。在适用

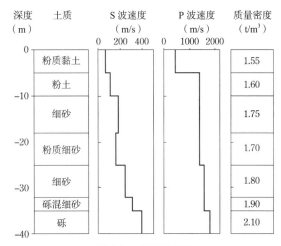

图 4.11 地基柱状图

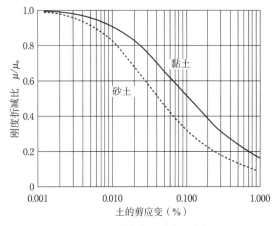

图 4.12 剪应变和刚度折减比

公式（4.15）和公式（4.16）等相互作用系统的评价式时，通过对成层地基各深度的土质和地震时地基应变对应的刚度和滞回阻尼进行设定，进行等价的线性地基置换（等值线型化），另外，通过对第一层进行地基换算来评价剪切刚度 μ 及滞回阻尼，关于这些内容还请参照参考文献。[5, 6]

嵌入基础和桩基础的 sway-rocking 弹簧常数和阻尼的评价式请参考文献[1, 2]，其中记录了成层地基所对应的解析法。

4.3　有效输入地震动

嵌入式基础在地震时的振动模式与没有基础

情况下的自由地基在同一位置的振动模式被认为是不同的。假定基础没有质量只有刚度，此种情况下的基础响应作为与考虑到 sway-rocking 的结构物在输入地震动相当的动态相互作用效果之一，被称为**有效输入地震动**（effective input motion）或**基础输入地震动**（foundation input motion）。但是，有时候也将这里说明的振动模式和建筑物在地震力作用下所引起的振动模式这两者的基础响应（图 4.2 中 F 的动态）称为有效输入地震动。

与地震动不同的基础输入地震动，是因为对应于基础部分的自由地基震动不是恒定的，由于存在相位差使地基位移受到刚性基础的约束。这个概念可根据图 4.13 **嵌入式基础**（embedded foundation）进行说明。

自由地基不同深度位置 z 处的水平地震动为 $U_g(z)$，U_{GL} 是地表位移。对于自由地基的 $U_g(z)$，因为基础是刚性的，所以约束的合力如下式所示：

$$F_c = K_{bs} U_g(D) + \int_0^D k_{ws} U_g(z) \mathrm{d}z$$

K_{bs} 和 k_{ws} 是相当于嵌入基础的整个底面和侧面单位深度的水平相互作用的弹簧。刚性基础的基础输入动 U_{fh}，表示为解除约束力 F_c 的基础响应。

$$F_c = K_f U_{fh}, \qquad \therefore U_{fh} = \frac{F_c}{K_f}$$

$$K_f = K_{bs} + \int_0^D k_{ws} \mathrm{d}z$$

在这里 k_{ws} 相对于深度如果设为定值，则 U_{fh} 如下式所示：

$$U_{fh} = \frac{K_{bs} U_g(D) + K_{ws} \bar{U}_{gw}}{K_{bs} + K_{ws}} \tag{4.19}$$

$$K_{ws} = \int_0^D k_{ws} \mathrm{d}z, \qquad \bar{U}_{gw} = \frac{1}{D} \int_0^D U_g(z) \mathrm{d}z$$

如上述公式所示的基础输入动可以认为是以地基弹簧为加权系数的自由地基基础周边 $U_g(z)$ 的平均值。虽然在大小上依赖于 $U_g(z)$ 的分布和弹性效果，但是因为 $|U_g(z)| \le |U_{GL}|$，一般来说 $|U_{fh}| \le |U_{GL}|$，因此如果把 U_{GL} 与所对应的基础输入动 U_{fh} 的比当作以嵌入为基础的降低效果 β 的话，可得到下式：

$$\beta = \frac{U_{fh}}{U_{GL}} = \frac{K_{bs} \cdot U_g(D)/U_{GL} + K_{ws} \cdot \bar{U}_{gw}/U_{GL}}{K_{bs} + K_{ws}} \tag{4.20}$$

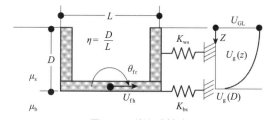

图 4.13 嵌入式基础

如图 4.13，由于地震动 $U_g(z)$ 随深度变化，则基础底面四周所受的力矩 M_c 为：

$$M_c = \int_0^D (D - z) \cdot k_{ws} U_g(z) \mathrm{d}z$$

因此，嵌入基础中也有下面的旋转输入动。

$$\theta_{fr} = \frac{M_c}{K_{br} + K_{wr}}$$

K_{br}、K_{wr} 分别是基础整个底面、侧面的旋转（rocking）弹簧。

作为用于计算上述基础输入动所使用的相互作用弹簧，基础底面可以用比其更深的地基刚度 μ_b 代入公式（4.15）和公式（4.16）进行计算，侧面则可用下式表示：

$$K_{ws} = 2\eta \cdot K_{bs} \cdot \mu_s / \mu_b$$

$$K_{wr} = (2.6\eta + 5.6\eta^3) \cdot K_{br} \cdot \mu_s / \mu_b$$

在式（4.19）中，$K_{bs} \gg K_{ws}$ 时，$U_{fh} \cong U_g(D)$。从这件事中，对基础底部地基存在坚固的地下建筑物的情况，基底位置的地震 $U_g(D)$ 作为输入地震动，经常忽视侧面位置的地震动。

建筑标准法的**极限承载力计算法**[5,6]（calculation method of response and limit strength）中考虑了嵌入基础的降低效果。因此，考虑到基础底面以下的工程地基作为自由地基受到地震动作用时，通过忽略旋转运动等，使用下面公式在其安全方面进行评价：

$$U_g(D)/U_{GL} = 1 - (1 - U_{bed}/U_{GL})D/H_g$$

$$\bar{U}_{gw} = U_{GL}$$

这里，H_g 是从地表到工程地基的深度，U_{bed} 是工程地基的地震动。根据基础形状 η 等的不同，有必要确认公式（4.20）的降低效果是多少。

对于平面形状规模为 100m 的大跨度建筑物，如果传递到基础的地震波有**相位差**（phase difference），则建筑物的有效输入地震动和建筑物的响应与没有相位差时的情况存在不同的可能性。地震波产生相位差的情况如表面波（第 6 章）和图 4.14 所示，地震波从地基下方倾斜地传播。

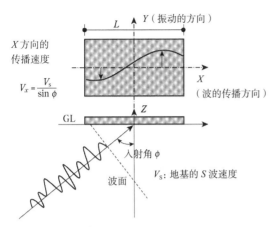

图 4.14　大跨建筑物的平面相位差

这里如图 4.14 所示，作为在 Y 方向边振动（SH 波）边以速度 V_x 沿着 X 方向传递的地震波，可以考虑下面的振动频率为 ω 的谐波。

$$U_g(X,t) = U_0(t) \cdot \cos\left(\frac{\omega X}{V_x}\right)$$

基础是刚体条件下的运动可以和嵌入基础的侧面做同样的考虑，基础的重心在 Y 方向上的振动输入动 U_{fY} 如下式所示：

$$U_{fY} = U_0 \frac{\sin(a_0)}{a_0}, \qquad a_0 = \frac{\omega L}{2V_x} \qquad （4.21）$$

因 $|\sin(a_0)/a_0| \leqslant 1$，所以有效输入地震动有时也被称为输入损失，$Z$ 轴四周的扭转输入动也存在这个情况。因此，具有相位差的地震波可能在建筑物 Y 方向上引起高应力，尤其是在建筑物的基础、梁和楼板上。

至此，在本节中对地基位移的形式进行了说明。如果考虑到傅里叶变换就会明白，公式（4.20）和公式（4.21）对于地基加速度问题也是成立的。

4.4　考虑相互作用的地震响应分析法

4.4.1　解析模型

作为考虑相互作用进行**地震响应分析**（seismic response analysis）的代表性方法[1]是，将根据图 4.8

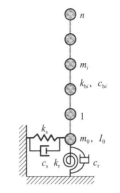

图 4.15　多层建筑的 SR 模型

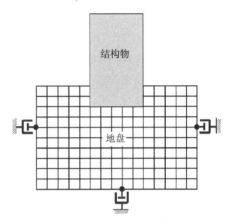

图 4.16　地基的有限元模型

的基础形式确定出的 sway 和 rocking 的地基弹簧及表示辐射阻尼的减震器附加在基础上，建立如图 4.15 所示的 sway-rocking 模型（SR 模型）的方法。为了使用尽量与实际接近的地基基础模型进行详细分析，有时会如图 4.16 所示，将地基通过有限元法进行模型化，此图中周围边界设置缓冲器（安装在所有周边节点的三个方向，但图中省略），地基在下方和水平方向是无限延伸的，如 4.2 节所述，结构物施加给地基的地震力所造成的地基位移（波动）会向远方进行消散，因此图 4.16 中模型从结构物向边界传递的波动不会向结构物的方向进行反射，而会被地基土体吸收消散。

这里用图 4.15 中多层（多自由度）建筑物的 SR 模型建立运动方程式。位移坐标如图 4.17 定义，x_0 是 4.1 节中所述的自由地基的地表位移，x_s 和 θ_r 是基础的水平和旋转位移（sway 和 rocking）。对于质点 i 的自由地基对应的相对位移 x_i 还需加

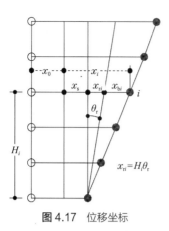

图 4.17 位移坐标

上上部结构的构件变形所引起的弹性位移 x_{bi}，即 $x_i = x_s + H_i \theta_r + x_{bi}$。首先，上部结构质点的力和弹性位移的关系为 $\{P\} = [k_b]\{x_b\}$，式中 $\{x_b\} = \{x\} - \{1\} x_s - \{H\}\theta_r$，$[k_b]$ 是上部结构的刚度矩阵。其次考虑基础水平力的侧移弹簧的恢复力 $k_s x_s$ 的平衡为：

$$P_s = k_s x_s - \sum_i P_i$$

考虑基础力矩的旋转弹簧的恢复力 $k_r \theta_r$ 的平衡为：

$$M_r = k_r \theta_r - \sum_i P_i H_i$$

以上的力可以和惯性力进行置换，得：

$$P_i = -m_i(\ddot{x}_0 + \ddot{x}_i), \qquad P_s = -m_0(\ddot{x}_0 + \ddot{x}_s)$$
$$M_r = -I_0 \ddot{\theta}_r$$

同样添加阻尼项，则运动方程式如下：

$$[M]\{\ddot{x}\} + [C]\{\dot{x}\} + [K]\{x\} = -[M]\{e\}\ddot{x}_0 \quad (4.22)$$

式中，

$$\{x\} = \begin{Bmatrix} \theta_r \\ x_s \\ x_1 \\ \vdots \\ x_n \end{Bmatrix} \quad \{e\} = \begin{Bmatrix} 0 \\ 1 \\ 1 \\ \vdots \\ 1 \end{Bmatrix} \quad [M] = \begin{bmatrix} I_0 & & & & & \\ 0 & m_0 & & & & \\ 0 & 0 & m_1 & \text{Sym} & & \\ 0 & 0 & 0 & \ddots & & \\ 0 & 0 & 0 & 0 & \ddots & \\ 0 & 0 & 0 & 0 & 0 & m_n \end{bmatrix} \quad (4.23)$$

刚度矩阵 $[K]$ 是 $[k_b]$ 使用全矩阵进行的一般表达，如下式所示：

$$[K] = \begin{bmatrix} k_r + \sum_i \sum_j k_{bij} H_i H_j & & & & \\ \sum_i \sum_j k_{bij} H_i & k_s + \sum_i \sum_j k_{bij} & \text{Sym} & & \\ -\sum_j k_{bij} H_j & -\sum_j k_{bij} & k_{b11} & & \\ \vdots & \vdots & \vdots & \ddots & \\ \vdots & \vdots & \vdots & & \ddots \\ -\sum_j k_{bnj} H_j & -\sum_j k_{bnj} & k_{bn1} & \cdots & k_{bnn} \end{bmatrix} \quad (4.24)$$

$[K]$ 用于上部结构的剪切系统模型，图 4.15 中第 i 层弹簧常数若设为 k_{bi}，则 $[k_b]$ 的对角线项和其相邻项如下式，其他项为 0。

$$k_{bii} = k_{bi} + k_{bi+1}, \quad k_{bi(i-1)} = -k_{bi}$$

阻尼矩阵 $[C]$ 也使用同样方法进行表示。

4.4.2 基于模态分析的响应分析

公式（4.22）SR 模型的地震响应分析可以通过直接使用第 2 章中所描述的求解公式（4.22）的直接积分法进行，使用固有值和固有模式的**模态分析**（modal analysis，模式叠加法）或**反应谱分析**（response spectrum analysis）。后一种情况下，根据 SR 模型中 $[C]$ 的特征（与 $[K]$ 不成比例），为了对公式（4.22）进行模式分解，有必要严格使用多个固有值模式，也常使用与公式（4.22）比较具有近似性的非阻尼固有值模式的方法。使用非阻尼系统的固有模式 $\{\phi_{tj}, \phi_{sj}, \phi_{1j}, \cdots, \phi_{nj}\}^T$，$j = 1, 2, \cdots, n'$ 次，其响应 $x_i(t)$ 如下式所示（《建筑的振动（理论篇）》第 4 章）：

$$x_i(t) = \sum_{j=1}^{n'} \beta_j \phi_{ij} q_j(t) \quad (4.25)$$

$q_j(t)$ 是通过固有频率 ω_j 以及下面公式所求出的阻尼常数 h_j 的第 j 次单自由度运动方程式的解（位移响应）。

$$h_j = \frac{C_j}{2\sqrt{M_j K_j}} \quad (4.26)$$

在这里，公式（4.26）所用的广义质量、刚度、阻尼如下所示：

$$M_j = \{\phi_j\}^T [M]\{\phi_j\}, \qquad K_j = \{\phi_j\}^T [K]\{\phi_j\},$$
$$C_j = \{\phi_j\}^T [C]\{\phi_j\}$$

另外，公式（4.25）的激励系数 β_j 如下式所示，$\beta_j \{\phi_j\}$ 为激励函数。

$$\beta_j = \frac{\{\phi_j\}^T [M]\{e\}}{M_j}$$

基于公式（4.26）的阻尼常数，可根据基于 ω_j 振动状态的 1 个周期的应变能 W_j 和基于阻尼的吸收能量 ΔW_j，用下式表示：

$$h_j = \frac{1}{4\pi} \frac{\Delta W_j}{W_j}$$
$$W_j = \frac{1}{2} \left\{ \sum_{i=1}^n K_{bi}(\phi_{bij} - \phi_{bi-1j})^2 + K_s \phi_{sj}^2 + K_r \phi_{rj}^2 \right\} \quad (4.27)$$
$$\Delta W_j = \pi \omega_j \left\{ \sum_{i=1}^n c_{bi}(\phi_{bij} - \phi_{bi-1j})^2 + c_s \phi_{sj}^2 + c_r \phi_{rj}^2 \right\}$$

单自由度运动方程式的最大响应值是使用加速度—位移反应谱，$S_a(T, h) \cdot S_d(T, h)$，对建筑物的最大响应值进行预测的方法，称为**平方和开方法**（square root of the sum of squares，SRSS）或反应谱法，此处有如下的关系：

$$S_a(T,h) \approx \omega^2 \cdot S_d(T,h) \qquad \omega = 2\pi / T \qquad (4.28)$$

根据上述得出最大响应值预测公式如下所示：

质点相对位移

$$x_i = \sqrt{\sum_{j=1}^{n'} |\beta_j \phi_{ij} S_d(T_j, h_j)|^2} \qquad (4.29)$$

建筑物层间位移

$$\delta_{bi} = \sqrt{\sum_{j=1}^{n'} |\beta_j [\phi_{ij} - \phi_{i-1j} - \phi_r(H_i - H_{i-1})] S_d(T_j, h_j)|^2} \qquad (4.30)$$

δ_{bi} 是图 4.17 中除去 sway-rocking 位移的上部结构的弹性层间位移。

$$Q_i = \sqrt{\sum_{j=1}^{n'} \left[\sum_{r=1}^{n} P_{rj} \right]^2}$$

层剪切力 $\qquad\qquad\qquad (4.31)$

$$[P_{ij} = m_i \beta_j \phi_{ij} S_a(T_j, h_j)]$$

多数情况下叠加的次数 n' 为 1～3 次足矣。

4.4.3　等效单质点体系的极限承载力计算法

基于建筑标准法（参照第 3 章）中极限承载力计算方法 [5, 6]，《建筑的振动（理论篇）》第 5 章，考虑相互作用的响应预测，是考虑第 2 章中描述的建筑构件或楼层的非线性弹塑性响应分析方法之一，介绍如下。

极限承载力计算法的特征是使用**等效单质点体系**（equivalent one mass system）和**等效线性化法**（equivalent linearization method）。首先介绍当上部结构用单质点表示时的等效线性化方法，如图 4.18 所示。

图 4.19 粗线表示具有弹塑性剪力—位移关系（恢复力）的单质点系受到设计用加速度响应谱 $S_a(\omega, h_d)$ 所表示的输入地震动，通过被预测的最大响应点（Q_r，δ_r）的割线刚度为 k_{eq}，此时图 4.20 中重复响应（滞回曲线）吸收能量的效果用等效阻尼常数 h_{eq} 表示，图 4.21 中的 S_a-S_d 关系利用公式（4.28）表示。如果把图 4.19 的关系当作同一

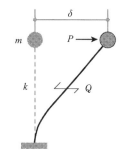

图 4.18　上部结构单质点模型

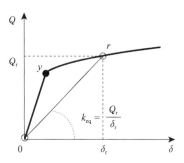

图 4.19　恢复力的模型

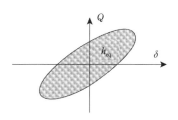

图 4.20　吸收能量的效果

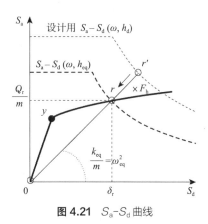

图 4.21　S_a-S_d 曲线

表现（$Q/m \to S_a$，$\delta \to S_d$ 对应），则具有阻尼常数为 h_{eq} 的设计用频谱转换的响应谱 $S_a(\omega, h_{eq})$ 与 S_a-S_d 的交点 r 即为最大响应值，即：

$$Q_r/m = S_a(\omega_{eq}, h_{eq}) \quad 且 \quad \delta_r = S_d(\omega_{eq}, h_{eq}) \quad (4.32)$$

阻尼常数的变换，是使用了下面的修正系数 F_h 的公式：

$$S_a(\omega_{eq}, h_{eq}) = F_h \cdot S_a(\omega_{eq}, h_d) \quad (4.33)$$

如果反复改变假定响应点都能基本满足公式（4.32），则可得到解的最大响应值。在图 4.21 中，根据响应位移 δ_r 准备了多个如后述公式（4.39）所示变化的 $h_{eq}(\delta_r)$ 与 F_h 形成的 S_a-S_d（ω, h_{eq}）曲线，与 Q/m-δ 曲线的交点位移是与其 S_a-S_d 曲线上点 $h_{eq}(\delta_r)$ 处的位移 δ_r 相近的近似解。

这个方法可通过建筑物承载力曲线（capacity）Q-δ 和直接响应谱进行重叠，从而估算出最大响应值，称为 capacity spectrum 法。

极限承载力计算法，如图 4.22 所示，通过由具有塑性特性的梁—柱—墙构件所构成的框架进行**静态推覆分析**（push-over），如图 4.18，capacity spectrum 法适用于置换后的等效单质点体系，是求出设计用响应频谱所对应建筑物的最大响应值的方法。对 n 层建筑物上部结构的等效单质点体系的置换方法如下所示。

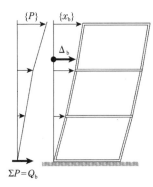

图 4.22 推覆分析

①某分布形状的外力 $\{P\}$ 逐渐增加，求位移分布 $\{x\}$。以下公式中将渐增的各阶段添加下标 p。

②各阶段中单质点系的各数值 $\{x\}$，视为如 4.4.2 节那种 1 阶固有振型，通过以下的公式求出。

激励系数 $\quad \beta_{bp} = \sum_{i=1}^{n} m_i x_{bip} \Big/ \sum_{i=1}^{n} m_i x_{bip}^2$

等效质量 $\quad m_{bp} = \beta_{bp} \sum_{i=1}^{n} m_i x_{bip} \quad (4.34)$

割线刚度 $\quad k_{bp} = \beta_{bp}^2 \sum_{i=1}^{n} P_{ip} x_{bip} \quad (4.35)$

等效高度 $\quad H_{bp} = \beta_{bp} \sum_{i=1}^{n} m_i x_{bip} H_i / m_{bp} \quad (4.36)$

等效质量和等效高度（也称有效质量、有效高度），$m_b S_a$ 和 $m_b S_a H_b$，分别是基于多层建筑物第一振型响应的单层剪切力（base shear）和基础倾覆力矩所表示的量。今后也要了解 $\{P\}$ 是第一振型的 $\{m\phi_1\}$ 所对应的分布条件。

③代表建筑物的单质点体系的典型位移是 Δ_{bp}，与基底剪力 Q_{bp} 的关系可通过下式求出。

$$\Delta_{bp} = Q_{bp}/k_{bp} \quad (4.37)$$

④反复进行②和③，做成 S_a-S_d 曲线重叠的承载力曲线 Q_b/m_b-Δ_b，各阶段所对应的等效周期（等效线型化周期）为：

$$T_{bp} = 2\pi/\omega_{bp} = 2\pi/\sqrt{k_{bp}/m_{bp}} \quad (4.38)$$

通过②可以得知，m_{bp} 和 H_{bp} 在每个阶段都会发生相应的变化。

图 4.20 这种基于建筑物塑性化的阻尼常数，可将如图 4.19 所示的塑性度从弹性往塑性转移时 y 点位移 Δ_{by} 所对应的比用下式表示：

$$D_f = \Delta_b/\Delta_{by}$$

等效阻尼常数 h_b 通过下式表示：

$$\begin{aligned} &h_b = \gamma_1(1 - 1/\sqrt{D_f}) + h_{b0} \\ &D_f \leqslant 1, \quad h_b = h_{b0} \end{aligned} \quad (4.39)$$

延性建筑物中，$\gamma_1 = 0.25$，h_{b0} 是初始刚度对应的黏性阻尼常数，S 结构（钢框架）通常设为 0.02，RC 结构通常设为 0.03。公式（4.33）所使用的修正系数 F_h 如下式所示：

$$F_h = \frac{S_a(h)}{S_a(h_d)} = \frac{1 + 10 h_d}{1 + 10 h} \quad (4.40)$$

公式（4.39）与公式（4.40）是建筑标准法中所采用的表达公式。

如果根据图 4.21 的 capacity spectrum 法求位移 Δ_b，推覆分析中 Δ_b 所对应的加载阶段的位移 $\{x\}$ 和剪切力 $\{Q\}$ 即为预期的最大响应值。

通过上述方法置换出来的上部结构的单质点系，其考虑 sway-rocking 相互作用的极限承载力计算方法如下所述。

考虑相互作用的位移和等效周期时，阻尼常数可通过以下方式求解。这里的基础质量和上部结构的 m_b 相比影响较小可以忽略。如图 4.23 所示，

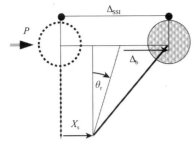

图 4.23 考虑相互作用的模型

对上部结构的质点施加地震力 $P (=Q_b)$ 时，自由地基的响应所对应质点的相对位移 Δ_{SSI} 如下式所示：

$$\Delta_{SSI}=x_s+\theta_r H_b+\Delta_b$$
$$x_s=\frac{P}{k_s},\qquad \theta_r=\frac{PH_b}{k_r},\qquad \Delta_b=\frac{P}{k_b}\qquad (4.41)$$

考虑相互作用的地基—建筑振动体系的等效弹簧常数 k_{SSI} 为：

$$k_{SSI}=\frac{P}{\Delta_{SSI}}=\frac{1}{\dfrac{1}{k_b}+\dfrac{1}{k_s}+\dfrac{H_b^2}{k_r}}$$

因此，等效周期为：

$$T_{SSI}=2\pi\sqrt{\frac{m_b}{k_{SSI}}}=\sqrt{T_b^2+T_s^2+T_r^2}\qquad (4.42)$$

$$T_s=2\pi\sqrt{\frac{m_b}{k_s}},\qquad T_r=2\pi\sqrt{\frac{m_b H_b^2}{k_r}}\qquad (4.43)$$

公式（4.41）和公式（4.42）中，位移 Δ_{SSI} 分解如下：

$$\Delta_b=\left(\frac{T_b}{T_{SSI}}\right)^2\Delta_{SSI},\qquad x_s=\left(\frac{T_s}{T_{SSI}}\right)^2\Delta_{SSI}$$
$$u_r=\theta_r H_b=\left(\frac{T_r}{T_{SSI}}\right)^2\Delta_{SSI}\qquad (4.44)$$

根据上部结构阻尼常数 h_b 和 SR 的阻尼系数，相互作用体系的阻尼常数 h_{SSI} 从公式（4.27）关系中可得出如下公式：

$$h_{SSI}=h_b\left(\frac{T_b}{T_{SSI}}\right)^3+h_s\left(\frac{T_s}{T_{SSI}}\right)^3+h_r\left(\frac{T_r}{T_{SSI}}\right)^3\qquad (4.45)$$

$$h_s=\frac{c_s}{2\sqrt{m_b k_s}},\qquad h_r=\frac{c_r}{2\sqrt{m_b H_b^2 k_r}}\qquad (4.46)$$

用上述单质点相互作用体系的极限承载力计算法预测最大响应值，把公式（4.41）中 Δ_{SSI} 的 $Q_b/m_b-\Delta_{SSI}$ 关系作为承载力曲线，如图 4.21 那样重叠在 S_a-S_d 曲线上，以基于公式（4.45）的等效阻尼常数 h_{SSI} 与 F_h 进行公式（4.33）的修正则可以进行此预测。把 Δ_{SSI} 通过公式（4.44）进行分解得到 Δ_b，进而求出上部结构位移 $\{x_b\}$ 以及基于

地基的相对位移分布 $\{x\}$。

4.5 算例

通过算例，能更好地理解地基和建筑物相互作用的地震响应分析法和相互作用效果。

a. 计算模型

以 3 层的 S 结构（钢框架）建筑物为例，图 4.15 中上部结构剪切系统中的各个参数如表 4.1 所示。本例题的恢复力特性（$Q-\delta$ 关系）为如图 4.24 所示的**双线性特性**（bi-1inear characteristics）。Q_y 是层屈服剪切力，δ_{by} 是屈服时的层间位移。公式（4.39）的阻尼常数 h_{b0} 为 0.02，上部结构的黏性阻尼为初始刚度比例型（《建筑的振动（理论篇）》第 3 章）。基础是 $12.5m \times 10m$ 的直接基础（在例题中假设沿 12.5m 方向振动），不考虑 4.3 节的有效输入地震动。地基的 S 波速度 V_s、密度 ρ、剪切刚度 $\mu(\rho V_s^2)$ 以及泊松比 ν 的值如表 4.2 所示。与建筑物相比，地基越软其相互作用影响就越大，所以假定与软弱地基相当的 V_s。直接基础的 SR 相互作用模型弹簧常数和阻尼系数如表 4.3 所示。

例题上部建筑结构的各参数指标 表 4.1					
参数指标	质量 m_i（t）	刚度 k_{bi}（kN/m）	层高（m）	Q_y（kN）	δ_{by}（m）
三层	50	25000	4	372	0.0149
二层	100	31250	4	768	0.0246
一层	100	37500	4	980	0.0261

恢复力特性第 2 次调配的刚度为初始刚性的 0.1 倍

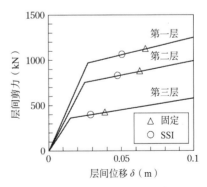

图 4.24 双线性特性响应值

地基参数			表 4.2
V_s（m/s）	ρ（t/m³）	μ（kN/m²）	v
40	1.5	2400	0.45

地基弹簧常数和辐射阻尼系数		表 4.3
	sway	rocking
使用公式	（4.15）	（4.16）
地基弹簧常数	78140kN/m	3574000kN·m/rad
阻尼系数	7500kN·s/m	192100kN·m·s/rad

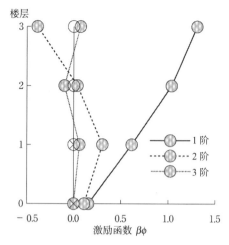

图 4.25 激励函数

响应分析中以输入地震动作为对象，其设计用频谱 $S_a(T, h_d)$，结合梅村频谱 h_{b0} 假定 h_d =0.02，可由下式确定：

$$S_a(T,0.02)=\begin{cases}43.75k_g & (T\leqslant0.5(\mathrm{s}))\\\dfrac{21.875}{T}k_g & (0.5(\mathrm{s})<T)\end{cases}\qquad（4.47）$$

S_a 的单位是 m/s²，T 的单位是秒，k_g 是地面运动的最大加速度 $|\ddot{x}_0|_{max}$ 除以重力加速度（9.8m/s²）得到的值。

b. 固有值解析和响应谱法的响应解析

基于剪切系统 SR 模型的运动方程式（4.22），其非阻尼固有值解析的固有周期 T_{SSI} 见表 4.4，固有振型乘以激励系数形成的激励函数如图 4.25 所示。公式（4.27）中的阻尼常数 h_{SSI} 见表 4.4。图 4.15 中 SR 模型的基础质量 m_0 和旋转质量 I_0 设置的足够小，具体为如下公式的 1 / 1000。

$$m_{b0}=\sum_{i=1}^{n}m_i,\qquad I_{b0}=\sum_{i=1}^{n}m_iH_i^2$$

m_0 与 I_0 一旦超过上述的 10%，固有周期或阻尼常数就会变化，并对响应产生影响，基底固定的结果也显示在表 4.4 中仅供参考。

设计用响应谱公式（4.47）中，可根据 k_g =0.1（输入地震动的最大加速度是 0.98m/s²）时的最大响应值反应谱法进行预测。公式（4.29）～（4.31）

的最大响应值如表 4.5 所示。这里，**剪力系数**（shear force coefficient）可通过如下公式求出：

$$\text{剪力系数}\qquad Q_i\Big/\sum_{r=i}^{n}m_rg$$

反应谱法适用于线性模型，但表 4.1 里的最大剪切力 Q_y 超过了线性范围内的响应，响应位移的相互作用效果可用下面的参量来表示：

$$\text{侧移比}\qquad\frac{x_s}{x_i}$$

$$\text{摇摆比}\qquad\frac{\theta_rH_i}{x_i}$$

从表 4.5 中可得出在建筑物顶部，侧移比（sway ratio）是 0.127，摇摆比（rocking ratio）是 0.280。

c. 极限承载力计算法的响应分析

设计用反应谱中，k_g =0.4 时的最大响应值可通过 4.4.3 节的极限承载力计算法进行预测。表 4.1 的层剪切力 Q 和建筑物层间位移 δ_b 的关系如图 4.24 所示。通过 δ_b 能推测出基于 k_g =0.4 的响应是超过屈服点的。

例题的固有周期和阻尼系数				表 4.4	
模型	阶数	1 阶	2 阶	3 阶	
基底固定	T_b（s）	0.655	0.256	0.194	
	h_b	0.020	0.051	0.068	
SR 模型	T_{SSI}（s）	0.843	0.277	0.197	
	T_{SSI}	0.115	0.185	0.095	
	S_a^{*1}（m/s²）	1.45	1.84	2.70	

*1:（T_{ssi}, h_{ssi}）用公式（4.47）和公式（4.40）校正的响应加速度。

	k_g=0.1 时响应应谱法对应的最大响应值			表 4.5
	相对位移 x（m）	建筑层间位移 δ_b[*1]（m）	剪力 Q（kN）	剪切系数
三层	0.0339	0.00404	101	0.206
二层	0.0271	0.00789	247	0.168
一层	0.0163	0.00898	337	0.138
基础	0.0043	—	337	
基础的旋转 [*2]	θ[rad]	—	M_b（kN·m）	
	0.000792	—	2701	

*1：$\delta_b = x_{bi} - x_{bi-1}$

*2：基础部的旋转角和旋转力矩

使用静态推覆分析的外力分布 {P} 时建筑标准法（极限承载力计算）中地震外力的 b_i 分布如下公式：

$$\{P\}_p = L_p\{b'\}, \qquad b_i' = \frac{m_i}{m_T}b_i$$

$$b_i = 1 + \left(\frac{1}{\sqrt{a_i} + \sqrt{a_{i+1}}} - a_i - a_{i+1}\right)\frac{2T}{1+3T} \quad (4.48)$$

$$a_{n+1} = 0$$

式中，L_p 是增量步 p 中外力的大小，T 是上部结构的固有周期（0.655 s），a_i 是表示如下的质量分布系数。

$$a_i = \sum_{r=i}^{n} m_r / m_T \quad (m_T：上部结构的全部质量)$$

接下来，$Q_i = L\sum_{r=1}^{n} b_r'$，一层的 $\sum_{r=1}^{n} b_r'$ 是建筑标准法（耐力强度计算，容许应力度计算）中层间剪力系数 A_i 的分布，其中 A_1 等于 1。也就是说公式（4.48）中 $L=Q_1$，见表 4.6。例题基于表 4.1（图 4.24）假定的 Q_y，一层的屈服剪力系数设为 0.4，二、三层的 Q_y 和 $\sum_{r=1}^{n} b_r'$ 成比例关系。

根据 4.4.3 节中已说明的极限承载力计算法对上部结构（基底固定）进行推覆分析，等效单质点体系置换的结果见表 4.7 和图 4.26。从已设定层的恢复力特性和外力分布的关系可以看出，各层同时屈服后达到 Q_b-Δ_b 关系的 y 点，此后的切线刚度也变成初始刚度的 0.1 倍。同理可得，公式（4.34）中 m_b 和公式（4.36）中的 H_b 在 y 点以后是定值。在 y 点之前弹性时等效周期 T_b 中，外力分布和第一振型近似，所以能得到和表 4.4 的固有值解析结果几乎一致的值。首先，基底固定时使用 capacity spectrum 法计算的响应预测结

果中，公式（4.47）的设计用频谱 S_a-S_d 曲线是通过图 4.27 中的虚线传递到 c 点的细线表示的。

水平力和剪切力的分布			表 4.6
分布系数	a_i	b_i'	$\sum_{r=i}^{n} b_r'$
第三层	0.2	0.380	0.380
第二层	0.6	0.403	0.783
第一层	1	0.217	1

单质点上部结构的各个数值			表 4.7
m_b（t）	K_b[*1]（kN/m）	H_b（m）	T_b[*1]（s）
222.4	20580	8.243	0.653
L_y（kN）	Q_{by}（kN）	Δ_{by}（m）	
980	980	0.0476	

*1：弹性时

图 4.26 的粗实线是 Q_b/m_b-Δ_b 的承载力曲线。图 4.28 是割线刚度所对应公式（4.38）中的 T_b 和公式（4.39）中的 h_b 与 Δ_b 的关系。结合 h_b 使用公式（4.40）能减少图 4.21 中承载力曲线上某点的 T_b 所对应的设计用频谱响应，所以如果考虑从原点开始，通过 y 点延长（$\Delta_b = \Delta_{by}$，T_b 是弹性的时候）至 c 点，是 Δ_b 增加所对应的虚线。这被称为在设计用中反映建筑物特性的必要频谱，其与承载力曲线的交点就是所求解，其 S_d 和 S_a 如表 4.8 中所示。与其相对应的推覆分析阶段 [L = 1131（kN）] 存在最大响应值，其建筑物位移和剪力如表 4.9 所示。各层的层间位移与表 4.1 的 δ_{by} 相除后得到**延性系数**（ductility factor），且各层都是 2.54。

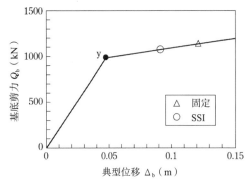

图 4.26 等效单质点系置换

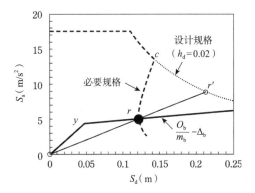

图 4.27 基底固定模型的 S_a-S_d 曲线

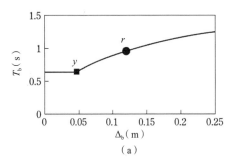

（a）

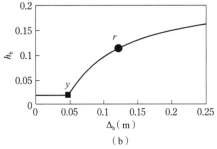

（b）

图 4.28 割线刚度对应的 T_b、h_b 和 Δ_b 的关系

基于基底固定的极限承载力计算解表		表 4.8
S_d（m）	S_a（m/s²）	Q_b（kN）
0.121	5.09	1131

其次，4.4.3 节中已说明了考虑相互作用的极限承载力计算法的响应预测结果。表 4.3 中地基弹簧常数和辐射阻尼系数所用到的 SR 的周期（T_s，T_r）和阻尼常数（h_s，h_r）见表 4.10。用上部结构弹性阶段时的 T_b 和 h_b 求出相互作用的等效单质点体系的周期 T_{SSI} 和阻尼常数 h_{SSI} 如表 4.10 所示。这些和基于多层模型固有值解析得到的表 4.4 中 1 阶的结果基本一致。

根据图 4.26 中 Q_b-Δ_b 的位移，上部结构推覆分析的 sway-rocking 位移加上由公式（4.41）所得位移 Δ_{SSI} 形成的承载力曲线如图 4.29 所示。使用 Δ_{SSI} 中上部结构位移所对应的塑性度虚线中的 T_b 和 h_b，图 4.30 的实线为公式（4.42）的 T_{SSI} 和公式（4.45）的 h_{SSI}。利用 T_{SSI} 的设计用频谱 S_a（T_{SSI}，h_d）乘以 h_{SSI} 的修正系数 F_h 后得到必要频谱和承

基底固定的最大响应值		表 4.9
	建筑位移 [1]	剪切力
	x_b（m）	Q_i（kN）
三层	0.167	430
二层	0.129	886
一层	0.066	1131

[1]：基础上的相对位移

地基相互作用体系的周期和阻尼常数			表 4.10
	侧移	旋转	相互作用体系 [1]
使用公式	（4.43），（4.46）		（4.42），（4.45）
周期（s）	0.335	0.409	0.840
阻尼常数	0.900	0.413	0.114

[1]：建筑物弹性时的 T_{SSI} 和 h_{SSI}

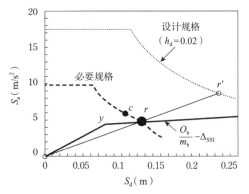

图 4.29 相互作用模型的 S_a-S_d 曲线

相互作用体系极限承载力计算的解		表 4.11
S_d（m）	S_a（m/s²）	Q_b（kN）
0.125	4.81	1070
Δ_b（m）	x_s（m）	θ_r（rad）
0.0914	0.0137	0.00247

相互作用体系的最大响应值			表 4.12
	相对位移 x_i（m）	剪力 Q_i（kN）	建筑层间变形角（rad）
三层	0.169	407	0.0071
二层	0.131	838	0.0118
一层	0.074	1070	0.0125
基础	0.014	1070	

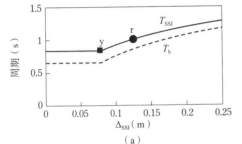

（a）

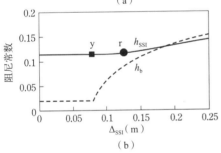

（b）

图 4.30　T_{SSI} 和 h_{SSI}

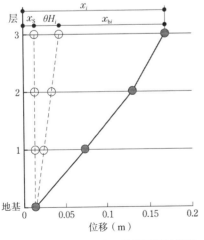

图 4.31　sway-rocking 位移及相对位移

载力曲线的交点。如表 4.11 所示，这里 $S_d = \Delta_{SSI}$。由公式（4.44）分解得到的 Δ_b、x_s、θ_r 的各位移如表 4.11 所示。解得 Δ_b 对应的上部结构推覆分析阶段的建筑物位移 $\{x_b\}$ 和 SR 相对位移 $\{x\}$ 如图 4.31 所示，$\{x\}$，$\{Q\}$ 和建筑物层间变形角（建筑物层间位移 / 楼高）见表 4.12。该建筑物的层间位移（$\delta_b = x_{bi} - x_{bi-1}$）的塑性域进入度如图 4.24 中（SSI）所示，每层的延性率都是 1.92。

另外，在图 4.29 中，弹性阶段时的承载力曲线的延长线和必要频谱相交于 c 点。在本书例题中，建筑物 Q_y 以外的条件相同，只有 Q_y 不同时，当具有比 c 点的 S_a（5.84m/s²）与 m_b 的乘积，即剪切力 $Q_b = 1298$（kN）更大的屈服基底剪力 Q_{by} 时，对建筑物来讲，c 点就是他们的解。因此，这个设计用响应谱是基于建筑物在弹性范围内的响应。这类建筑物的目标性能所对应设计（性能设计）中的极限承载力计算法是有效的。

以上介绍了考虑相互作用的地震响应分析事例。在此例中，基底固定和假定结果的表 4.9 与考虑了相互作用结果的表 4.12 相比，地基所对应的位移（分别为 x_b 和 x）虽然基本上相同，但是通过图 4.24 得知它与地震作用下的建筑物损伤度的关系很大，而基于上部结构弹性阶段的层间位移则较少考虑相互作用的结果。基底固定条件假设地基十分坚固，作用在建筑物至地基上的地震力所引起的地基不会变形（影响很小）。由上述两者的结果可知，在这个例题中考虑相互作用是合适的。

相互作用的效果也和设计用的地震动性质有很大的关系。与例题的公式（4.47）不同，当响应谱在某一时段由工程基岩下的地基占主导地位时，如果振动系统的周期（$T_b < T_{SSI}$）由于相互作用效应而增加，则它与地震运动共振，称为较大的响应。

这些地基和建筑物的相互作用效果会对建筑物的地震响应产生影响。根据地基和建筑物的相互作用效果，各种各样的上部结构和地基以及设计用反应谱会产生什么样的响应，希望读者使用本章解说过的方法进行探讨。

参 考 文 献

1)　日本建築学会：入門・建物と地盤との相互作用 (1996).

2)　日本建築学会：建築物荷重指針・同解説，7章地震 荷重 (2004).

3)　柴田明徳：最新耐震構造解析，森北出版 (1981).

4)　田治見宏：建物と地盤の相互作用，建築構造学大系 1　地震工学，彰国社 (1968).

5)　国土交通省住宅局建築指導課，国土交通省建築研究 所，日本建築センター，建築研究振興協会編集：限 界耐力計算法の計算例とその解説，工学図書 (2001).

6)　国土交通省建築研究所：改正建築基準法の構造関係 規定の技術的背景，ぎょうせい (2001).

第5章 环境振动

5.1 振动感觉特性

5.1.1 振动环境的定义

乘坐汽车和火车或者地震时，建筑物内外都能明显感觉到振动。通常情况下，我们在没有震动的环境中生活工作，但实际上建筑物和支撑建筑物的地基以小到我们感觉不到的程度在振动，即常时微动是一直持续不断的。实际上很难对人类能感觉到的振动和感觉不到的振动进行分类。

人在天桥上行走感到震颤时可能会觉得不安。此外，如果建筑物附近的道路上有大型车通过，或近邻有工程在进行施工，人们都有可能因建筑物振动而感到不快。振动幅度大时会对日常生活和工作造成不良影响，有时候会妨碍睡眠。

与我们的生活环境和健康息息相关的振动被认为是**环境振动**（environment vibration），目前尚无明确的定义。环境振动多数情况下意味着我们周围的建筑物、占地地基等环境的振动状态。一般不包括地震、台风等强风或特定的振动源所引起的振动，但有时广义上也将它们考虑来。

以保护生活环境和国民健康为目的而制定的《**振动限制法**》（1976 年），以"对工厂及办公楼的公共活动以及建设施工在一定范围内所伴随产生的振动进行必要的规定限制，同时也对道路交通振动相关的要求限制进行规定"为目的。

根据环境省水与大气环境局大气生活环境室的振动限制法实施状况调查，年度振动投诉件数如图 5.1 所示，2005 年是 3599 件，在图 5.2 中所显示的发生原因明细中，建设施工占到 2184 件，在总数量中占压倒性优势，其次，工厂、办公楼的 782 件中，振动的投诉主要集中在都市圈，拆迁、建设施工是其主要原因。

1993 年颁布的《**环境基本法**》第 2 条中，"基于公共活动以及其他人在一定范围内活动所产生

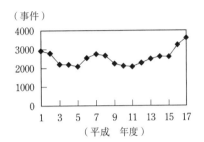

图 5.1 振动投诉数量的变化
1989 ~ 2005 年（平成元年 ~ 17 年）

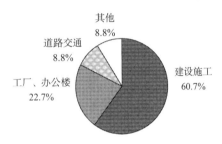

图 5.2 振动投诉的明细图
（2005 年 3599 件投诉）

的振动，会产生与损害人的健康或生活环境息息相关的事宜"，标记为"振动公害"。

在本章中，虽然对环境振动相关的基础事项进行说明，但是环境振动所涉及的振动与常时微动不同，它是人体能感觉到的振动。生活环境中的振动一般都不是我们所希望的振动，与我们生活环境相关的环境振动也和公害问题相关，环境振动可以认为是"不希望存在的振动"。有振动的产生，接着就会感觉到振动，从所感知的结果来说还是认为没有振动好。振动的产生是物理现象，感受方式因人而异，对判断是否属于让人困扰的振动或不希望的振动已经成为一个社会问题。

在考虑环境振动的时候，必须意识到现象、感觉、判断的流程。作为环境振动的基础，下面将对环境振动相关的感觉和基本的物理量进行介绍。

5.1.2 振动感觉

关于环境振动的研究，可以认为是在 20 世纪初开始的工业革命中基于机械文明的交通设施和工厂设备等大规模出现所引发的，其所伴随的振动问题对人们的日常生活产生影响。

a. 振动感知机制

人类的内耳前庭器官和皮肤以及深部被称为"帕奇尼小体"的感觉接收器起着感受振动的传感器作用。建筑物或交通工具内的振动都是通过这些感觉接收器传达到大脑才为我们所感知到的。

人在站立时，振动是从脚到腿部，然后经由臀部、腹部等向全身传播的，落座时的振动是经由臀部传遍全身的。人体的各部位存在固有频率，因此振动在这些传播过程中会衰减或者放大。

振动感知（vibration perception）也与视觉、听觉密切相关。例如，地震的时候看到吊在顶棚的照明器具的摇晃以及听到家具、门窗等振动的声音，也会成为振动感知的契机。在对待振动感知方面比较重要的是存在个人感觉差异问题。

b. 振动感觉的表现

为了对振动感知进行评估，有必要根据需要选择振动相关的物理量。然而，振动感知和感觉因人而异，因此包括视觉、听觉在内的心理影响也是不能忽视的，无论什么样的物理量都不能作为**振动感觉**（vibration sensibility）的绝对评价指标。

与振动感知相关的是人的感觉和物理量的关系，其分类大致如表 5.1 所示。其中，加速度表示振动的物理大小，振动的大小由**振动水平**（vibration level）表示，这个振动水平称为"振动感觉修正振动加速度水平"。

振动感知和物理量　　　　表 5.1

振动感知	物理量
振动的强弱	加速度
振动的大小	振幅
振动的方向	水平方向（前后、左右）
	上下方向
振动的速度	振动频率
振动的长度	持续时间

c. 振动水平

振动评价所使用的振动水平仪一般用 dB 表示，振动水平（L_v）被定义为振动加速度的实际有效值 A（m/s^2）与标准振动加速度 10^{-5}（m/s^2）$=10^{-3}$（gal）相除所得值的常用对数的 20 倍，其单位是分贝（dB）。另外，dB 是基本单位（B）的 1/10，d 是 10^{-1}s 所表示的辅助单位。

$$L_v = 20 \log \frac{A}{10^{-5}} \quad (dB) \qquad (5.1)$$

d. 振动水平的修正

简单介绍基于振动水平的振动感觉评价方法。振动感觉随加速度、振幅、振动频率、振动方向等的变化而变化，因此，根据建筑物的固有频率不同，必须对其振动水平进行修正并对振动感觉进行评价。

修正前的振动水平称为 L_{va}，根据测量所得到的加速度值，由公式（5.1）所算出的 L_{va} 和进行振动感觉修正后的振动水平（L_v）是不同的。作为反向转换，卓越频率比较明显时的 L_v 能预测到所测量的加速度绝对值，例如，以垂直振动为对象，假设其卓越振动为 20Hz 且 L_v 为 65dB，则通过将来自图 5.3 的 20Hz 处垂直特性对应的 8 分贝相对响应进行相加，可得修正前的加速度有效值 L_{va} 为 73dB，通过公式（5.1）得出其相当于 4.5gal，振动水平仪实际有效值电路的时间常数为 0.63s。当时间常数为 0.63s 时，随机现象的峰值因数可以认为在 1.1 ~ 1.7 之间，峰值因数设为 1.4 并与有效值进行相乘，最大振幅为 4.5×1.4=6.3（gal）。

目标结构物的固有频率未知时，对于铁路、公路等交通振动，如果事先对每个目标结构物设定比较简便的标准卓越振动频率，则有可能通过振动水平修正对振动感觉进行评价。但是，建筑物振动中固有频率超过带宽时，对每个评价对象设置标准的卓越振动频率很不现实，即使根据分析方法（傅里叶谱或 1/3 倍频带）设置，也必须注意其卓越振动频率不同。

振动感觉在垂直方向和水平方向存在不同。即使垂直方向和水平方向的固有频率相同，其振动感觉也有差异，对应的响应特性也不同。图 5.3

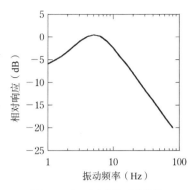

图 5.3 相对响应的垂直特性

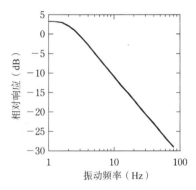

图 5.4 相对响应的水平特性

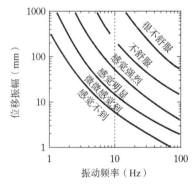

图 5.5 Meister 振动感觉曲线

所以其振动频率的 L_{va} 显示的是应该要修正几个分贝的数值,这就是垂直方向振动感觉的修正值。对此,图 5.4 中水平方向振动所对应的感觉,其振动频率为 1.0 ~ 1.6Hz 时所对应的灵敏度最大,振动频率越高其灵敏度就会越低。振动频率低于 3.15Hz 时,**水平振动**(horizontal vibration)的灵敏度变得更高;振动频率高于 10Hz 时,水平振动的灵敏度比**垂直振动**(vertical vibration)更低。水平方向振动的 L_{va} 对应的振动感觉修正基于振动频率为 2Hz 时所对应的加速度水平。

人类在睡眠状态、坐定状态、站立状态、步行状态时其振动感觉差异很大是一个不争的事实。

e. 振动感觉的标准

截止到目前,针对振动感觉的评价标准有比较多的研究,其中以交通振动中垂直振动为对象的 Meister 振动感觉曲线(1935 年)为人们所熟知并广泛使用。**Meister 曲线**(Meister curve)通过对上下振动的频率和位移振幅变化进行振动试验,基于体验者的体感感觉,提出了从"感觉不到"到"非常不舒服"的 6 阶段振动感觉相关的平均极限值(图 5.5)。

以居住时间较长的住宅、事务所空间等为对象,调查研究发现建筑物内楼板垂直方向的振动给居住性带来的影响比较多。还有就是近年来超高层建筑物的建设量较大,晕船症状感觉的人越来越多,掌握水平方向振动给居住带来影响的必要性也越来越大了。据说人体固有频率在 1Hz 附近的频域里,因此,当务之急是要在固有频率低于 1Hz 的建筑物中建立水平振动的振动感觉标准。

关于楼板振动的评价有国际标准 ISO 2631-2 以及国外的各项标准,即使在日本国内,Meister 振动感觉曲线也可作为参考,日本建筑学会在 1991 年发行了以建筑物楼板振动及水平振动为对象的《建筑物住宅性能相关振动的评价指南》。之后总结了更多的研究成果并在 2000 年推出《居住性能相关的环境振动评价的现状和标准》。

f. 振动感觉和气象厅地震烈度

气象厅地震烈度(seismic intensity)是通过体感和建筑物内外状况的观察结果来确定地震烈度。

中垂直方向所对应的振动感觉在其振动频率为 4 ~ 8Hz 时对应的灵敏度最大,低于 4Hz 的频域或高于 8Hz 的频域时其灵敏度则会降低。通过测量获得的振动水平(L_{va})处振动感觉的修正基于振动频率为 4Hz 时所对应的加速度水平。因此,振动频率为 4Hz 时,相对响应为 0dB。例如,频率为 16Hz 的振动其灵敏度比频率为 4Hz 的振动低 6dB,但相对响应在感觉上和 4Hz 大致一样,

地震烈度	加速度		修正地震烈度（1996 年）	旧地震烈度表（1949 年）
	振幅（gal）	实际值（dB）		
0	~ 0.8	~ 55	人没有感觉	无感：人无感觉，地震仪可以记录到。悬吊物体的轻微摆动如不仔细观察并不容易发现
1	0.8 ~ 2.5	55 ~ 65	只有部分屋内的人感受到	微震：静止的人或对地震特别注意的人能感到有地震
2	2.5 ~ 8	65 ~ 75	大部分屋内的人感觉到，有些人从睡梦中惊醒	轻震：多数人可感到，屏风仅有轻微的震动
3	8 ~ 25	75 ~ 85	大部分屋内的人感觉到，部分人受惊吓	弱震：房屋摇动，屏风咔咔响，电灯等垂吊物在摇动，容器内水面发生波动
4	25 ~ 80	85 ~ 95	很多人受惊吓，部分人尝试逃生。大部分睡觉中的人被惊醒	中震：房屋强烈摇动，放置不稳的花瓶等倾倒，容器内水外溢，行人有感，多数人逃到屋外
5 弱	80 ~ 250	95 ~ 105	大部分人尝试逃生，部分人难以走动	强震：墙壁开裂，墓碑、石灯笼倒塌，烟囱毁坏
5 强			很多人感觉恐慌，难以走动	
6 弱	250 ~ 400	105 ~ 110	难以站稳	烈震：房屋倒塌 30% 以下，发生山体滑坡、地裂缝、多数人无法站立
6 强			无法站稳，只能在地面爬行	
7	400 以上	110 以上	被剧烈摇晃以致无法凭自己的意愿行动	激震：房屋倒塌 30% 以上，山体滑坡、地裂缝并伴有断层发生

1996 年对气象厅地震烈度进行修正，地震烈度被分为 0 ~ 4 级、弱 5 级、强 5 级、弱 6 级、强 6 级、7 级这 10 个等级。目前为了客观确定地震烈度并及时提供信息，一般采用具有震级测量仪功能的仪器进行自动测量。

地震烈度在修正前后其每个地震烈度的振动感觉如表 5.2 中所述。表中给出了每个地震烈度大概的振动水平加速度（gal），根据这些说明可以掌握感觉到振动摇晃的大小处于什么程度，但是本节 c、d 中所叙述的振动频率导致振动感觉不同的概念在此不做考虑。

5.1.3　振动容许值

人类能感知的振动水平最小值称为**振动感觉阈**（sensitivity threshold）。相对于常时微动、震动烈度为 0 的无感地震等人类所感觉不到的振动，上面所述的有感振动的边界值可以作为振动感觉阈值来考虑。

振动感觉阈值与振动频率有密切关系，而且随振动持续时间不同而不同，在 "5.1.2 振动感觉" 中已进行了详细叙述。但是，作为环境振动中的振动评价容许值，使用振动感觉阈值的情况比较

多，根据加速度的振动水平对振动感觉进行修正的方法也可以适用。人类的振动感觉随个体不同差别很大，在坐定和站立时对振动的感觉也大不相同，因此很难对振动感觉阈值做统一规定，但是当使用振动感觉阈值作为振动的容许值时，应该将其作为下限值而不是平均值。

在国际标准 ISO / 2631（1996 年）中，垂直方向振动所对应的感觉阈值是进行感觉修正后的加速度最大值，大概是 1.5gal，相当于加速度有效值约 1gal，转化为日本的振动水平为：

$$20\log\frac{10^{-2}}{10^{-5}}=60\quad(\mathrm{dB})$$

这种程度的振动水平下约半数的人能感觉到振动。

在日本，人们认为持续时间 1s 以上、频率为 4 ~ 8Hz 的垂直方向振动所对应的感觉阈值的振动水平是 55dB，其值符合 ISO / 2631 中 60dB 的数值。

5.1.4　环境振动和居住性能评价

从**居住**（habitational performance）的舒适性以及安全性的观点来看，建筑物的振动性能评价是必不可少的。从环境振动的角度考虑建筑物的

振动性能时，保证空调机械、电梯、通信设备或各种与生活相关的机械装置的功能不会降低或阻断是设计的重要要求。在生产设施中，为了确保产品所要求的精度，建筑物内楼板的振动容许值有时也作为建筑设计的条件，比如振动水平，振动加速度水平，振动幅度水平处于什么 dB、gal、μm 等诸如此类。

建筑领域的环境振动被看作"地基、建筑物等围绕我们周围的日常振动状态"，近年来建筑标准法的修订和项目质量法《促进住房质量保证法》的实施与环境振动密切相关，居住者的振动意识也发生了很大变化。对于设计人员来说，环境振动的居住性能评价也应该是其考虑的最重要事项。为了实现建筑甲方所要求的性能水平，结合居住者相关的设计要求进行设置，满足其设计要求至关重要。

环境振动的居住性能评价，重要的是掌握激振源的外力及其特征以及在建筑物中产生的振动响应，将其分为①**稳态振动**（steady state vibration）和②**非稳态振动**（nonsteady state vibration），其中

非稳态振动又分为**连续振动**（continuity vibration）和**非连续振动**（non-continuity vibration），对冲击或碰撞的振动成分是否进行调查也很重要。近年来，隔震结构、减震结构等结构系统的多样化加上相邻楼座间隔的紧密化，造成基础结构的复杂化。作为与建筑物的环境振动相关的激振源也有预想不到的案例出现，然而目前没有能对每个激振源的居住性能进行评价的标准。

建筑物的振动响应使用实测波形并通过对其数据进行分析，从而掌握激振源。图 5.6 所示的时程波是建筑物的最顶层以及距离建筑物水平距离 10m 左右的地表加速度波形。如果此建筑物中存在引发问题的水平振动现象，可通过时程波对激振源及其振动水平进行研究，根据傅里叶振幅谱就可以掌握引发问题的振动频率或者频域。在环境振动的微振动水平是作为线性振动来处理的。以**概率过程**（probability process）为前提，建筑物以及建筑物楼板的振动响应通过**随机振动**（random vibration）理论进行解析是很常见的方法。

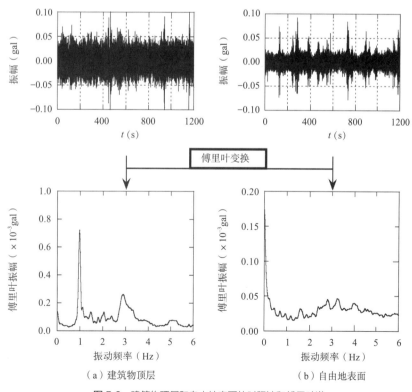

（a）建筑物顶层   （b）自由地表面

图 5.6 建筑物顶层和自由地表面的时程波和傅里叶谱

5.2 建筑物的水平振动

5.2.1 振动性能评价

建筑物水平方向的振动中风荷载问题较多。住宅或办公楼一旦产生振动，居住者或办公人员就会变得不安或有不适感。进行结构设计时，建筑物水平方向相关的居住环境、公共环境必须确保其具有一定的振动性能。在日本建筑学会《建筑物振动相关居住性能评价指南》（以下简称建筑学会指南）中，以水平方向振动性能的评价为对象的建筑物仅限于住房和公共建筑，尤其住宅是振动性能评价的基本，高层建筑主要是以公共建筑为主，但近年来高层住宅、酒店也多了起来。

承受风荷载的建筑物，水平方向的振动受到平移第一振型强烈的激振作用。建筑物的平面形状为长方形时，需要注意的是，在平面上产生扭转振动，并且平移振动和扭转振动耦合或者在垂直于风荷载的方向上产生振动。这种条件下，根据建筑物内进行的振动评价的位置，有必要求出最大的振动水平以及卓越振动频率。

建筑学会指南对振动水平及卓越振动频率的评价方法进行了如下三种分类：

①路线 A（响应评价 A 法）：基于风荷载理论的响应预测；

②路线 B（响应评价 B 法）：基于风洞试验的响应预测；

③路线 C（响应评价 C 法）：实存建筑物的实际测量。

建筑物的居住性能应该是通过日常生活进行评价的。与数年一次袭来的台风相比，对每年春天都能观测到的最早季风强度进行预测是比较现实的。风荷载通过建设区域的风速资料设定为 1天的**最大风速**（maximum wind speed），采用当天最大风速作为基础的最大加速度（路线 A），另一方面，在进行结构设计时，通过模拟建设地区和建筑物的比例模型进行**风洞试验**（wind tunnel experiment）。在日最大风速等条件下，测定风荷

载作用在建筑模型上所发生的响应加速度（路线 B），另外，在既有建筑中，通过振动测量等评价固有频率，响应加速度（路线 C）。对建筑物水平方向振动相关的住宅性能进行评价，其操作步骤如图 5.7 所示。

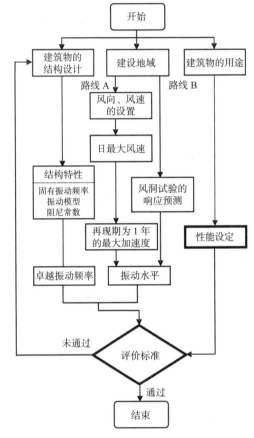

图 5.7 居住性能评价流程图

5.2.2 风荷载水平振动的性能评价标准

生活居住等空间需要考虑风荷载作用下水平振动的性能评价标准。建筑学会指南中是以体感的振动知觉为基础，利用性能曲线进行评价的。近年来对于水平振动**知觉阈**（perception threshold）平均值的研究成果显著，图 5.8 为其性能评价标准。以试验室的激振试验以及实际建筑物的体验调查为基础，针对振动感知进行调查问卷并做统计性评价，振动感觉因为存在个人差异，所以知觉阈的平均值或知觉概率以 50% 为宜。把这个平均知觉阈值和加速度响应进行关联，发现 1 ~ 3Hz 最

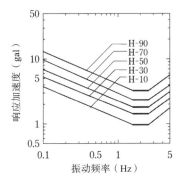

图 5.8　风荷载引起的水平振动性能评价曲线

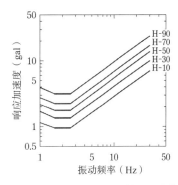

图 5.9　交通引起的水平振动性能评价曲线

容易有知觉倾向。在实验室中，多使用简谐振动引起的恒定振幅的响应加速度值。

在建筑学会指南的性能评价曲线中，知觉概率为 50% 的平均知觉阈和 H–50 相对应。以 H-50 曲线为标准，H-10、H-30、H-50、H-70、H-90 的知觉概率分别是 10%、30%、50%、70%、90%。风荷载的水平振动性能评价采取以知觉概率为基础的性能评价，至于采取什么样的水平，则根据每个建筑物的不同由设计人员规定。比如，重现期是 1 年的最大响应加速度，如果和振动频率 H-70 曲线相当的话，可以认为感觉概率 70% 以上的振动是平均间隔 1 年发生的。

5.2.3　交通引起的水平振动的性能评价标准

目前尚未建立**交通振动**（traffic vibration）作用下的建筑物水平振动性能评价方法，居住环境的交通振动平均知觉阈的相关数据很少。交通振动的激振源主要是道路、铁路等，根据建筑物的结构以及道路、铁路的维护情况，知觉概率有很大差别。

在建筑学会指南中，风荷载的水平振动性能评价标准的适用范围扩大到 H-50，2.5 ~ 30Hz 的高频率领域，频率为 $0.846f^{0.8}$（f 是建筑物的固有频率）的交通水平振动性能评价标准如图 5.9 所示。但是，道路、铁路交通因为是公共性的，几乎所有的振动问题都有必要作为环境影响去评价，因为是作为公害问题存在，行政性的评价根深蒂固也是实情。

5.2.4　随机振动的性能评价标准

试验室中谐振动所引起的一定振幅的响应加速度值和**随机振动**（random vibration）的峰值在知觉阈水平上基本一致。为了对建筑物的水平振动性能评价而提出的图 5.8 的评价曲线是正弦波激振，而不是实际风荷载所对应的响应目标。因此，正弦波激振的振幅乘上系数使其与随机激振的情况对应，其系数是以相关知觉体验试验为基础的。然而，众所周知，知觉相关的试验结果比一般生活上的知觉更敏感，振动试验中被试验者想要知晓振动的下意识是很强的。另一方面，在振动试验中，即使是振动水平很大时，由于试验中的安全感，对不安的反应也会变迟钝。

将以一定振幅正弦波激振为基础的知觉阈加倍，使其与随机振动的峰值对应。或者对振动性能的等级段进行设定，如表 5.3 中对 H-1 到 H-4 进行了规定，也有如图 5.10 所示的根据建筑物用途的不同进行的性能评价标准。H-1、H-2 和 H-3 被认为是居住用途的建议值、标准值以及容许上限值。对于办公楼，把居住用途的评价各降一个等级，即 H-2、H-3 和 H-4 分别作为建议值、标准值以及容许值。

建筑物不同用途的性能分类			表 5.3
建筑物用途	建议值	标准值	允许值
住宅	H-1	H-2	H-3
办公楼	H-2	H-3	H-4

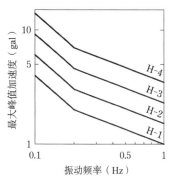

图 5.10　水平振动性能评价的标准

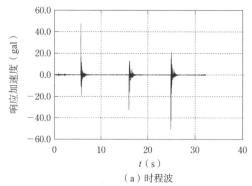

（a）时程波

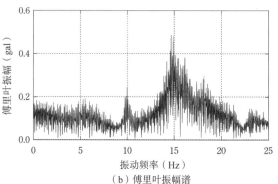

（b）傅里叶振幅谱

图 5.11　楼板垂直方向固有振动频率的实测例

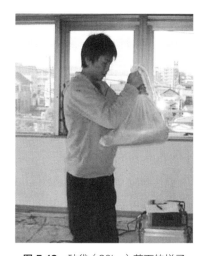

图 5.12　砂袋（20kg）落下的样子

5.3　楼板的垂直振动

以人类步行等动作或设备机器对建筑物楼板所产生的垂直振动为对象，对振动性能评价进行说明。在精密设备、半导体等的制造过程中，有时会安装对楼板（floor slab）的垂直振动反应敏感的机器。由于人和机器的动态影响，将其所引起的**楼板响应**（floor response）作为楼板设计的条件，在某些情况下，可能需要针对微小振幅水平的高精度振动性能进行评估，而不是根据人体振动感知概率设置居住性能。

5.3.1　振动特性评价标准

以住宅、办公楼以及类似用途的建筑物楼板为对象，研究与这些楼板正交的竖向振动。建筑物内楼板的垂直振动评价会在很大程度上影响楼板的固有频率。楼板的固有频率虽然在设计时能计算出来，但重要的是根据振动测量确定建设完成后的楼板固有频率与设计时的结构计算值是否一致，在振动问题上，对实际状况的调查是必不可少的。

图 5.11 所示的时程波为 7 层公寓中钢筋混凝土板在垂直方向的加速度波形。在约 7 m 见方四边固定的板上，如图 5.12 所示做 3 次 20kg 砂袋从 1m 高位置掉落的试验，根据时程波 [图 5.11（a）]制作傅里叶振幅谱 [图 5.11（b）]，可知这个楼板垂直方向的固有频率为 15Hz。另外，其落下的质量和高度位置根据每个具体情况单独设定，此例并非典型的例子。

楼板垂直方向的固有频率与板厚、板的长短边长度及端部的固定条件等有关，也依赖于钢筋混凝土构件、桥面板以及木制楼板等结构种类，同时考虑作为振动源的设备机器等的旋转频率，楼板垂直振动所针对的振动频率设定在 3 ~ 30 Hz 范围内。

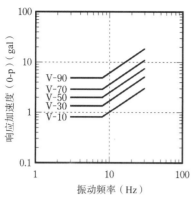

图 5.13 垂直振动性能评价曲线

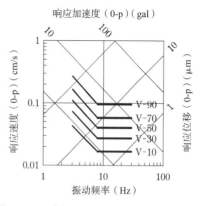

图 5.14 垂直振动相关性能评价曲线的三方图

以 Meister 曲线、ISO 2631-2（1989）等性能评价标准为基础，建筑学会指南给出了图 5.13 的性能评价曲线。垂直振动所对应的振动感知，以 Meister 曲线的 "终于感觉到了" 的下限值作为知觉阈的平均值。加速度在 3 ~ 8Hz 的振动频率范围内恒定，当振动频率为 8 Hz 以上时，将斜率为 1.0 的直线定义为知觉概率 50% 的评价曲线。当**变化系数**（coefficient of variation）设为 0.8 时，知觉概率的性能评价可以是 10%、30%、50%、70%、90%。楼板的振动性能在建筑物的规划阶段由设计人员设定。结构设计时，在掌握了业主性能要求的基础上，决定目标建筑物的振动性能水平。

建筑学会指南的性能评价曲线，是指在各水平振动发生时有百分之多少的人能感觉到振动。比如说，V-10 表示有 10% 的人能感觉到水平振动，即位于评价目标楼板中央部位的人中有 10% 的人能感知到。但是，能感觉到振动并不直接意味着有不快感和不安感。

5.3.2　垂直方向的激振源和振动评价

建筑物楼板中垂直振动的激振源多种多样，可以根据作为评价对象的楼板的用途预想日常发生的激振条件。关于振动问题，其激振源的鉴定并不简单。在公寓中，由于其他居住者的生活原因，不仅局限于该楼板上下层及左右邻居的区分空间，就连斜层或 2 ~ 3 层以上的楼层位置也有可能是造成损害的原因。在交通振动下对振动传播路径的研究也非常复杂。

评估垂直振动水平是基于 1/3 **倍频带分析**（octave band analysis）的加速度最大值 [0-p（gal）]。如果不适用 1/3 倍频带分析时，大多采用根据楼板响应波求出固有频率和振动振幅的最大值。应当注意，包含高振动频率成分的加速度波形的振幅最大值是常见的，用 1/3 倍频带分析会受到很大的影响。

除了使用加速度之外，使用速度、位移等对楼板的垂直振动进行评价的情况也比较多。在实用水平中，与振动频率相对应的垂直振动评价用三方图（图 5.14）表示。三方图把横坐标作为振动频率，纵坐标可通过速度进行评价，加速度和位移也可以同时进行预测。

5.3.3　以舒适为目标的楼板设计

有人指出，对于**冲击振动**（impulse vibration）或阻尼较大的振动，人的感觉要比正弦波激振迟钝，这种感觉的钝化速度因振动频率的不同而不同。然而，由于对垂直振动的相关研究不够充分，因此很多情况下是对正弦波激振的评估曲线乘以系数后进行评价。对冲击振动或阻尼大的振动进行评价时，将评价曲线与楼板垂直振动的阻尼比 3% ~ 6% 相对应，将响应值增加 2 ~ 6 倍。

以往的研究和标准以及建筑学会指南中的性能评价曲线，全都以楼板的振动频率和振幅为指标进行评价。根据实际建筑物中每个激振源所具有的特点对相应的响应振动提出了专有评价方法。

人类的步行、小跑等作为激振源对楼板形成垂直振动，存在一种根据初始振幅和振动阻尼时间评价作用在楼板上的荷载的方法。另外也介绍了关于人类的活动荷载对楼板的垂直振动如何作出响应的调查研究。

a. 人类步行对楼板的垂直振动

办公楼建筑、百货商店和超市等商业设施的楼板结构通常具有较大的柱间距。在跨度较大的板结构中通过人类的步行、设备机器等也能实际感受到楼板的垂直振动。下例是考虑了垂直方向动态特性的楼板设计。

以对楼板垂直振动产生影响的人类步行、小跑为研究对象，对激振动作和垂直振动的性状进行讨论。虽然在多人连续动作作用下的楼板振动性状非常重要，但是一人一步则是其研究的基础，因此应掌握好一人一步作为激振力的**楼板振动**（floor vibration）。考虑到此性状的人数、激振位置、动作的连续性等，给出了预测实际振动的基本数据，步行、小跑时的作用荷载和作用时间（如图5.15所示）。峰值 P_1 是脚后跟端部与楼板碰撞的**冲击荷载**（impulse load），因楼板材料的种类不同而不发生冲击荷载峰值 P_1 的情况也是存在的，步行时的发生概率是80%～95%，小跑时的发生概率可达70%～85%。除峰值 P_1 外的荷载，步行时为双山形，小跑时从着地开始到停止时的动作为连续的山形。

图5.16显示了步行和小跑时的速度与身高之间的关系，以及（速度/身高）(/s)所对应的（步幅/身高）、步速和与单脚着地时间 T_0 的关系。步行时的（速度/身高）为0.7～0.9（/s），（步幅/身高）约为0.4，步速约为0.5s，T_0 约为0.6s。因此，两脚着地的时间缩短到0.1s左右。另一方面，小跑时（速度/身高）的上限约为1.5（/s），（步伐/身高）约为0.53，步调约为0.35s，T_0 约为0.3s。这些全都是穿着袜子在一般硬度的楼板上步行、小跑时所得出的值。

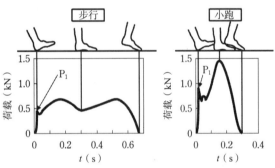

图 5.15 步行和小跑时时间与作用荷载的关系
（刚性楼板上穿袜子的试验人员质量为60kg）

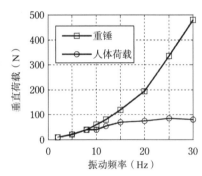

图 5.17 人体垂直荷载对应的正弦加振试验的振动频率

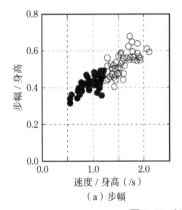

（a）步幅

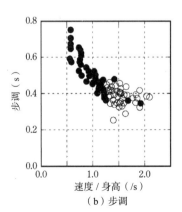

（b）步调

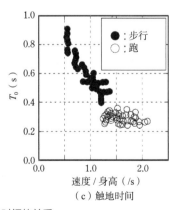

（c）触地时间

图 5.16 （速度/身高）与（步幅/身高）、步速、单脚触地时间的关系

b. 人体荷载对楼板垂直振动的作用机理

在足尺木结构楼板上以质量 60kg 的一个人作为被试验者进行垂直方向的正弦波激振试验。振幅为 0.2mm 使振动频率发生变化时，对人作用在楼板结构的垂直荷载进行调查，连同搭载了质量为 60kg 的钢制重锤进行试验时对应的作用荷载一同显示在图 5.17 中。

如果一般木结构楼板的固有频率为 10 ~ 30Hz，则人的荷载传递到楼板的振动位移对应的相位约有 0.5π 的延迟。此时人的荷载与重锤不同，它和楼板振动没有成为一体，对于楼板结构来说，它是人类给予阻尼作用的结果。在楼板结构的固有频域中，由人的质量和振动加速度的乘积计算出的惯性力仅有 20% ~ 75% 充当垂直荷载。人作为作用荷载，其阻尼效果对楼板结构的垂直振动所产生的机制很有意义。

参 考 文 献

1) 環境省水・大気環境局大気生活環境室：平成 17 年度振動規制法施行状況調査について（2005）．

2) 日本建築学会：建築物荷重指針・同解説（2004）

3) 日本建築学会：建築物の振動に関する居住性能評価指針・同解説（1991）．

4) 日本建築学会：居住性能に関する環境振動評価の現状と規準（2000）．

5) 横山 裕：歩行時に発生する床振動評価のための加振，受振装置に関する研究（動的加振器，受振器の設定および妥当性の検討），日本建築学会構造系論文集，No. 466, pp. 21-29（1994）．

6) 横山 裕，佐藤正幸：歩行時に発生する床振動評価のための加振，受振装置に関する研究（衝撃的加振器の開発および振動減衰時間算出方法の妥当性の確認），日本建築学会構造系論文集，No. 476, pp. 21-30（1995）．

7) 横山 裕，伊藤仁洋，松長健一郎，守時秀明：人間が歩行，走行時に床に与える荷重と動作速度の関係（すべりおよび床振動の観点から），日本建築学会東海支部研究報告集，No. 35, pp. 53-56（1997）．

8) 横山 裕，松長健一郎：小走り時の床振動測定用加振装置および振動減衰時間算出方法に関する研究，日本建築学会構造系論文集，No. 519, pp. 13-20（1999）．

9) 藤野栄一，鈴木秀三，野口弘行：木造床の鉛直振動特性に及ぼす人間荷重の影響に関する実験的研究（第 2 報），日本建築学会構造系論文集，No. 589, pp. 137-142（2005）．

10) 櫛田 裕：環境振動工学入門，理工図書（1997）．

11) 中野有朋：環境振動，技術書院（1996）．

第 6 章　地震和地震动

6.1　设计用输入地震动和强震动

地震时保证建筑物安全的抗震设计中，确定合适的**设计用输入地震动**（input ground motion for seismic design）是很有必要的。目前，作为设计用输入地震动，除了具有标准强震动特性常规使用的代表性观测地震波（标准波、既往波等）之外，还有根据建设场地周边地区的震源以及地基等实际使用环境所创建的**场地波**（site specific simulated ground motion）。在场地波的制作上，虽然之前工程学上的经验方法（6.2 节）仍被使用，

但是现在强震动地震学（6.3 节）成果中的强震动预测方法（6.4 节）逐渐成为主流。在本章中将学习地震学以及强震动地震学的基础知识，并对强震动的预测和设计用输入地震动的制定方法以及**地震防灾地图**（6.4 节）等的应用实例进行介绍。

首先应该指出的是，如表 6.1 所示，与随机波形相近的具有**代表性的观测地震波**和近年来观测出的具有特征性强震动的**定向脉冲**、**滑冲**（fling step）、**沉积层表面波**等的地震运动特性相差很大，因此有必要改变相对应的抗震对策。图 6.1 中具有代表性的观测地震波是最大振幅为 50cm/s 的

标准地震波和特征性强震记录的特性和步骤　　　　　　　　　　　　　　　　表 6.1

	代表性的观测地震波	定向脉冲	滑冲	沉积层表面波
代表性实例	El Centro 波（1940 年 Imperial Valley 地震震源附近的地震动）	JMA 神户波（1995 年兵库县南部的地震震源地附近的地震动）	石冈波（1999 年台湾集集地震中地表断层附近的地震动）	苫小牧波（2003 年十胜冲地震引起勇拔平原的地震动）
地震动的特征	短周期分量卓越的随机波	断层面正交方向出现的短周期以上卓越的脉冲波（也称为抑制脉冲）	根据地表断层的滑动，滑动方向上长周期分量卓越的步骤函数的位移波形	沉积层激发的持续时间长的长周期表面波。卓越周期取决于地下结构
主要的地震运动成分（几何衰减）	实体波 $\frac{1}{r}$	实体波 $\frac{1}{r}$	静态项 $\frac{1}{r^2}$	表面波 $\frac{1}{\sqrt{r}}$
发生条件	与震源有一定距离的场合，或者是在震源附近但观测点远离破坏传播的情况等	在震源断层附近且破坏传播接近观测点的情况。脉冲由震源断层的凹凸体生产	在地表断层附近发生，变形的大小与断层的滑移量成比例	沉积盆地、平原周边的浅地震，即使是远处也因巨震在平原的沉积层内发生
受灾的特征（受灾事例）	缺乏冲击性的破坏力，但缺乏韧性的建筑物容易发生脆性破坏（1968 年十胜冲地震中函馆市的 RC 短柱的脆性破坏）	冲击性的破坏力导致建筑物的倾斜和倒塌等（1995 年兵库县南部地震中神户市建筑物的倒塌等）	地基变形引起的倾斜和强制位移等（1999 年台湾集集地震中石冈的桥梁坍塌、水库溃坝、建筑物倾斜等）	小阻尼长周期构造物的长时间振动（2003 年十胜冲地震引起苫小牧的石油罐火灾等）
对策例	抗震、隔震	抗震、隔震	抗震·地基变形对策（板式基础使用等），隔震需注意	减震（赋予阻尼）
本章的说明	6.3.1 节 e	6.3.1 节 e	6.3.1 节 f	6.3.1 节 c

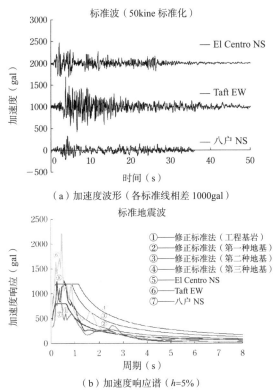

标准波（50kine 标准化）

（a）加速度波形（各标准线相差 1000gal）

标准地震波

① —— 修正标准法（工程基岩）
② —— 修正标准法（第一种地基）
③ —— 修正标准法（第二种地基）
④ —— 修正标准法（第三种地基）
⑤ —— El Centro NS
⑥ —— Taft EW
⑦ —— 八户 NS

（b）加速度响应谱（h=5%）

图 6.1　代表性观测地震波的加速度波形和响应谱
（最大振幅为 50kine）

El Centro 波（El Centro record）、Taft 波（Taft record）、八户波（Hachinohe record）及其加速度响应频谱。此处的 El Centro 波是 1940 年 Imperial Valley 地震时通过美国 El Centro 所观测到的地震的 NS 分量。Taft 波是 1952 年 Kern County 地震时通过美国 Taft 所观测到的地震的 EW 分量，八户波是 1968 年的十胜冲地震中在八户港湾中所观测到的地震波的 NS 分量。图中还显示了极限承载力计算法（2000 年建筑标准法修订）中使用的释放工程基岩（除去表层的工程基岩；工程基岩的说明请参照 6.2.1 项 c）中安全极限的反应谱，以及根据建设省通告《2000 年建告第 1457 号》的简化方法乘以**地基放大率**（amplification factor of subsurface layers）Gs 的频谱（告示谱）（参照《建筑的振动（理论篇）》第 5 章）。代表性观测地震波的特征，像 El Centro 波和 Taft 波、告示波代表的那样，类似于随机波性状，如响应谱中所示，周期约为 1s 以下的短周期成分卓越。另一方面，在八户波中出现了约 2.8s 的卓越表面波波形（详

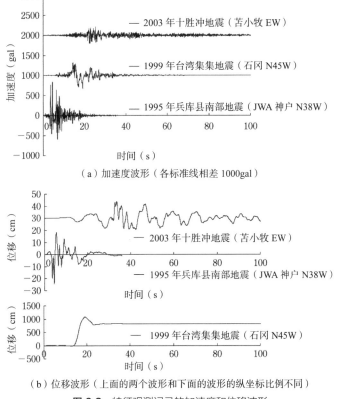

（a）加速度波形（各标准线相差 1000gal）

（b）位移波形（上面的两个波形和下面的波形的纵坐标比例不同）

图 6.2　特征观测记录的加速度和位移波形

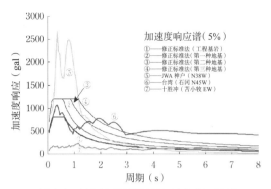

图 6.3　特征的观测记录的加速度（h=5%）

图 6.4　1995 年兵库县南部地震中神户市木结构房屋倒塌
（摄影：久田）

图 6.5　1999 年台湾集集地震地表断层上的 RC 建筑的倾
斜（摄影：久田）

见 6.3.3 节 c），不管哪一个波形基本上都满足与
第二种地基相当的公告谱的水平。

图 6.2 是具有特征性的强震记录，**神户波**（JMA
Kobe record）、**石冈波**（Shikan record）、**苫小牧波**

（Tomakomai record）的加速度、位移波形图，图 6.3
为其加速度响应频谱，图 6.4、图 6.5 以及序言图 0.2
为典型的各地震波所对应的地震灾害实例。这里，
所谓的神户波是指 1995 年兵库县南部地震时通过
神户市的海洋气象台所观测到的地震动在断层面的
正交方向（N 38 W，北偏西 38 度）进行转换的波
形，另一方面，石冈波是指在 1999 年中国台湾集
集地震时产生了约 10m 滑坡的地表断层附近的石冈
处通过台湾气象厅所观测的地震动，转换为地表
断层附近滑坡方向（N 45W，北偏西 45 度）的波形。
最后，苫小牧波是指在 2003 年十胜冲地震时在苫
小牧市通过 K–Net 所观测到的地震动的 EW 分量。
这些波形的性状与代表性观测地震波迥异，首先神
户波是持续时间很短但幅度很大的冲击性波形（定
向脉冲，6.3.1 节 e），是在震源附近特有的具有非
常强破坏力的地震动，破坏了神户市内抗震性低的
建筑物（图 6.4；久田南，1998），其次是石冈波中
观测到在地表断层中发生比较大的滑动 [滑冲(fling
step)，6.3.1 节 f]，虽然其短周期成分很小，但是
出现了约 10m 的阶跃函数状位移，长周期有非常
大的成分出现（日本建筑学会，2000）。图 6.5 为
位于地表断层正上方的 RC 结构公寓受损情况，主
要的破坏原因是断层滑动造成的地壳变形，短周期
地震动的特征（房瓦和屋顶容器的掉落，墙壁的剪
切裂纹等）等几乎都观测不到。因此，在这类地震
中，抗震措施比隔震措施更为有效，建造坚固的基
础对上部结构进行保护免受地基变形的危害十分必
要。最后，在苫小牧波中由于沉积盆地（勇拔平原）
发生的表面波影响，虽然短周期小，但在长周期中
出现了卓越持续时间的震动（长周期震动，6.3.1 节
d）。苫小牧市的建筑物虽然受害轻微，但却因石油罐
摇动（液面摇动）发生了火灾（绪论图 0.2 ）。

6.2　地震学和经验公式

本节阐述地震学的基础，这是理解强震学的
基础，以及主要的经验方程和经典模拟地震波的
制作方法等。

6.2.1 地震学基础

地震学把地震和地震动区别开来，通过震源所产生的断层运动称为地震，基于地震而产生的波动称为**地震波**（seismic wave），地面的摇晃称为**地震动**（或**地面震动**，seismic ground motion）。地震动中能引起建筑物破坏的强烈摇晃称为**强震动**（strong ground motion），对强震动进行研究的学术领域被称为**强震动地震学**（参照6.3节）或**工程地震学**（engineering seismology）。在本节中，首先是为了理解强震动地震学而学习必要的地震学基础，了解地震发生的原因，了解关东平原和大阪平原等大规模的平原结构（沉积盆地）和山地等是如何形成的。

a. 板块构造论和地震

首先，让我们了解地震的起因。距离地球表面深度约 100 km（地壳和地幔顶端）的范围称为岩石圈（Lithosphere），其下一个固态但易流动的层称为岩流圈（Asthenosphere）。地球覆盖的岩石圈划分为 10 个板块，并在岩流圈上水平移动。研究各块板的学问称为**板块构造论**（plate tectonics），板块生于洋底的中央海岭上，并在海沟和海槽（比海沟浅）处沉入地幔而消失。板块大致可划分为**海洋板块**（oceanic plate）和**大陆板块**（continental plate），板块交界的地方，由于邻接板块之间的接触而发生地震、火山活动、地壳变动等地质学上的各种现象。板块的边界大致可分为发散边界（大西洋的中央海岭等）、逆断层边界（美国加利福尼亚的圣安德鲁斯断层等）和收敛边界三种类型。收敛边界又分为冲突边界（印度板块和欧亚板块之间的喜马拉雅山脉等）和沉入边界（太平洋板块和菲律宾海板块及欧亚大陆板块间的海沟、海槽等）。

图 6.6 是日本周边的板块结构。首先是作为海洋板块的太平洋板块（Pacific Plate）每年以 8 ~ 10cm 左右的速度向西北偏西移动，同样是海洋板块的菲律宾海板块（Philippine Sea Plate）以每年 4 ~ 7cm 左右的速度向西北移动，并沉入大陆板块的北美板块（North American Plate）和欧亚板块（Eurasian Plate）下。图 6.7 是过去 100 年间日本周边地区主要地震的震中区，主要发生区域集

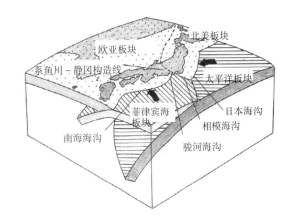

图 6.6 日本周边的板块结构
（防灾科学技术研究所《防灾基础讲座——自然灾害的学习》图 11.2）

图 6.7 日本周边的主要震源区域（地震调查研究促进部《日本的地震活动》图 2.12）

中在沉入边界太平洋一侧的海面上。另外，日本海的东边缘也是主要的地震集中地区，对应于图 6.6，与分割西日本、东日本的**系鱼川－静冈构造线**（Itoigawa – Shizuoka tectonic line）和日本海东缘的北美板块与欧亚板块边界相对应。如上所述，日本列岛基于海洋板块的运动而产生了从东－西到东南偏东－西北偏西方向的压缩力，这成为发生大地震的主要原因。

b. 断层和地震

基于板块运动等对基岩施加的压力，当

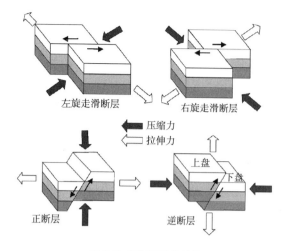

左旋走滑断层　　　右旋走滑断层

■ 压缩力
▢ 拉伸力

上盘
下盘

正断层　　　　　逆断层

图 6.8 断层运动的种类

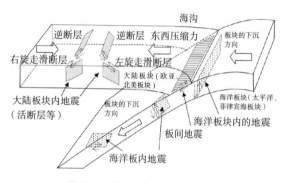

海沟

逆断层　　逆断层　东西压缩力　　板块的下沉方向
右旋走滑断层　　　左旋走滑断层
大陆板块内地震　大陆板块（欧亚、北美板块）　　海洋板块（太平洋、菲律宾海板块）
（活断层等）　板块的下沉方向　　海洋板块内的地震
　　　　　　　　板间地震
海洋板内地震

图 6.9 板块运动和各种地震类型

达到某个极限时突然产生急剧**断层运动**（fault movement，剪切破坏造成的断层面滑动），这时地震就会发生。如图 6.8 所示，根据地表断层滑移的主要方向可将断层运动分为**走滑断层**（strike-slip fault）和**倾滑断层**（dip-slip fault）。走滑断层运动根据断层两盘相对运动方向不同又分为**右旋走滑断层**（right-lateral strike-slip fault）和**左旋走滑断层**（left-lateral strike-slip fault）。另一方面，在倾滑断层中，通常断层面是倾斜的，断层面上面的基岩称为**上盘**（hanging wall），下面的基岩称为**下盘**（foot wall）。根据断层运动中上盘的方向，可分为正断层（normal fault，断层面受拉力作用上盘下降）和压缩力而产生的**逆断层**（reverse fault，或 thrust fault，因压缩力而造成上盘上升）。

图 6.9 显示了日本周边地区的主要板块边界、俯冲边界的结构以及三种地震类型。第一种类型为**板间地震**（interplate earthquake，板块边界地震，或海沟型地震），是由海洋板块下沉到陆地板块的边界（海沟）而引发的地震。图 6.7 显示的就是这种以太平洋和日本海海岸为中心经常发生逆断层型的巨大地震、海啸等大灾害，1923 年引发的关东大地震即为代表性示例。第二种类型是下沉的海洋板块内部发生的海洋**板内地震**（intraplate earthquake），是常常发生的巨大地震。在海洋深处发生的地震大多不会引发大的灾害，例如众所周知的 1993 年钏路冲地震。而在近海地区发生浅层地震时会诱发海啸从而造成巨大灾害，例如 1933 年的三陆冲地震。最后一种类型是**陆地板内地震（地壳内地震，或者是内陆型地震、陆域地震）**，主要是由海洋板块运动造成压缩力，进而引发畸变，蓄积一定程度后爆发而产生的。陆地板内地震活动比板块间的地震活动度低，一般地震规模也小，但是因为震源比较浅且处于城市正下方，所以一旦发生就会引发大灾难，例如 1995 年引发阪神淡路大地震的兵库县南部地震。M 7 级以上的地壳内地震发生时，地表多出现断层，例如 1999 年的台湾集集地震。此外，目标地区的正下方发生的陆地地震有时候称为直下型地震，但由于学术上不存在直下型地震的地震类型，所以为了强调对象地区直下产生的地震及其损害，有可能命名为地域名 + 直下型地震（例如，**首都直下型地震**）。这类地震不仅是陆地板内地震，也有板间地震的情况需要注意（例如根据 2005 年中央防灾会议的首都直下型地震，假定菲律宾海板块和北美板块的边界面）。

陆地板内地震有很多震源断层存在，其中在第四纪（约 200 万年前）开始活动并且将来活动的可能性也很高的断层称为**活断层**（active fault）。以活断层六甲断层带移动形成的 1995 年兵库县南部地震为契机，对全日本主要的活断层进行了调查，调查过去的地震位置和规模、活动度等，评价将来地震的发生概率（6.4.3 节）。

日本的平原、盆地和山地等主要地质、地形的形成过程和板块断层运动有着很密切的关系。日本列岛产生的主要原因就是作用于海洋的板块从东-

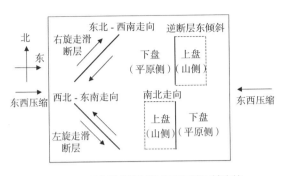

图 6.10 日本列岛控制的东西压缩区域内的
断层走向和断层种类

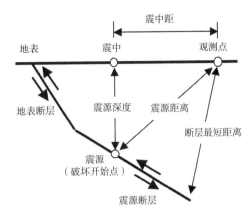

图 6.11 震源和震中，震源距离和震中距

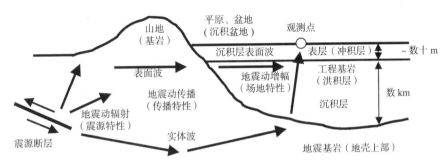

图 6.12 震源、传播、场地特性

西到东南偏东－西北偏西方向运动被压缩而成的。
因此地震的主要发生模式也因此得以规定。比如，
如果是东西压缩，如图 6.10 左上角所示的活断层
的**走向**（strike，断层面与水平面的交线）是东北－
西南方向时，右旋走滑断层起支配性作用（1995
年兵库县南部地震等），相反，如果走向是西北－
东南方向时，则左旋走滑断层起支配性作用（2000
年鸟取县西部地震等）。此外，如图 6.10 所示走向
为南北时，逆断层起支配作用（2004 年的新潟县
中越地震等），此时逆断层的倾斜面可能面向东或
者面向西，但是如果平原和山地的边界走向在这个
位置的话，山地侧是上升的上盘，平原侧则是下降
的下盘。（请参照图 6.8 的逆断层）。

c. 震源·传播·场地特性和地基

如图 6.11 所示，地震发生时地球内部岩石
破坏开始的点称为**震源**（hypocenter），震源正上
方的地面称为**震中**（epicenter），被震源破坏而
引发的地震断层称为**震源断层**（seismic fault），
包括震源断层在内的整体破坏区域称为**震源域**

（hypocentral area）。浅层地震和一定规模以上的地
震中，地表出现许多断层，达到地表的断层称为
地表断层（surface fault）。震源的位置通过经度、
纬度和深度表达，由日本气象厅公开发布。从震源、
震中到观测点的距离分别称为**震源距**（hypocentral
distance）和**震中距**（epicentral distance）。

如图 6.12 所示，在地震（断层运动）中，地
震波（或地震动）作为体波（6.3.2 节）辐射出
去。从震源辐射的地震波的各种特性称为**震源特
性**（source effect，6.3.1 节）。辐射的地震波振幅随
着距离增大而减少，在复杂地基结构的传播过程中
因反射、穿透、甚至散射、阻尼等反复进行，造成
持续时间变长，以包括表面波（6.3.2 节）在内的
复杂波动形式进行传播。关于地震波传播的各种特
性称为**传播特性**（path effect，6.3.2 节）。此外，地
震波在地面观测点（场地）被观测为复杂的地面运
动，这是由于靠近地表附近的轻质软土地基的作用
使振幅增大，以及由盆地和山地的地形和地质等引
起的各种振动特性。地表附近的地基放大等各种相

关特性称为场地特性（site effect，6.3.3 节）。为了将软质沉积层的场地特性和震源、传播特性分开，将质地比较硬且均质的地基定义为**基岩**（bedrock）。关东平原和大阪盆地等大规模的盆地、平原基底地基即为基岩，作为地壳最上层的**地震基岩**（seismic bedrock，S 波速度为 2500 ~ 3000m/s 以上的基岩），松软冲积层的基底地基（洪积地基）称为**工程基岩**（engineering bedrock，S 波速度为 400m/s 以上的硬质地基）（6.3.2 节）。

d. 强震观测和短周期、长周期地震动

由于室内试验很难再现震源、传播、场地的各种特性，所以在其发展中地震动的观测是必不可少的。地震动的观测使用的是**地震计**（seismometer），观测特别强烈的地震所用到的地震仪称为**强震计**（strong motion instrument，strong motion recorder）。初期的地震计使用的是位移计（今村式 2 倍强震计等），由于摇晃过大而被切断，现在记录加速度的**加速度计**（accelerometer）成为主流。加速度型强震计是 20 世纪 30 年代美国开发出来的，1933 年 Long Beach 地震是世界上第一次进行强震记录的地震，1940 年基于 Imperial Valley 地震得到 El Centro 波，1952 年基于 Kern County 地震得到 Taft 波（参照图 6.1）。此外，日本在 20 世纪 50 年代开发出了 SMAC 型强震计，观测到了 1956 年东京湾北部地震引发的 Tokyo 101 波和 1968 年十胜冲地震引发的八户波（参照图 6.1），这些都作为代表性地震波观测而被广泛使用。这些老式的强震计是利用人工对地震进行记录，一般来讲缺乏周期为数秒以上的长周期成分的精度。气象厅在 1923 年关东地震以后，将今村式地震计进行改良后的位移计部署到了日本全国气象官署，虽然它存在大振幅时被切断的缺点，但仍保留着宝贵的长周期地震的高精度观测记录。从 70 年代开始逐渐使用数码式强震计，对长周期强震动也能进行较精确记录的速度式强震计，地表、地下和建筑物内外进行同时观测（钻孔阵列观测），利用电话线路的集录系统等，大大提高了强震观测的技术。特别是，以 1995 年兵库县南部地震为契机，日本的地震观测网变得特别充实，研究强震动的强震动地震学的发展进步很大。有代表性的强

震观测网络有防灾科学技术研究所的强震观测网（K-NET）、地基强震观测网（KiK-net）、气象厅地震烈度计网、横滨市高密度强震仪网等。另外，气象厅的多功能型地震仪（约 200 点）和防灾科学技术研究所的高敏感度地震观测网（Hi-Net，约 800 点）等地震仪网络的**地震预警**（earthquake early warning）从 2007 年 10 月开始投入使用。地震发生后，通过对接近震源的地震仪捕捉到的观测数据（P 波）进行解析，推定震源和地震的规模（震级）以及各地主要地震动的到达时刻和地震震级，尽可能快速地进行信息通知。这些各观察网络的强震记录在互联网上公开，为场地波的制作和地震风险评价提供了宝贵的数据。另外，大多数现有的强震观测网设置在自由地基上，虽然有利于地震时观测，但还是经常能接到周边建筑受害情况并不大的报告。因此搞清楚自由地基上的强震动与建筑物的有效输入地震动之间的关系，以及大地震时的剩余耐力等建筑物的抗震性能具有重要的意义。

根据地震对象周期可分为**短周期地震**（short-period ground motion，周期为几秒以下）和**长周期地震**（long-period ground motion，数秒以上）。之前，在地震工程学中，研究对象为低层建筑，因此传统的研究领域为比工程基岩更浅的冲积地基的场地特性和短周期震动。另外，地震学主要以震源和全球尺度的构造为研究对象，涉及的是比地震基岩更深的结构和长周期地震动。此后，对超高层建筑等长周期结构物的社会需求持续高涨，在 1968 年十胜冲地震中，八户港湾的周期约 2.8s，观测到了卓越的八户波（参照图 6.1），以此为契机开始研究周期从数秒到 10s 左右为对象的**稍长周期地震动**，从而认识到比表层（冲积层）更厚的沉积层及沉积盆地的场地特性（参照 6.3.3 节）在地震动研究中的重要性。现在稍长周期地震动有时也被简单地称为长周期地震动（或**长周期强震动**，long-period strong ground motion）。此外，1995 年兵库县南部地震时，在神户市观测到约 1 ~ 2s 的卓越强震动，但是对低层建筑破坏最严重的周期带的强震动与长周期地震动不同，称为**稍短周期地震动**（strong ground motion of intermediate period range）。

6.2.2 震级和烈度

a. 震级和地震矩

震级（magnitude，*M*）是表示地震大小（规模）的指标值，有各种各样的种类。一般来说，*M*8级以上为巨大地震，*M*7级以上为大地震，*M*5~6级为中地震，未到*M*5级为小地震。下面列举部分代表性的震级。

近震震级（local magnitude，*ML*），也称为**里氏震级**（Richter scale magnitude），是1935年由美国地震学者Richter将位于距震中100km的Wood Anderson型地震仪（固有周期0.8s，阻尼常数0.8，放大率2800）的观测记录中最大振幅（微米单位）的常用对数定义为当地的地震震级（例如1cm = 10^4μm，所以*M*=4），在实际应用中可以使用震中距离和地震仪等各种各样的校正式。

气象厅震级（JMA magnitude，M_{JMA}或M_J）是使用气象厅地震仪（开始是位移计的振幅，现在与速度计的振幅同时使用）在日本的观测记录计算确定的近震震级。近震震级虽然在展示震源规模的物理尺度方面模糊不清，但是它容易根据地震动的观测记录确定。

地震矩（seismic moment，M_0），如下式所示，定义为震源断层的滑移量（*D*）和断层面的面积（*A*）以及断层基岩的刚度（*μ*）的积，是表示地震大小的代表性物理尺度（单位是N·m，或dyne·cm= 10^{-7}N·m）。

$$M_0 = \mu DA \qquad (6.1)$$

矩震级（moment magnitude，M_W）是指通过地震矩由下式求出的震级。

$$M_W = (\log M_0 - 9.1) / 1.5 \qquad (6.2)$$

为求出地震矩和矩震级，有必要对地震波进行观测并确定震源模型。因此，在即时性方面近震震级处于劣势，但因物理意义明确，可以在世界上通用，所以被广泛使用。

综上所述，值得注意的是，即使是同一个地震，也存在多个震级（比如1995年的兵库县南部地震，其M_{JMA}=7.3，M_W=6.8）。

众所周知，气象厅的震级和矩震级有以下关系（武村，1990）：

$$M_W = 0.78 M_{JMA} + 1.08 \qquad (6.3)$$

b. 地震烈度

地震烈度（seismic intensity）是指通过在各地所观测到的地震动造成人体的感觉、身体四周物体的活动、结构物的摇晃及损害程度、地变的程度等综合判定地震强度的指标值。地震按照烈度等级进行定义形成的表格称为**地震烈度表**（seismic intensity scale）。地震烈度表种类很多，并且随着建筑物和地震观测仪器等的发展，其相关规定常常进行修订，因此修订的事宜是需要注意的。

修正麦卡利地震烈度表（modified Mercalli intensity scale，MMI）定义为从Ⅰ级（无感）到Ⅻ级（接近完全破坏，巨石移动，物体飞散，地面变形等）的12级地震烈度表，包括美国在内的许多国家广泛使用。

MSK地震烈度表（MSK intensity scale）以及**欧洲地震烈度表**（European macroseismic scale，EMS），即使是同样的地震也因建筑物抗震性能的优劣不同而造成受灾情况大不相同，上述烈度表即是考虑了此类情况的地震烈度表。MSK地震烈度表是根据建筑物的抗震性能级别进行定义的，通过各自抗震等级的受灾程度判定地震的烈度等级（从Ⅰ到Ⅻ共12个等级），在俄罗斯和东欧等国家广泛使用（MSK是发明者俄罗斯的Medvedev、波兰的Sponheuer和捷克斯洛伐克的Karnik名字的首字母）。

另外，欧洲地震烈度表（EMS）是可以边看图边判断受害程度等的MSK地震烈度表的改良版，被以欧盟各国为中心广泛使用（最新版是1998年版）。这些地震烈度表具有即使没有强震记录也能以比较高的精度推测出震级的优点。

气象厅地震烈度表（Japan metrological intensity Scale，I_{JMA}）是气象厅所公布的地震烈度等级。1996年以前，根据气象台气象官的体感和周围的受灾情况等进行判断，分为8个等级（0：无感，1：微震，2：轻震，3：弱震，4：中震，5：强震，6：烈震，7：激震）。但是这个方法对于地震烈度在6级以上的判定需要对周边地区受灾状况进行调查，1995 年的兵库县南部地震烈度的公布花费了很长的时间，因此，1996 年以后修改为基于地震计（仪器地震烈度计）自动计算的**仪器地震烈度**（instrumental seismic intensity），同时地震烈度 5 级和地震烈度 6 级被分为弱、强两种，因此地震烈度表变成 10 个等级。

6.2.3　各种经验公式和模拟地震波

地震学是以地震观测为基础的学科，以观测数据为基础提出了大量的经验公式。目前，断层震源模型和地震计算法虽然有了很大的发展，但是作为计算简便且结果可靠性高的方法，经验公式仍是目前有效的工具。本节将介绍主要的经验公式，这些经验公式通常使用 log（对数）形式。

a. 震源特性相关的经验公式

根据经验，小的地震发生较多，而大地震只是偶尔发生，表现这种关系的是 Gutenberg–Richter **关系式**（Gutenberg– Richter law），它是地域的震级（M）和地震每年发生次数 n 之间关系的经验公式。

$$\log n = a - bM \tag{6.4}$$

式中，a 值表示地震的活动度系数，活动度高的地区中，a 值较大。另一方面，表示直线斜率的 b 值是大地震和小地震发生频率的比，通常与地域无关，取 0.9 ~ 1。也就是说，如果 M 减小 1 级，发生地震的次数就会增加 8 ~ 10 倍。在 Gutenberg–Richter 关系式中地震的年发生频率通常是一定的，因此广泛应用于评价震源位置和地震规模反复发生的间隔等确定比较困难的中小地震的**背景地震**（background earthquake）的发生概率（稳态泊松模型化过程，参考 6.4.3 节和附录 B）。

另外，活断层和板间地震等能确定震源位置和地震规模反复发生间隔的地震称为**特征地震**（characteristic earthquake）。对特征地震发生概率的评价考虑了地震重复周期的模型（BPT 模型等，附录 B），关于特征地震也提出了各种各样的经验公式，例如，与活断层相关的松田公式（松田，1975）。

$$\log D = 0.6 M_{JMA} - 4.0 \tag{6.5}$$
$$\log L = 0.6 M_{JMA} - 2.9 \tag{6.6}$$

式中，D 是断层的偏移量（m），L 是地表断层的长度（km）。关于地壳内的地震，如果震级在 6.8 ~ 7 级以上，一般都会出现断层，如果震级在上述范围以下则不会出现断层。由于地震发生层的厚度为 20km 左右，随着地震规模变大，断层面的厚度达到上限，在纵向上变大。因此经验公式也建议以 M6.8 ~ 7 左右为边界进行差异化对待 [参照公式（6.68）]。关于地壳内的地震和海沟型地震，总结了**特征源模型**（recipe, characterized source model）中与实用性震源特性相关的各种经验公式。

b. 传播特性相关的经验公式（距离衰减式）

地震动随距离变远而衰减，**最大加速度**（peak ground acceleration，PGA）、**最大速度**（peak ground velocity，PGV）和震级的振幅最大值会变小。并且，当与震源的距离相同时，震级越大、地基越软时的振幅就越大。使用观测到的地震记录、地震的规模 M、震源距离 R（或者震中距离，断层面最短距离等）和最大振幅以及震级等地震动强度和响应频谱等的关系进行推导，获得的经验公式称为**距离衰减式**（attenuation relation）。距离衰减式的种类数量非常多，这里介绍一个与地震动强度相关的距离衰减式和与响应谱相关的距离衰减式实例。

与地震动强度相关的距离衰减式有关的例子，如司·翠川公式（1999）：

$$\log PGV_{600} = 0.58 M_W + 0.0038 D$$
$$- \log (X + 0.0028 \cdot 10^{0.5 M_w})$$
$$- 0.002 X + dV - 1.29 \tag{6.7}$$
$$\log PGV = 0.50 M_W + 0.0043 D$$
$$- \log (X + 0.0055 \cdot 10^{0.5 M_w})$$
$$- 0.003 X + dA + 0.61 \tag{6.8}$$

式中

PGV_{600}：剪切波速（V_s）为 600m/s 时的地基最大速度值（cm/s）；

PGA：最大加速度值（gal）（用于基岩时，PGA 除以 1.4）；

M_W: 矩震级;

D: 震源深度（km）;

dV: 地震类型相关系数（地壳内地震 =0，板间地震 =-0.02，海洋板内地震 =0.12）;

dA: 地震类型相关系数（地壳内地震 =0，板间地震 =0.01，海洋板内地震 =0.22）;

X: 从断层面开始的最短距离（km）。

距离衰减的方差假定为标准差为 0.53 的对数正态分布。作为其他的距离衰减式，提出了震源特性的指向性效应（6.3.1 节 d）及**上盘效应**（hanging wall effect，在逆断层中，同一个断层的最短距离中上盘比下盘更接近断层面的平均距离，因此，地震有变强的效果），根据地域距离衰减差等影响形成了各种公式，详情请参照日本建筑学会（2005）等。

作为与反应谱相关的距离衰减式的实例，下面介绍内山·翠川公式（2006）。

$$\log SA(T) = a(T)M_W + b(T)X + g + d(T)D + c(T) + \sigma(T) \qquad (6.9)$$

式中，T 是周期（秒），$SA(T)$ 是水平两方向的工程基岩（30m 内的 V_s 平均值是 500m/s 左右的地基）中的平均加速度响应谱（5% 阻尼），$a(T) \sim d(T)$ 是回归系数，其值请参照内山·翠川（2006）。而且，M_W 是矩震级，X 是到断层面的观测点的最短距离（km），D 是震源深度（km），$\sigma(T)$ 是对数标准差。另外 g 是考虑了震源深度的距离衰减的差异系数，公式如下:

$$g = -\log(X + e) \qquad (D \leq 30 \text{ km}) \qquad (6.10a)$$

$$g = 0.4\log(1.7D + e) - 1.4\log(X + e)$$
$$(D > 30 \text{ km}) \qquad (6.10b)$$

式中，

$$e = 0.006 \cdot 10^{0.5 Mw} \qquad (6.11)$$

图 6.13 为计算示例，由图 6.13（a）可知，最大加速度的距离衰减（司·翠川公式）和加速度响应频谱的距离衰减（内山·翠川公式）的周期从 0.01 ~ 0.03s 几乎是一直对应的。另一方面，图 6.13（b）中的响应频谱随着 M 的增大可以看出短周期和长周期成分是一直增大的，这是和震源频谱的定标律（6.3.1 节 h）相匹配的。

距离衰减式与过去所得到的观测记录相匹配的解是非常有用的，但应该注意公式的推导一般来说缺乏物理依据，并且各公式具有局限性。比如多数的公式是以短周期的体波为前提的，一般来说不适用于长周期地震动的评价。而且在大规模的活断层和板块边界上的巨大地震的震源附近需要注意，由于缺乏观测记录，所以在距离衰减式上没能为得到高精度的解进行保障。

c. 场地特性相关的经验公式

表层地基的震动放大效应和非线性现象的场地特性方面也有很多的经验公式，同距离衰减式一样，地基放大的经验公式既与地震强度（PGA，PGV，震级等）相关，又与反应谱相关。

以地震强度相关的经验放大率为例，对松冈·翠川的方法（松冈·翠川，1994）进行介绍。在这个方法中，使用表层 30m 内的平均 S 波速度（以下，AVS_{30}）求出最大速度（PGV）的放大率。如果在 PS 测井等求不出物理 AVS_{30} 时，根据地形分类和海拔、主要河流的距离，通过以下经验公式进行求解。

$$\log AVS_{30} = a + b\log H + c\log D \pm \sigma \qquad (6.12)$$

式中，

AVS_{30}: 地表到地下 30m 的平均剪切波速（m/s）

a，b，c: 地形分类决定的系数

H: 海拔（m）

D: 到主要河流的距离（km）

σ: 标准差

地形分类从前三纪的基岩到软弱的填埋地共分 13 个种类，分别给予系数 a ~ c 和标准差（松冈·翠川，1994）。各地的地形是从**地形分类图**（geomorphological land cassification map，土地分类图和土地条件图等）中读取的，**国土数值信息**（digital national land information）使用的是 1km 网格、500m 网格、250m 网格等各种各样的数据，海拔数据可以利用国土数值信息的 250m、50m、5m 网格数据等。从各种地图上读取来自主要河流的距离以及国土地理院的 50000 数值地图等河流数据等。近年来，将日本列岛分为东部和

西部，也提出了更详细的经验公式（藤本·翠川，2003）。

另一方面，在 AVS_{30} 中，PGV 的放大率 ARV 可通过下式计算：

$$\log ARV=1.83-0.66\log AVS_{30} \pm 0.16 \qquad (6.13)$$

为了求出地表的 PGV，利用司·翠川公式 [（6.8）式] 等距离衰减式求出到基岩的 PGV，再乘以放大率 ARV。另外，从地表到 30m 深的地基被认为是工程基岩（400m/s 当量地基），以司·翠川公式为前提的基础剪切波速度为 600m/s 左右。因此，为了求出工程基岩的 PGV，必须乘以放大率，比如地震动预测值图（地震调查研究推进总部，2006）中将放大率设为 1.31。

作为反应谱相关的经验放大率的代表例，介绍由内山·翠川改良的美国的 NEHRP（National Earthquake Hazards Reduction Program）经验式方法（内山·翠川，2004）。在这个方法中，首先求出 AVS_{30} 的基础响应谱，然后通过下式求出反应谱的恒定加速度区域（周期 0.1～0.5s）的放大率 F_a 和恒定速度区域（周期 0.5～1.5s）的放大率 F_v [参照图 6.13（b）]。

$$\log F_a, F_v=a_1+a_2 \cdot \log (PGA+a_3) \qquad (6.14)$$

式中，PGA（cm/s^2）是基岩的最大加速度，a_1～a_3 是回归系数，如表 6.2 所示，根据 AVS_{30} 将表层地基分为 A～E7 种等级（原创的 NEHRP 中 C 和 D 一样，共 5 种），考虑到基础 PGA 的地基非线性等赋予 a_1～a_3 的系数值（内山·翠川，2004）。

表 6.2 举例说明改变 PGA 时 F_a 和 F_v 的数值大小。F_a 和 F_v 在 B 级地基中已被标准化，F_a 和 F_v 等于 1。表中的低加速度随地基松软程度的增加其放大率也增大，但是高加速度对于松软地基的放大率，特别是 F_a 的放大率，因受地基非线性的影响而一直降低（6.3.3 节 d）。

d. 模拟地震波的制作实例

在输入地震动的制作方法中，最简便的是以经验公式的响应谱和告示谱（参照《建筑的振动（理论篇）》第 5 章）为目标，制作与其适合的**模拟地震波**（synthetic seismogram）。特别是告示谱引起的模拟地震波即告示波，作为设计用输入地

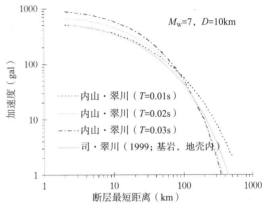

（a）司·翠川公式和内山·翠川公式的最大加速度值

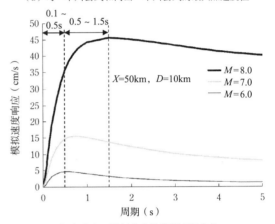

（b）内山·翠川公式的模拟速度响应

图 6.13 根据距离减衰式的最大加速度值和响应谱的结果示例

震动而被使用的情况比较多。这种方法对设计初期阶段建筑物的影响度评价是有用的，但也有很多情况用于无法确定震源的地震（6.4.1 节）。以图 6.14 为例，将工程基岩的告示谱乘以表层地基的放大率数值作为目标响应谱，显示的是适合这个模拟地震波的制作法。

①选择任意种子（seed）的波形，这种波形包括在与假定震源相似的条件下所观测到的强震记录（地壳内地震和板块边界型地震等），以及具有 Jennings 类型**包络函数**（envelope function）的随机模拟波等。

②将①中种子波形的加速度响应谱和目标对象的加速度响应谱（图中的告示谱）进行比较，求出每个周期两者的振幅比。

场地特性等级	AVS_{30}	F_a			F_v		
		$A_{max}=10$	$A_{max}=100$	$A_{max}=1000$	$A_{max}=10$	$A_{max}=100$	$A_{max}=1000$
A	1500 以上	0.85	0.85	0.85	0.75	0.75	0.75
B	760 ~ 1500	1	1	1	1	1	1
C1	460 ~ 760	1.49	1.49	1.49	1.72	1.72	1.72
C2	360 ~ 460	1.73	1.54	0.96	1.94	1.94	1.94
D1	250 ~ 360	2.22	1.85	1.03	2.30	2.30	2.30
D2	180 ~ 250	2.80	1.98	0.81	2.83	2.82	2.78
E	180 以下	3.87	2.22	0.58	3.36	3.11	2.38

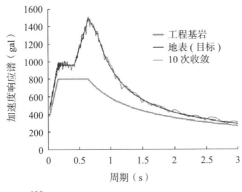

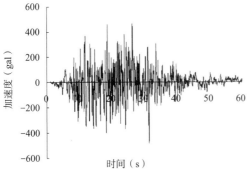

图 6.14　目标响应谱和模拟地震波的制作示例

③基于种子波形的傅里叶振幅谱乘以通过②得到的振幅比并对振幅进行修正，通过傅里叶逆转换还原波形。

④通过对波形开始前和持续（通常，设定为 60 ~ 80s 左右）后的噪声进行消除等调整波形形状，将其作为新的种子波形。重复上述①~④的动作，直至达到满足目标的加速度响应谱和误差水平为止（图 6.14 中进行 10 次收敛计算）。

以经验公式等为基础的模拟地震波虽然对抗

震设计初期的简易评价有效，但是对震源附近的强震动特性（定向脉冲、滑冲）和长周期地震动的评价是很困难的。为了进行更详细的评价，应该使用下面章节中介绍的基于物理妥当性的强震动地震学成果形成的地震动制作方法。

6.3　强震动地震学

为了解强震动预测的基础，本节将强震动地震学（strong motion seismology）按照震源、传播和场地等特性进行说明。如图 6.15 所示，地震学中使用的坐标系以地表表面为原点，向北为 X 轴，向东为 Y 轴，向下为 Z 轴（例如，Aki and Richards，1980）。另外，以下章节的公式主要由傅里叶变换的频域得来。这里应该注意的是，在工程和地震学中傅里叶变换的定义是不同的，地震学中使用的是下面的傅里叶变换和逆变换：

$$傅里叶变换：F(\omega)=\int_{-\infty}^{\infty}f(t)e^{+i\omega t}dt$$
（6.15a）

$$傅里叶逆变换：f(t)=\frac{1}{2\pi}\int_{-\infty}^{\infty}F(\omega)e^{-i\omega t}d\omega$$
（6.15b）

对比工程学中所使用的定义（第 1 章参考），指数函数中的参数符号是相反的，这是因为将传播的波动（行进波）定义为坐标轴 + 方向的原因（6.3.2 节 a）。因此下节之后在所使用的振动频域中与时间相关的项是基于公式（6.15 b）的 $e^{i\omega t}$ 定

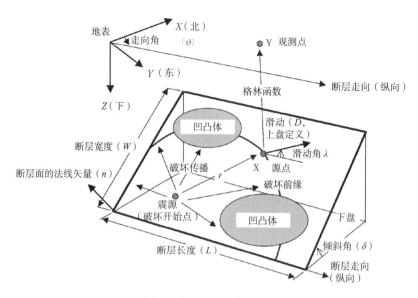

图 6.15　断层震源模型和震源参数

义的。另外本节所使用的程序和算例在著者（久田）的主页（http://kouzou.cc.kogakuin.ac.jp/）中，有兴趣的读者可以参考。

6.3.1　震源特性

这里介绍震源的模型和各种各样的震源特性。震源模型中包含**理论震源模型**（theoretical source model，**决定性震源模型**，deterministic source model）和**随机震源模型**（stochastic source model，或**经验震源模型**，empirical source model），前者是以断层破坏作为断层面的边界条件和运动方程的解为基础的**动力学震源模型**（dynamic source model），以及将断层破坏过程作为已知值的**运动力学震源模型**（kinematic source model）。

虽然已经对动力学的模型做了一部分实用化的尝试，但是在震源断层的物理、几何边界条件上不明确的地方还有很多，尚处于研究阶段。然而从动力学的模型中所得到的知识对使用运动力学的模型中多个震源参数是有限制作用的，可供参考。

另一方面，运动力学震源模型可以通过使用表现定理和过去的震源反解析结果等为基础的震源参数获得稳定的解，主要在长周期的强震动预测方面有很多的实际应用。

随机（经验）震源模型，以震源的定标律和 $\omega 2$ 模型为基础，通常是随机假设相位，主要应用于短周期的强震动预测。下面，以运动力学震源模型和随机震源模型为中心进行说明。

a. 断层震源模型和震源参数

运动力学震源模型是使用**断层震源模型**（seismic fault mode1）进行模型化的，图 6.15 显示的是断层震源模型和**震源参数**（seismic source parameters）。断层震源通常以断层面为矩形，走向（断层面的长度方向的线）与地表面平行，另外断层面倾斜时，断层面上方的地基为上盘，下方为下盘。作为规定断层面形状的参数（静态参数），包括**断层长度**（fault length，L）、**断层宽度**（fault width，W）、**走向角**（strike angle，从北到走向为止的两时针之间的角度，用 θ 或 ϕ 表示）、**倾斜角**（dip angle，从水平面到断层面为止的角度，δ）。其次作为规定震源的断层面在滑移运动方面的参数（动态参数），包括**断层滑动**（fault slip，或错位，dislocation，D）、**滑动角**（rake angle，上盘的滑动方向与水平面所成的角度，λ）、**上升时间**（rise time，滑动从开始到结束的时间，τ）、**震源**（断层滑移的开始点）、**破坏前缘**（rupture front，在相同的时间内连接从震源传播的断层滑动裂缝端部的线）、**破坏传播速度**（rupture velocity，破坏前的传播的速度，V_r）、**破坏开始时间**（rupture time，破坏前各点滑动的开始时间）等。

另外，断层面一旦发生滑动破坏运动，截面上积蓄的弹性势能就会得以释放，断层的应力量就会下降，这个值称为**应力下降量**（stress drop，$\Delta\sigma$），用下式表示（金森，1991）：

$$\Delta\sigma = c\mu\frac{D}{\sqrt{S}} = c\frac{M_0}{S^{3/2}} \qquad (6.16)$$

式中，μ 是地基的剪切刚度，c 是断层形状所决定的系数，通常为 $1\sim3$ 的常数。例如，以地中断层为对象的断层面是圆形裂缝时，$c=7\pi^{3/2}/16 \approx 2.44$。上述各参数为规定断层震源模型的整体形象参数，称为**宏观断层参数**（outer fault parameter）（地震调查研究促进部，2006）。

震源断层的破坏过程在断层面上是不一样的，滑动的分布和破坏的传播等呈现出复杂的变化，它是短周期地震动的主要发生源。在震源断层面上将强烈的地震动分为发生的部分和不发生的部分时，前者称为**凹凸体**（asperity），后者称为**背景领域**（background area）。asperity 是粗糙和凹凸的意思，平时在断层面上是强粘着状态，地震时一下子遭受破坏，被认为是发生强烈地震动的领域，因为强烈地震动从断层滑移的地方发生的情况较多，所以有时候滑动的大部分称为 asperity。在断层震源模型中，为了表现破坏过程的复杂性，将断层面分割为矩形的**小断层**（sub-fault），然后

设定每个小断层的断层参数，这种考虑了复杂破坏过程的震源参数称为**微观断层参数**（inner fault parameter）（地震调查研究促进部，2006）。

作为动态震源的参数，断层面上各点滑动的时间变化定义为**滑动函数**（slip function）。表 6.3 和图 6.16 中显示的是具有代表性的**滑动速度函数**（slip velocity function），如 δ 函数、矩形函数、三角形函数、指数函数、模拟动力学函数和其加速度（滑动速度函数的时间微分）的傅里叶振幅谱。图表的函数被标准化为最终滑移量 1，首先 δ 函数（狄拉克 δ 函数，附录 A）是滑动破坏瞬间结束的模型，其傅里叶速度振幅为 1，傅里叶加速度振幅与 ω 成正比例增大 [参照图 6.16（d）]。δ 函数在数学上很容易处理，但是其瞬间破坏的假设与现实不符，会对高振动频率成分造成夸大评价。接下来是矩形函数（方脉冲函数），是具有持续时间 τ 和一定振幅的滑动速度函数，滑动位移函数是**斜坡函数**（ramp function）（斜坡部分的持续时间 τ 也被称为上升时间）。此函数的傅里叶加速度的振幅能增大到 $1/2\tau$Hz，当高频率更高时，其振幅以常数正弦函数振动 [参照图 6.16（c）]。矩形函数使用的是传统断层震源模型的 Haskell 模型，多作为宏观震源模型使用，滑动加速度因在矩形函数的角点处发散以及在振幅频谱中产生正弦函数谷等问题，目前在强震动预测中几乎不被使用。三角函数解决了矩形函数所产生的角点发

代表性滑动速度函数的时程波和傅里叶谱 表 6.3

种类	时域	振动频域
δ 函数	$f(t)=\delta(t)$	$F(\omega)=1$
矩形函数	$f(t)=\begin{cases}1/\tau & (0\leq t\leq\tau)\\0 & (\tau<t)\end{cases}$	$F(\omega)=\left\{\dfrac{\sin(x_1)}{x_1}\exp(ix_1)\right\} \quad \left(x_1=\dfrac{\omega t}{2}\right)$
三角函数	$f(t)=\begin{cases}4t/\tau^2 & (0\leq t\leq\tau/2)\\4(\tau-t)/\tau^2 & (\tau/2\leq t\leq\tau)\\0 & (\tau<t)\end{cases}$	$F(\omega)=\left\{\dfrac{\sin(x_2)}{x_2}\exp(ix_2)\right\}^2 \quad \left(x_2=\dfrac{\omega t}{4}\right)$
指数函数 1	$f(t)=\exp(-t/\tau)/\tau$	$F(\omega)=1/(1-i\omega\tau)$
指数函数 2	$f(t)=t\cdot\exp(-t/\tau)/\tau^2$	$F(\omega)=1/(1-i\omega\tau)^2$
模拟动力学模型 1	参考图 6.16（b）	图 6.16（d）的数值解
模拟动力学模型 2	参考图 6.16（b）（三角函数的叠加）	解析解（三角函数的叠加）

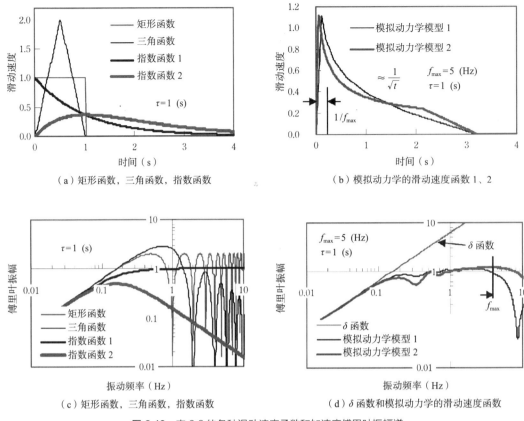

（a）矩形函数，三角函数，指数函数　　　　　（b）模拟动力学的滑动速度函数 1、2

（c）矩形函数，三角函数，指数函数　　　　　（d）δ 函数和模拟动力学的滑动速度函数

图 6.16　表 6.3 的各种滑动速度函数和加速度傅里叶振幅谱

散等问题，时间积分的滑动函数成为持续时间函数 τ 的**平滑斜坡函数**（smoothed ramp function）。傅里叶加速度振幅会增大到 $1/\tau$Hz，比这个更高频率的振幅减少为 $1/w$ 的 sin 函数 [参照图 6.16（c）]。但是振幅频谱中产生山谷，而且由于高频率的激发不足，适用范围大约是 $1/\tau$Hz 的频率。目前，三角函数可单独使用也可通过多个叠加用于构造任意的滑动函数（例如，Hisada，2001）。指数函数有两种类型，每一种都有在振幅谱中不出现矩形或三角函数的 sin 型振动的优点。指数函数 1 有上升加速度发散的特殊点，但傅里叶加速度振幅的高频率为一定值。指数函数 2 是光滑的函数且没有特殊点，但傅里叶加速度振幅以高频率减少到 $1/\omega$，成为高频率不足的函数 [图 6.16（a）、（c）]。

上述各种函数是与震源的物理性质无关的滑动函数，参照从动力学震源模型中得到的滑动函数提出了在物理上更具妥当性的函数（**模拟**

动力学的滑动函数，pseudo–dynamic slip velocity function）。表 6.3、图 6.16（b）和图 6.16（d）就是这种例子，一般有陡峭的上升部分和平滑尾部的特点，以各种函数的组合（中村、宫武，2000）和三角函数的组合等构成（Hisada，2001）。每个短周期的地震动都是从陡峭上升部分开始发生地震，长周期的地震动是整个持续时间内所发生的。这些函数如图 6.16（d）的傅里叶振幅所示，在广义振动频率范围内并没有产生山谷，使稳定地震动的生成成为可能。频谱是以 2 个角频率变化为特征，其振幅斜率在低振动频率和高振动频率处变化。低振动频率侧的角频率（简略标记为 f_c）对应于滑动持续时间（大地震时是指断层破坏运动的持续时间）的倒数。高频率侧的角频率对应于滑动函数的陡峭上升时间的倒数，**称为源控 f_{max}**（source controlled f_{max}）。

综上所述，断层震源模型中存在很多的震源参数，其设定具有任意性。在预测强震动时，具体断层参数的选取方法，将在 6.4 节进行介绍。

b. 表现定理

使用运动力学的模型进行地震动计算时，其基本公式即为表现定理（representation theorem）（例如，Aki and Richards，1980，公式见附录 A）。根据图 6.15 所示的断层震源模型的位移解（U_k），用表现定理在频域中表示如下：

$$
\begin{aligned}
U_k(Y;\omega) &= \int_{\Sigma}\{\mu D(e_i n_j + e_j n_i) U_{ik,j}(X,Y;\omega)\mathrm{e}^{i\omega\cdot t_r}\}\mathrm{d}\Sigma(X) \\
&\quad (k=x,y,z) \\
&= \int_{\Sigma}\{m_{ij} U_{ik,j}(X,Y;\omega)\mathrm{e}^{i\omega\cdot t_r}\}\mathrm{d}\Sigma(X)
\end{aligned}
$$
$$
[\text{式中，} m_{ij}=\mu D(e_i n_j + e_j n_i)] \quad (6.17)
$$

式中，各项的下标 k、i、j 表示的是正交坐标系的 x、y、z 成分，j 是 j 轴方向的偏微分的意思。关于 k、i、j 的使用**求和规则**（summation convention，附录 A）。ω 为振动频率，指数函数的 i 为虚数，X 点为断层面上的点（源点），Y 点为观测点，D 为 X 点中的断层滑移（下盘对上盘的滑动），Σ 为断层面积，μ 为剪切刚度，m_{ij} 为**力矩密度张量**（moment density tensor），还有 e_i 是单位的**滑动矢量**（slip vector）

$$
\left.
\begin{aligned}
e_x &= +\cos\lambda\cdot\cos\delta + \sin\lambda\cdot\cos\delta\cdot\sin\theta \\
e_y &= +\cos\lambda\cdot\sin\delta - \sin\lambda\cdot\cos\delta\cdot\cos\theta \\
e_z &= -\sin\lambda\cdot\sin\delta
\end{aligned}
\right\} \quad (6.18)
$$

式中，θ 是走向角，δ 是倾斜角，λ 是滑动角。n_j 是以下盘为标准的断层面的单位法线矢量值（参考图 6.15），通过下式给出：

$$
\left.
\begin{aligned}
n_x &= -\sin\delta\cdot\sin\theta \\
n_y &= +\sin\delta\cdot\cos\theta \\
n_z &= -\cos\delta
\end{aligned}
\right\} \quad (6.19)
$$

U_{ik} 称为格林函数，是能表现从源点 X 到观测点 Y 之间波动的传播特性的函数（附录 A、6.3.2 节），公式（6.17）中的 t_r 根据 X 点的破坏开始时间表达为

$$
t_r = d/V_r + \Delta t_r \quad (6.20)
$$

式中，d 为震源（破坏开始点）到 X 点的距离，V_r 是破坏传播速度的平均值，Δt_r 是基于破坏前缘的破坏开始时间平均值的偏差。

c. 点震源和震源谱

表现定理 [公式（6.17）] 的具体计算法如 6.4.1 节所述，在这里假定震源模型是最简单的**点震源**（point source），对震源的基本特性进行调查。也就是说，与震源的大小相比，假设观测点在远方，而断层震源为一点，并且无视断层破坏传播的影响，在此情况下，公式（6.17）中的 r 作为震源距离，使用 L，$W \ll r$ 且 $t_r=0$，可得出：

$$
U_k(Y;\omega) \approx M_{ij}(\omega)\cdot U_{ik,j}(X_s,Y;\omega)
$$
$$
[\text{式中，} M_{ij}(\omega)=uLWD(\omega)(e_i n_j + e_j n_i)]
$$
$$
(6.21)
$$

式中，M_{ij} 为**力矩张量**（mento tensor），$X_s=(x_s, y_s, z_s)$ 为震源位置。如图 6.17（a）所示，公式（6.21）中断层震源的力被证明是由必定产生交叉的一组**力偶**（single couple）和为了抵抗断层面旋转而发生的另一组逆旋转力偶组合构成的（例如，Aki and Richards，1980）。也就是说点震源等效于这样的 2 组力偶所组成的力系，称为**双力偶震源**（double couple source）。

在这里，假定地基模型为最简单的全无限均质弹性体，格林函数也与远方的地震波近似，对双力偶震源的基本性质进行调查。在这种情况下，P 波和 S 波被完全分离，公式（6.21）就是基于下式近似的双力偶震源的**远方近似解**（详细请参照 6.3.2 节）。

$$
U_k^C(Y;\omega) = \frac{F_S \cdot R_k^C}{4\pi\rho\cdot r V_C{}^3}\dot{M}(\omega)\cdot\exp\left(i\omega\frac{r}{V_C}\right)
$$
$$
(k=x, y, z) \quad (6.22)
$$

式中，r 为震源距离，ρ 为密度，上标 C 表示 P 波和 S 波，V_C 使用对应的 V_p（P 波速度）或 V_s（S 波速度）。通常，$V_s < V_p$，S 波比 P 波的振幅更大。另外，F_s 是由观测点的条件决定的系数，在地基内部时取 1，在自由表面上时取 2（6.3.2 节）。R_k^P 和 R_k^S 是 P 波和 S 波的**放射特性**（radiation pattern），即：

$$
R_k^P = 2r_{,i}e_i r_{,j} n_j r_{,k}
$$
$$
R_k^S = r_{,i}e_i n_k + (e_k - 2r_{,i}e_i r_k)r_{,j}n_j \quad (k=x, y, z)
$$
$$
(6.23)
$$

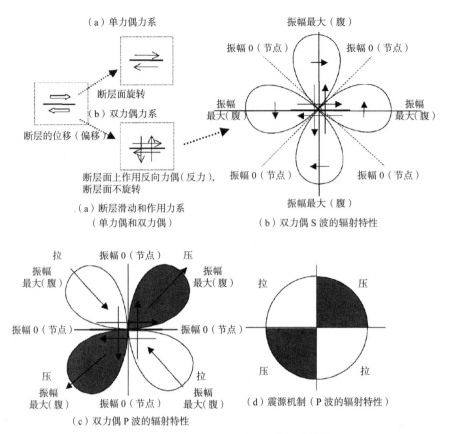

（a）单力偶力系

断层面旋转

（b）双力偶力系

断层的位移（偏移）

断层面上作用反向力偶（反力），
断层面不旋转

（a）断层滑动和作用力系
（单力偶和双力偶）

振幅最大（腹）

振幅0（节点）　　振幅0（节点）

振幅
最大（腹）　　　　　　　　振幅
　　　　　　　　　　　最大（腹）

振幅0（节点）　　振幅0（节点）

振幅最大（腹）

（b）双力偶 S 波的辐射特性

拉　　振幅0（节点）　　压

振幅
最大（腹）　　　　　　　振幅
　　　　　　　　　　最大（腹）

振幅0（节点）　　　　　振幅0（节点）

压　　　　　　　　　　　拉
振幅　　　　　　　　　　振幅
最大（腹）　振幅0（节点）最大（腹）

（c）双力偶 P 波的辐射特性

拉　　　　　压

压　　　　　拉

（d）震源机制（P 波的辐射特性）

图 6.17 双力偶震源和 P 波、S 波的辐射特性

式中，$r_{,i}$ 是震源距离 r 的 i 方向微分，通过下式进行表达：

$$r_{,i} = \frac{r_i}{r} \quad (i = x, y, z)$$

$$r = \sqrt{r_x^2 + r_y^2 + r_x^2}$$

$$r_x = x - x_s, \qquad r_y = y - y_s, \qquad r_z = z - z_s \qquad (6.24)$$

图 6.17 显示的是根据图 6.17（b）和（c）双力偶震源通过公式（6.23）得到的 S 波和 P 波的放射特性。S 波的放射特性在断层面和其正交面上的振幅最大，对断层面在倾斜 45° 的面上为 0。另一方面，P 波的放射特性在断层面和其正交面上的振幅是 0，对断层面倾斜 45° 时为初始"推"或"拉"的最大振幅。图 6.17（d）显示的是 P 波的放射特性所对应的**震源机制**（focal mechanism），震源机制是指围绕震源的球，将 P 波的推（灰色）和拉（白色）的区域分布在球面上，从震源正上方看到的半球，其下面的推拉分布是呈圆形表示的。

公式（6.22）中的 $\dot{M}(\omega)$ 是从震源所辐射出来的地震动，称为**震源谱**（source spectra）。点震源时的震源谱通过下式表达：

$$\dot{M}(\omega) = \mu L W \dot{D}(\omega) = \mu L W D F_v(\omega) = M_0 \cdot F_v(\omega) \qquad (6.25)$$

式中，$\dot{D}$ 为滑动速度，M_0 为地震矩，F_v 为之前已介绍的滑动速度函数（滑移量以 1 作为标准化）。此外，将 $\dot{M}(\omega)$ 与时域转换的波形称为**震源时间函数**（source time function），或者**矩率函数**（moment rate function）。

通过公式（6.22）可以清楚地知道，点震源模型在远方观测到的地震波的振幅谱和震源谱具有相似的形状。

d. 移动震源和指向性效应

现实中的震源不是点而是面，因此破坏前缘在活动断层面上移动，破坏远离观测点或接近观测点时所观测到的地震波特性也会发生很大的变化。

像这样根据**移动震源**（propagating source）观测到不同地震动的现象称为**指向性效应**（directivity effects）。为了调查移动震源的效果，在远场的公式（6.22）中导入断层面：

$$U_k^C(Y;\omega)$$
$$=\frac{Fs\cdot\mu}{4\pi\cdot r\rho V_C^3}\int_\Sigma R_k^C\cdot\dot{D}(\omega)\cdot\exp\left[i\omega\left(\frac{r}{V_C}+t_r\right)\right]\mathrm{d}\Sigma \tag{6.26}$$

式中，t_r 是公式（6.20）的破坏开始时间。

其次，最简单的移动震源模型，如图 6.18 所示，是将断层破坏从断层面的端部开始，沿着断层长度方向（Y 方向）破坏的**单侧传播震源**（unilateral source）。公式（6.20）中的 Δt_r 为 0 时，（6.26）式则会如下式所示：

$$U_k^C(Y;\omega)=\frac{Fs\cdot\mu W}{4\pi\cdot r\rho V_C^3}\int_0^L R_k^C\cdot\dot{D}(\omega)$$
$$\times\exp\left[i\omega\left(\frac{r}{V_C}+\frac{y}{V_r}\right)\right]\mathrm{d}y \tag{6.27}$$

这里上式的（ ）内会产生下面这种变形。如图 6.18 所示，$X-Y$ 平面上有观测点，连接观测点和断层原点的线（距离 r_0）与断层走向成角度 ϕ 时，从破坏前缘到观测点的距离为 r，通过第二余弦法则得到如下公式：

$$r^2=r_0^2+y^2-2r_0y\cos\phi$$

此外，如果假定 r_0 比断层长度 L 大很多（远方近似），则 r 与下式近似：

$$r\approx r_0-y\cos\phi \qquad (y\ll r_0)$$

将上式代入公式（6.27），进行线积分可得如下公式：

$$U_k^C(Y;\omega)=\frac{Fs\cdot R_k^C}{4\pi\cdot r\rho V_C^3}\cdot\dot{M}_d(\omega)\cdot\exp\left(i\omega\frac{r_0}{V_C}\right)$$
$$(k=x,y,z) \tag{6.28}$$

式中，$\dot{M}_d(\omega)$ 是包含移动震源效果（指向性效应）的震源谱。

$$\dot{M}_d(\omega)=\dot{M}(\omega)\cdot A_d(\omega) \tag{6.29}$$

式中 $\dot{M}(\omega)$ 是点震源的震源谱公式 [（6.25）式]，A_d 为指向性函数（directivity function），由下式计算：

$$A_d(\omega)=\frac{\sin[x(\omega)]}{x(\omega)}\exp(ix)$$

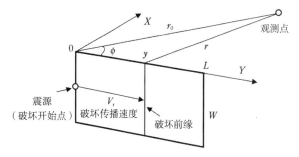

图 6.18 单侧（一个方向传播）震源和指向性效应

$$x(\omega)=\frac{\omega\tau}{2}, \qquad \tau=\frac{L}{C_d\cdot V_r} \tag{6.30}$$

C_d 为**指向性系数**（directivity coefficient），表示为：

$$C_d=\frac{1}{1-(V_r/V_c)\cos\phi} \tag{6.31}$$

通过对比表 6.3 中矩形函数的频域函数式发现，公式（6.30）是持续时间为 τ 的三角函数，而且随着 ω 的增加，指向性函数减少为 $1/\omega$。

一般来说，破坏传播速度（V_r）大约是 S 波速度（V_s）的 7~8 成左右。因此，在公式（6.31）中，当观测点位于破坏传播进行侧（$\phi\approx0$）的附近时，C_d 的值会比 1 大。因此，公式（6.30）中 τ 的分母中 V_r 的值也变大，观测到的地震波形的持续时间 τ 会变小，地震动在短时间内集中，造成振幅增大。反之当观测点位于远离破坏传播的相反一侧时（$\phi\approx180°$），V_r 值会变小，所观测到的地震动的持续时间变长，振幅则会减小。图 6.19 显示的是关于指向性函数的振幅谱的一个例子 [$L=28$（km），$V_s=3.5$（km/s），$V_r=2.8$（km/s）]，当 $\phi\approx0$ 时与其他情况相比，高频的振幅相对较大。这种与多普勒效应相似的断层破坏传播（移动震源）现象称为指向性效应，在进行强震动预测时，是应该考虑的重要性质。

e. 震源附近的强震动特性（随机波和定向脉冲的生成）

基于震源断层面的影响，对观测点在震源附近的波形性状加以考量。这种情况下，在震源附近出现了强震动特性最显著的随机波和**定向脉冲**

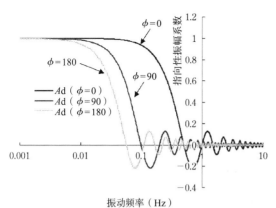

图 6.19 指向性函数的示例 [L=28（km）,V_s=3.5（km/s）, V_r=2.8（km/s）]

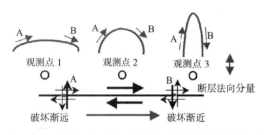

图 6.20 随机波形和定向脉冲波的成因（断层法向分量）

（directivity pulse）。如图 6.20 所示，作为最简单的案例，从上俯瞰右旋走滑断层，对其附近观测点水平面内的震动加以考虑。破坏前缘如图所示从左到右传播时，双力偶震源也从左向右移动。首先是对几乎位于断层面中间位置的观测点 2 的断层面法向分量的地震动进行考虑，破坏前缘从左侧接近观测点时，根据双力偶震源向上的分量（在图中用 A 表示），观测点所观测到的地震动（位移）也向上振动，并且在破坏前缘移动经过观测点 2 的瞬间，根据双力偶震源向下的分量（用 B 表示），在观测点所观测到的地震动也是向下振动的。因此在观测点 2 所观测到的位移波形的断层法向分量呈现的是从上（A）往下（B）的振动脉冲形状。另外，在靠近破坏前缘的观测点 3 中，根据刚才说明过的指向性效应，脉冲波的持续时间变短，振幅变大，也就是说，断层各点的波动在短时间以相同相位（相干）叠加，在断层的**垂直正交方向**（fault normal component）上产生大振幅的脉冲波。由于这个脉冲波指向接近断层破坏

的观测点，因此称为定向脉冲，与此相对的是破坏前缘位于较远的观测点 1 时，由于指向性效应，位移波形的持续时间变长，振幅变小。现实情况是波形的相干性会崩溃，一般观测到的是随机波。

例题 6.1 定向脉冲的计算

对图 6.21（a）所示的简单左旋走滑断层模型进行假设，通过理论方法（6.4.1 节）对面震源的破坏传播效果和定向脉冲进行计算。震源位于断层面的左端，因为破坏前缘从左向右移动，破坏将逐渐远离地表的观测点 1，接近观测点 2。断层面在长度方向分割为 5 段、在宽度方向分割为 2 段，共计 10 个小断层，在各小断层中，用滑动量为 1m、持续时间为 0.6s 的三角滑动速度函数进行模型化。图 6.21（b）显示的是在观测点 1 和 2 中计算的速度波形（断层法向分量，X 分量），在观测点 1 处振幅变小且持续时间变长，在观测点 2 处相同相位的波形在短时间内因相干系数叠加，从而能观测到大振幅的脉冲波。

定向脉冲在加利福尼亚的活断层附近曾被多次观测到，但是 1995 年日本兵库县南部地震时在神户市才首次出现，其作为较大灾害产生的原因之一而广为人知。这里对实际观测到的随机波和定向脉冲进行介绍。首先是在远离断层破坏的观测点观测到的随机波，图 6.22 是著名的 El Centro 波。如图所示，1940 年 Imperial Valley 地震时，破坏沿着 Imperial Valley 断层从北到南进行传播，El Centro 是断层附近的位置，位于破坏开始点（震源）附近，因破坏传播较远，观测到了接近随机波的强震动。图中的速度波形和反应谱中，FN 为**断层法向**（fault normal）分量，FP 为**断层平行**（fault parallel）分量。如在响应谱中看到的随机波在短周期内是卓越的，则其与修正标准法的反应谱基本对应。1952 年 Kern County 地震时同样具有代表性的观测波 Taft 波，在距离震源 40km 左右的 Taft 被观测到，但因破坏传播位于比较远的地方，所以呈现的是随机性强的波形。

此外，作为在接近断层破坏的观测点观测到的定向脉冲，图 6.23 是 1979 年在同一个 Imperial Valley 断层发生的 Imperial Valley 地震。在这次

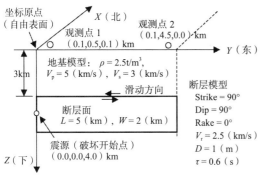

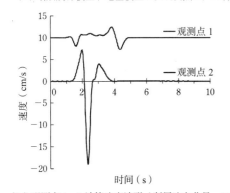

（a）断层震源模型、地基模型以及观测点 1、2 的位置

（b）观测点 1、2 计算速度波形（断层法向分量，X 分量）

图 6.21 震源附近地震动特性（随机波和定向脉冲）的示例

地震中，破坏从南到北进行传播，在图中显示的断层附近观测点（Meloland）获得的速度波形的 FN 分量中，可以看见在接近断层破坏的位置出现了比较明显的定向脉冲。FN 分量反应谱凌驾于周期为 2～3s 的修正标准法的水平之上。

图 6.24 显示的是在神户大学（KBU）的基岩上观测到的 1995 年兵库县南部地震，它是更加著名的定向脉冲。在这次地震中，破坏是以明石海峡为震源向神户市东北方向进行传播的。因此如图所示，从位于断层附近基岩中的 KBU（神户大）速度波形的 FN 分量可以看到清晰的定向脉冲，反应谱超过了周期为 1～2s 的修正标准法水平（由于破坏力的强度，定向脉冲也称为抑制脉冲，killer pulse）。虽然与图 6.23 中的定向脉冲相比属于复杂的波形，但它是基于比较复杂的震源过程进行的。也就是说，图 6.25 是通过震源模型再现 KBU 波中的脉冲波，由于神户侧断层模型（图 B 和 C）有两个凹凸体①和②，KBU 波的两个定向脉冲①和②都会分别发生

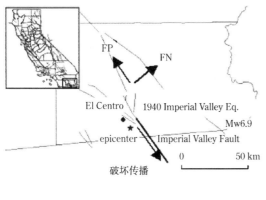

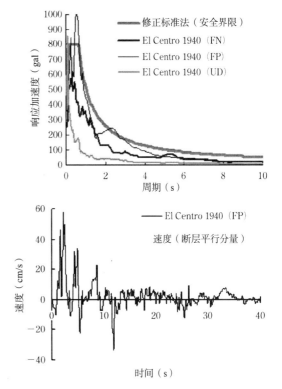

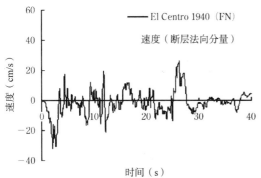

图 6.22 随机地震波的示例（El Centro 波，图中，FN 是断层法向分量，FP 是断层平行分量）

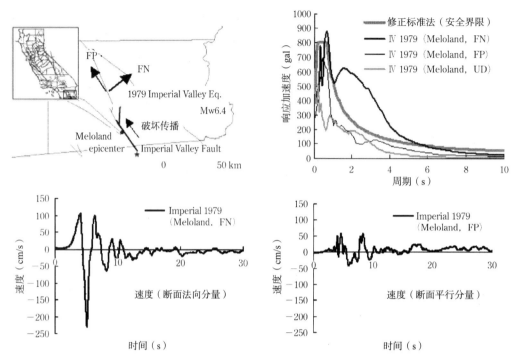

图 6.23 定向脉冲的示例（Meloland 波，图中，FN 是断层法向分量，FP 是断层平行分量）

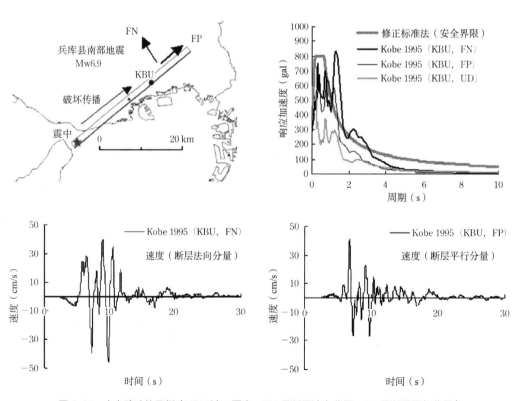

图 6.24 定向脉冲的示例（KBU 波，图中，FN 是断层法向分量，FP 是断层平行分量）

（釜江・入仓，1997），即在进行震源附近的强震动预测时，断层面上的凹凸体位置和破坏传播是非常重要的因素。之后，为了说明在很多震源附近的强震波形看到了定向脉冲，对兵库县南部地震的震源模型提出了更为复杂的凹凸体分布模型。此外，作为震源附近地震灾害的特点，图 6.26 显示的是神户市见到的主要木结构房屋的倒塌方向，由于定向脉冲作用，建筑物在断层法向方向（北北西 - 南南东 - 西北 - 东南）有着较强的指向性，使建筑物像被"横扫"一样发生倒塌（参照

图 6.25：久田・南，1998）。

此外，关于在逆断层中定向脉冲的产生条件，请参照 6.4.1 节 a 的图 6.54。

f. 地表断层附近的地震动特性（fling step）

当地表出现断层时，在地表断层附近的断层滑移方向能观测到**滑冲**（fling step）。如图 6.27 所示，从上眺望右旋走滑的地表断层，考虑接近地表断层观测点的断层平行分量的位移。这

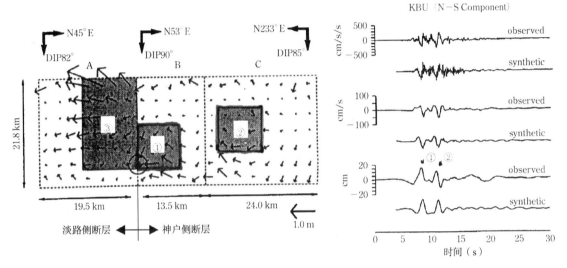

图 6.25 兵库县南部地震的震中模型和凹凸体以及观测波形的解释（釜江・入仓，1997 修改）

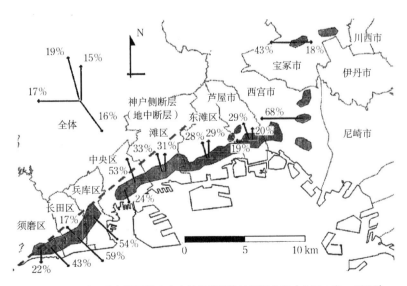

图 6.26 兵库县南部地震神户市木结构建筑物的倒塌方向（久田・南，1998）

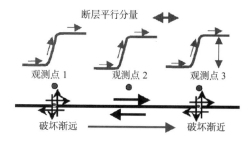

断层平行分量

观测点1　　观测点2　　观测点3

破坏渐远　　　　　　　破坏渐近

图 6.27 滑冲波的成因（地表断层的平行分量）

种情况下破坏传播从左到右进行，但根据在观测点附近的地表断层滑动观测到的断层平行分量（滑动方向）的阶跃函数状的位移波形与破坏传播无关。

为了更详细地理解滑冲的物理成因，将表现定理（6.17）式中的格林函数进行动态项和静态项的分离，如下式所示（Hisada and Bielak，2003）。

$$U_k = \int_{\Sigma} [\mu D(e_i n_j + e_j n_i)(U_{ik,j} - U_{ik,j}^S) e^{i\omega \cdot t_r}] d\Sigma$$
$$+ \int_{\Sigma} [\mu D(e_i n_j + e_j n_i) U_{ik,j}^S e^{i\omega \cdot t_r}] d\Sigma$$
$$(6.32)$$

式中，$U_{ik,j}^S$ 是静态的格林函数（$\omega=0$）。上式右边的第一积分项是动态项，在震源附近时，断层正交方向发生定向脉冲。动态项由体波和表面波组成，其几何衰减项是从 $1/r$ 开始到 $1/\sqrt{r}$（6.3.2 节 b、d）。另一方面，第二积分项是静态项，如图 6.27 所示，在地表断层的附近，在断层滑移方向的位移波形中产生滑冲（fling step）。因为静态格林函数的几何衰减比 $1/r^2$ 大，滑冲只能在离地表断层极为接近的地方进行观测（6.3.2 节 b）。

例题 6.2　滑冲的计算

当和例题 6.1 相同的左旋走滑断层模型在地表出现时 [图 6.21（a）中的断层面上端的深度设为 0]，观测点 1 和 2（离地表断层 0.1km）的地震动使用公式（6.32）的理论方法进行计算。图 6.28 中显示的是在观测点 1 和 2 所计算出的速度波形以及位移波形（从速度波形中对时域进行积分）。断层法向分量基于和例题 6.1 具有相同的指向性效应，在观测点 1 处的波形振幅比较小，持续时间比较长，在观测点 2 处能观测到大振幅的定向脉冲。另一方面，断层平行分量能通过地表断层

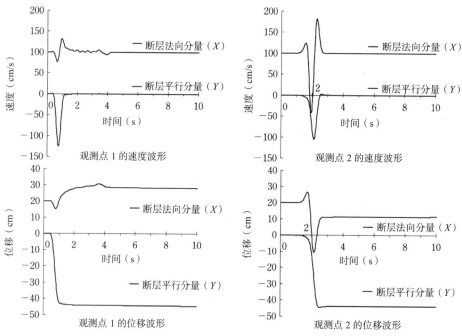

图 6.28 震源附近的地震动特性（随机波和定向脉冲波）的示例
（上：由观测点 1、2 计算出的速度波形，下：位移波形）

的滑动函数保持原状并直接观测到，速度分量是三角形的脉冲，在位移分量中，产生滑冲（fling step）函数状的滑动，两个观测点都一起出现了单侧滑移量为 45～50cm 的永久变形。

作为滑冲（fling step）实际观测的代表例，图 6.29 显示的是 1999 年台湾集集地震（1999 Chi-Chi Earthquake）时在逆断层的上盘的地表断层附近观测到的波形（石冈波）（参照图 6.2）。在大约 5s 的时间内对约 10 m 的滑动位移和最大约 400 cm/s 的速度波形进行了记录，地震动的长周期是卓越的。其受损特征与图 6.29（d）中的受损害调查结果一致，在断层正上方，由于地基位移造成的破坏显著，一旦远离断层，基于震动的破坏就几乎没有了（日本建筑学会，2000）。图中也显示了如图 6.5 中断层悬崖上倾斜的公寓位置。作为出现大规模地表断层的断层带，日本也指出小田原市的国府津 – 松田断层带和静冈县的富士川河口断层带等具有较高的发生概率，地震时可能会产生超过数米的地表断层。因此，在这种活动断层的附近位置，对滑冲采取防治措施（针对长周期地震动和地基变形的对策）是必要的（6.4 节）。

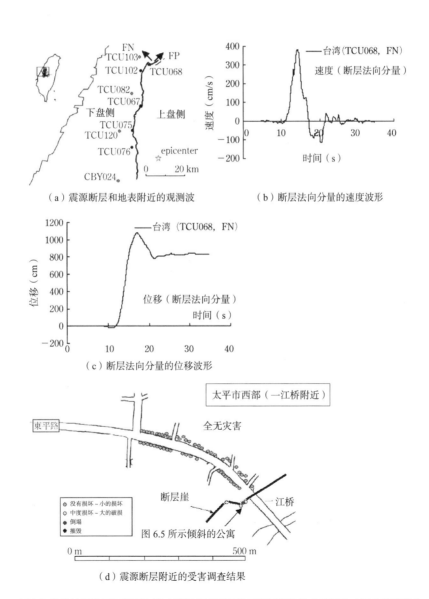

图 6.29　1999 年集集地震的震源断层和地表附近的观测波以及断层附件的灾害调查（日本建筑学会，2000）

g. 统计震源模型（ω^2 模型）

理论震源模型虽然在低频率决定论的强震动计算（定向脉冲等）方面优秀，但是由于高频率的随机性变强，使用经验、统计震源模型还是比较有效率的。由于一般来说在高频率中体波是卓越的，所以从观测到的波形中分离出 P 波和 S 波，利用公式（6.22）和公式（6.28）可以近似求出震源谱。作为一个案例，图 6.30 显示了截断的加速度波形的 S 波部分及其位移波形的傅里叶振幅谱。公式（6.22）的频谱形状和震源谱是相似的，但是从图中看出频谱中通常有两个角振动频率，即 f_c 和 $f_{\max}$。假设作为点震源，震源谱可通过公式（6.25）用地震矩 M_0 和滑动速度函数 F_v 的积来表达，当振动频率为 0 时，F_v=1[参照表 6.3（p.95）]，震源频谱和地震矩是相等的，而且震源频谱振动频率从 0 到 f_c 基本上都是一定值。f_c 以上的振动频率如图所看到的那样，一般来说和振动频率的二次方成反比时振幅减少，如果在 $f_{\max}$ 以上，振幅更是急剧下降。这种震源谱的振幅特性得以被广泛观测，振幅在 f_c 和 $f_{\max}$ 之间的频域以及与振动频率 f（或者是圆频率 ω）的 2 次方成反比减少的统计震源模型称为 ω^2 模型（omega-square model）。对 ω^2 的物理成因作如下说明，首先，震源谱如公式（6.29）所示，以假定点震源的震源谱和具有移动震源效果的指向性函数的积来表达。在这种情况下，震源谱公式（6.25）和滑动速度函数是相似的，如表 6.3 和图 6.16（d）的模拟动力学模型所示，从 f_c 到 $f_{\max}$ 之间与 ω 一起以 $1/\omega$ 的幅度减少。另一方面，指向性函数的

振幅谱也如公式（6.30）所示以 $1/\omega$ 的幅度减少振幅。因此，作为两者积的震源频谱是从 f_c 到 $f_{\max}$ 的振动频率以 $1/\omega^2$ 的幅度减少振幅，称为 ω^2 模型。另外公式（6.30）是一维破坏传播的指向性函数，如果是二维断层面假定平滑的破坏传播，指向性函数在长度 L 方向基于宽度 W 方向的移动震源效果为 $1/\omega^2$ 的幅度。然而，现实的破坏传播被认为是一个复杂的破坏过程 [公式（6.20）中 Δt_r 项的贡献]，这种情况下的指向性函数还是以 $1/\omega$ 的幅度减少振幅的函数（Hisada，2001）。

作为实用性的 ω^2 模型，使用下式表达的经验震源频谱（Brune，1970；Boore，1983）：

$$|\dot{M}(f)| = \frac{M_0}{1+(f/f_c)^2} P(f, f_{\max}) \qquad (6.33)$$

式中，P 是削减基于高频率 $f_{\max}$ 的过滤器，提出了各种各样的公式（6.34）。例如（Boore，1983）：

$$P(f, f_{\max}) = \frac{1}{\sqrt{1+(f/f_{\max})^{2n}}} \qquad (6.34)$$

n 是自由参数，Boore（1983）建议 n=4。$f_{\max}$ 的值一般被认为在 5 ~ 10 Hz 左右。顺便说一下，$f_{\max}$ 的成因在日本是通过震源特性进行说明的，即震源就是起因，而美国很多研究者认为是表层地基的阻尼造成的，但这一直存在争议。

此外，公式（6.33）的角频率 f_c 多使用从简单的裂纹模型所推导出来的下式（Brune，1970）：

$$f_c = 4.9 \cdot 10^6 V_s (\Delta \sigma / M_0)^{1/3} \qquad (6.35)$$

式中，$\Delta \sigma$ 是**应力下降量**，单位是 bar（1 bar=0.1 MPa）；V_s 是震源层的剪切波速度，其单位是 km/s；

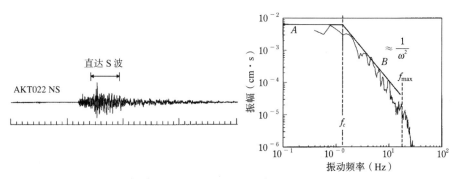

图 6.30 加速度波形（左）和位移的傅里叶振幅谱（右，1998 年 9 月 3 日 17 时 9 分）

M_0 是地震矩，其单位是 dyne-cm。公式（6.35）的 $\Delta\sigma$ 是公式（6.16）所示的静态应力下降量对应的参数，在用于强震动的计算时也被称为**应力参数**（stress parameter）。$\Delta\sigma$ 一般取 10 ~ 100bar（1 ~ 10MPa），但在板块边界地震中 $\Delta\sigma$ 很小，在板内地震中有变大的倾向（请参照 6.4 节）。

由于 ω^2 模型的相位谱通常以高频为对象，一般是随机相位，而且关于**辐射特性**，在低振动频率时公式（6.23）的理论式是成立的，但在高振动频率中没有方位性的等方值，建议取下值（Boore，1983）：

$$R_k^p = 0.52, \qquad R_k^s = 0.63 \qquad (6.36)$$

等方的辐射特性是以无方向性的两个分量的**均方根**（root mean square）定义的。所以在使用公式（6.36）对两个水平分量的波形进行分解时，$1/\sqrt{2}$ 倍是有必要的。另一方面，将 S 波分离为 SH 波和 SV 波时，其辐射系数是大西·堀家（2004 年）提出的。

h. 震源的定标率

大地震和小地震的参数是由各种经验的定比关系形成的**震源参数的定标率**（scaling law of source parameter）而广为人知的，它灵活使用了 6.4.1 节介绍的波形合成法。根据经验公式，断层长度 L、宽度 W、滑动 D、滑动的持续时间 τ、地震矩 M_0 在大地震和小地震之间，下面的经验公式是成立的（Irikura，1983；横井·入仓，1991）：

$$\frac{L^L}{L^S} = \frac{W^L}{W^S} = \frac{D^L}{D^S} = \frac{\tau^L}{\tau^S} = \left(\frac{M_0^L}{C \cdot M_0^S}\right)^{1/3} \approx N \quad (6.37)$$

式中，上标的 L 和 S 分别表示大地震和小地震的意思，N 是**定标参数**（scaling parameter），而且（ ）内的 C 是大地震和小地震之间的应力下降量 $\Delta\sigma$ 的比（横井·入仓，1991）：

$$C = \frac{\Delta\sigma^L}{\Delta\sigma^S} \qquad (6.38)$$

大地震和小地震震源谱的振幅比在振动频率为 0 时，根据公式（6.33）中的地震矩的比，利用公式（6.37）可以得出 N 的 3 次方的式样（柱式）。

经验可知，高频率中其比会变小，与 N 成正比关系，即假定简单的点震源，不考虑移动震源的效果时，会得出下面的关系式：

$$\frac{\dot{M}^L(f)}{C \cdot \dot{M}^S(f)} \approx \begin{cases} \dfrac{M_0^L}{C \cdot M_0^S} \approx N^3 & (f \ll f_C^L) \\[3mm] \left(\dfrac{M_0^L}{C \cdot M_0^S}\right)^{1/3} \approx N & (f \gg f_C^S) \end{cases} \quad (6.39)$$

式中 f_C^L 和 f_C^S 分别是大地震和小地震的震源谱的角振动频率。如果大地震和小地震的 $f_{\max}$ 是相同程度的值，使用公式（6.33）的 ω^2 模型和公式（6.35）的 f_c，就比较容易确认上式在高频率中成立。

$$\frac{\dot{M}^L(f)}{C\dot{M}^S(f)} \approx \frac{M_0^L}{CM_0^S}\left(\frac{f_C^L}{f_C^S}\right)^2 = \frac{M_0^L}{CM_0^S}\left(\frac{\Delta\sigma^L M_0^L}{M_0^L \Delta\sigma^S}\right)^{2/3}$$
$$= \left(\frac{M_0^S}{CM_0^L}\right)^{1/3} = N \qquad (f \to \infty) \qquad (6.40)$$

公式（6.39）称为**震源频谱的定标率**（scaling law of source spectra），是使用经验的震源模进行强震动计算时重要的基本公式。图 6.31 在模式上表示小地震和大地震的震源频谱的关系（设为 $N=10$），与小对地震相比，大地震的频谱比对低振动频率（长周期）是 N^3（=1000）倍，而对振动高频率（短周期）是 N（=10）倍。因此，El Centro 波等具有代表性的观测地震波的振幅设为 50cm/s，根据振幅将小地震记录作为大地震记录来使用是欠妥当的。

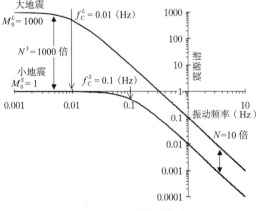

图 6.31 震源谱的定标律

6.3.2 传播特性

用表现定理公式（6.17）进行强震动计算时，除了震源特性，还有必要适当地评价从震源到观测点的波动传播特性的**格林函数**（Green function）。格林函数是在给源点 $Y=(x_s, y_s, z_s)$ 的 k 方向赋予单位力时，定义为在观测点 $X=(x_0, y_0, z_0)$ 所观测到的 i 方向的位移，在频域是用 $U_{ik}(X, Y; \omega)$ 表现的（附录 A）。格林函数有**理论格林函数**（theoretical Green function）和**经验的格林函数**（empirical Green function）。理论格林函数分为最简单的 S 波的无穷近似解、全无限均质弹性体的解析解、半无限均质弹性体和半无限成层地基为对象的频率积分法的理论解、盆地地基等不整形地基为对象的有限元法和差分法等的数值分析解等。经验的格林函数中则分为使用震源谱定标率进行修正观测记录的情况（半经验的方法等），或者用震级和震源距离等参数进行统计处理的经验公式的情况。另外，在长周期地震中使用理论格林函数，短周期地震中使用经验格林函数等，根据各方法的适用性所合成的格林函数称为**混合格林函数**（hybrid Green function）。这里主要是使用理论格林函数对构成函数的体波和表面波的传播和阻尼等与地震波相关的各种传播特性进行说明。

a. 体波的传播

地震时，从震源释放出由 P 波（primary wave）和 S 波（secondary wave）构成的**体波**（body wave）。P 波的传播速度（V_p）比 S 波（V_s）要快，因此先被观测到，称为初期微动。S 波的振幅比 P 波大，因此称为主要运动。如图 6.32 所示，P 波是通过在行进方向上压缩 – 伸张而传播的**粗密波**（**纵波**，longitudinal wave），而 S 波是在行进方向变形一侧传播的**剪切波**（**横波**，shear wave），S 波进一步分为振动方向与地表面平行的 SH 波和与地表垂直的 SV 波。

为了理解体波的基本传播特性，就会涉及最简单的一维传播。如图 6.33 所示，当 S 波在 y 方向振动并向 x 方向传播时，在微小部分 dx 上作用的 Y 方向力的平衡式，即作用在微小部分的惯性

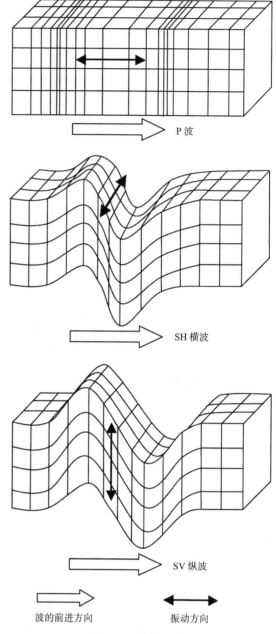

图 6.32　体波的种类

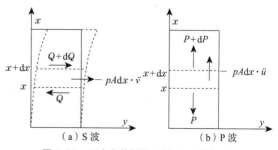

图 6.33　X 方向传播的 S 波和 P 波作用力

力与在 x 和 $x+dx$ 的断面上起作用的剪切力的平衡，如下式所示：

$$-pA\mathrm{d}x \cdot \ddot{v} + \left(Q + \frac{\partial Q}{\partial x}\mathrm{d}x\right) - Q = 0$$

式中，ρ 是密度，A 是断面的截面面积，v 是 y 方向的振幅，其上的圆点符号表示的是时间微分的意思。Q 是作用于微小部分断面的剪切力，如下所示：

$$Q = A\tau = A\mu \frac{\partial v}{\partial x} = A\rho\, V_s^2 \frac{\partial v}{\partial x}$$

式中，$\tau = \mu \dfrac{\partial v}{\partial x}$，$\quad V_s = \sqrt{\dfrac{\mu}{\rho}}$

上式中 μ 为剪切刚度，V_s 为 S 波波速（S wave velocity）。将上述的公式进行变形得到如下所示的**波动方程**（wave equation）：

$$\ddot{v} = V_s^2 \frac{\partial^2 v}{\partial x^2} \qquad (6.41)$$

其一般解通过下式表达：

$$v(x,t) = f(x/V_s - t) + g(x/V_s + t) \qquad (6.42)$$

式中，f，g 是规定波形形状的函数，称为**波动函数**（wave function），前者表示**行进波**（progressive wave，在 $x+$ 方向传播），后者表示**逆行波**（retrogressive wave，在 $x-$ 方向传播）。函数 f 为行进波，比如 $t=0$，$x=0$ 时 f 的参数为 0，时间 $t= x/V_s$ 后在 $+x$ 位置的变量也为 0，因此同样形状的波形在 $+x$ 方向是以速度 V_s 在前进的。

其次，对公式（6.41）进行傅里叶变换，在频域可表示为下式：

$$\frac{\partial^2 V}{\partial x^2} + k_s^2 V = 0 \qquad (k_s = \omega/V_s) \qquad (6.43)$$

式中，V 是 v 的傅里叶变换，而且 k_s 称为**波数**（wave number），其倒数称为**波长**（wave length）。公式（6.43）的一般解表达为下式：

$$V(\omega,x) = F\mathrm{e}^{i\omega\,(x/V_s-t)} + G\mathrm{e}^{-i\omega\,(x/V_s+t)}$$
$$= \left(F\mathrm{e}^{+ixk_s} + G\mathrm{e}^{-ixk_s}\right)\mathrm{e}^{-i\omega t} \qquad (6.44)$$

式中，F、G 项分别表示行进波和逆行波，F、G 的值是其振幅。这里，行进波是用距离（x）$+$ 方向定义的，所以如公式（6.15）所说明的那样，要注意与时间相关的项是用 $\mathrm{e}^{-i\omega t}$ 定义的。

同样如图 6.33 所示，可以推导出 P 波（纵波）在 x 方向传播时的波动方程式。作用于微小部分

$\mathrm{d}x$ 的 X 方向力的平衡式，通过作用的惯性力和截面的轴向力可表示为下式：

$$-\rho A\mathrm{d}x \cdot \ddot{u} + \left(P + \frac{\partial P}{\partial x}\mathrm{d}x\right) - P = 0$$

式中，u 是 X 方向的振幅，P 是作用断面的轴向力，即：

$$P = A\sigma = A(\lambda + 2\mu)\frac{\partial u}{\partial x}$$

式中，$\sigma = (\lambda + 2\mu)\dfrac{\partial u}{\partial x}$，$\lambda$，$\mu$ 是 lame 常数。应力 – 应变关系请参照附录 A 的（A.8）式（$\sigma \equiv \sigma_{xx}$，$\partial u/\partial x = \varepsilon_{xx}$，$\varepsilon_{yy} = \varepsilon_{zz} \doteq 0$）。

由上式可以得到下面的运动方程式（波动方程式）：

$$\ddot{u} = \frac{\lambda + 2\mu}{\rho}\frac{\partial^2 u}{\partial x^2} = V_p^2 \frac{\partial^2 u}{\partial x^2}$$

$$\text{式中，} V_p = \sqrt{\frac{\lambda + 2\mu}{\rho}} \qquad (6.45)$$

这里 V_p 是 P 波速度（P wave velocity），通过对公式（6.45）和公式（6.41）进行比较，P 波可以通过 V_p 进行传播，同时 S 波所推导出来的各公式用 V_p 和 V_s 进行置换的话，P 波也都可以直接成立。

b. 均质弹性体的格林函数

为了理解格林函数和波动传播的基本特性，首先要对作为最简单的理论格林函数之一的**全无限均质弹性体的格林函数**（Green function of homogeneous fulls pace）进行研究。这种情况下，格林函数 U_{ik} 作为解析解见下式（详见附录 A）：

$$U_{ik}(X, Y; \omega) = \frac{1}{4\pi\mu}\left[\psi(r) \cdot \delta_{ik} - x(r) \cdot r_{,i}r_{,k}\right]$$
$$(i, k = x, y, z) \qquad (6.46a)$$

$$U_{ik,j} = \frac{1}{4\pi\mu}\left[\frac{\mathrm{d}\psi}{\mathrm{d}r}\delta_{ik}\, r_{,j} - \frac{\mathrm{d}\chi}{\mathrm{d}r} \cdot r_{,i}\, r_{,j}\, r_{,k}\right.$$
$$\left. - \frac{\chi}{r}(\delta_{jk}\, r_{,i} + \delta_{ij}\, r_{,k} - 2\, r_{,i}\, r_{,j}\, r_{,k})\right]$$
$$(6.46b)$$

式中，μ 为剪切刚度，δ_{ik} 是克罗内克的 δ 函数，r 是震源（x_s，y_s，z_s）到观测点（x，y，z）的震源距离，其方向微分和坐标分量能通过公式（6.24）给出，ψ，χ 为：

$$\psi(r) = \left\{\frac{1}{S^2 r^3} - \frac{1}{S \cdot r^2} + \frac{1}{r}\right\}\mathrm{e}^{S \cdot r}$$

$$-\left(\frac{P}{S}\right)^2\left\{\frac{1}{P^2r^3}-\frac{1}{P\cdot r^2}\right\}e^{P\cdot r}$$

$$\psi(r)=\left\{\frac{3}{S^2r^3}-\frac{3}{S\cdot r^2}+\frac{1}{r}\right\}e^{S\cdot r}$$

$$-\left(\frac{P}{S}\right)^2\left\{\frac{3}{P^2r^3}-\frac{3}{P\cdot r^2}+\frac{1}{r}\right\}e^{P\cdot r} \quad (6.47)$$

上式的第一项是 S 波、第二项是 P 波的行进波，其中 S，P 如下所示：

$$S=i\frac{\omega}{V_s}, \qquad P=i\frac{\omega}{V_p} \quad (6.48)$$

这里 i 为虚数。

因为公式 6.47 中 { }（花括号）内的 $1/r^3$ 项在 r 较小的时候有效，所以称为**近场项**（near-field term），$1/r^2$ 项称为**中间项**（intermediate term），$1/r$ 项由于在 r 较大的时候有效，所以称为**远场项**（far-field term）。其中，远场项在高频率起支配性作用，这种情况下，公式（6.47），公式（6.46）可以近似为下式：

$$\psi(r)\approx\frac{e^{S\cdot r}}{r}, \quad \chi(r)\approx\frac{e^{S\cdot r}}{r}-\left(\frac{P}{S}\right)^2\frac{e^{P\cdot r}}{r},$$

$$\frac{d\psi}{dr}\approx S\frac{e^{S\cdot r}}{r}, \quad \frac{d\chi}{dr}\approx S\frac{e^{S\cdot r}}{r}-\left(\frac{P}{S}\right)^2 P\frac{e^{P\cdot r}}{r}$$

$$\therefore U_{ik,j}\approx\frac{i\omega}{4\pi\rho\cdot r}\left[\frac{1}{V_s^3}(\delta_{ik}-r_{,i}r_{,k})\cdot r_{,j}e^{S\cdot r}\right.$$
$$\left.+\frac{1}{V_p^3}r_{,i}r_{,j}r_{,k}e^{P\cdot r}\right] \quad (\omega r\to\infty) \quad (6.49)$$

在点震源的表现定理公式（6.21）中，将公式（6.49）代入，得到公式（6.22）的远方近似解。r 相关的阻尼被称为几何衰减，远方近似解的体波以 $1/r$ 衰减。还有 { } 内，S 波和 P 波的振幅与 V_s 与 V_p 的 3 次方的倒数成比例，前者与后者相比，比 V_p/V_s 的 3 次方还要大。

另一方面，**静态格林函数**（static Green function）在公式（6.47）中当 $\omega\to 0$ 时，可得到如下公式：

$$\psi(r)=\frac{1}{2r}\left[\left(\frac{V_s}{V_p}\right)^2-1\right]=\frac{-1}{4r(1-\nu)}$$

$$\chi(r)=\frac{1}{2r}\left[\left(\frac{V_s}{V_p}\right)^2+1\right]=\frac{3-4\nu}{4r(1-\nu)}$$

$$U_{ik,j}=\frac{1}{16\pi\mu(1-\nu)r^2}[(3-4\nu)\delta_{ik}r_{,j}-\delta_{jk}r_{,i}$$
$$-\delta_{ij}r_{,k}+3r_{,i}r_{,j}r_{,k}] \quad (\omega=0) \quad (6.50)$$

上式中，静态格林函数的几何衰减是 $1/r^2$。

c. 体波折射、透射、反射

由于现实中的地基是非均质的，所以在地表面所观测到的体波有时候是**散乱**（scattering）的，更甚至如图 6.34 所示基于地基界面而反复出现**透射**（transmission）、**反射**（reflection）和**折射**（refraction），从而形成复杂的波。从震源到观测点所释放出来的地震波的传播路径称为**波线**（ray），同一时刻波线的顶端所构成的面为**波阵面**（wave front）。通过均质各向同性弹性体的点震源辐射的体波波面，形成以震源为中心的球面进行扩展，因此这个波动称为**球面波**（spherical wave）。另外，远方观测点附近的波阵面可以近似于平面，因此这个波动也称为**平面波**（plane wave）。

如图 6.35 所示，平面波以与地基界面成 θ_1 的角度从下面入射，考虑其以 θ_2 的角度向上方透射的情况。将在两个地基中传播的速度设为 V_1、V_2，从入射波阵面 A_0B_0 到透射波阵面 A_1B_1 所需要的时间设为 Δt，此时，下式是成立的：

$$A_0B_1=\frac{B_0B_1}{\sin\theta_1}=\frac{V_1\Delta t}{\sin\theta_1}=\frac{A_0A_1}{\sin\theta_2}=\frac{V_2\Delta t}{\sin\theta_2}$$

$$\therefore\frac{\sin\theta_1}{\sin\theta_2}=\frac{V_1}{V_2} \quad (6.51)$$

公式（6.51）称为 Snell 法则（Snell's law）。一般来说，地基越浅其传播速度 V 就越小，震源在各个方向辐射出的体波越接近地面，θ 就越接近 0，即地表附近的地震波几乎是垂直从正下方入射的。因此，地表粗密波的 P 波就称为上下振动的纵波，剪切波的 S 波则称为水平振动的横波。

其次，如图 6.36 所示，如果两层的地基在 $x=0$ 接触，则可求出剪切波的透射波和反射波。首先是从入射地基开始入射波 f_0 是上升的，则会产生透过地基的透射波 f_1 和入射地基的反射波 g_0，此时各波的传播在频域可表示为下式（时间项 $e^{-i\omega t}$ 省略）。

入射波 $\quad f_0(\omega,x)=F_0e^{+i\omega x/V_{s0}}$

透射波 $\quad f_1(\omega,x)=F_1e^{+i\omega x/V_{s1}}$ $\quad (6.52)$

反射波 $\quad g_0(\omega,x)=G_0e^{-i\omega x/V_{s0}}$

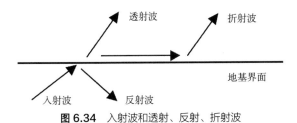

图 6.34 入射波和透射、反射、折射波

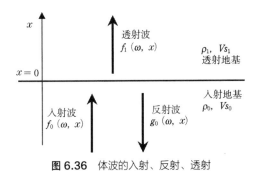

图 6.35 Snell 法则

x

透射波
$f_1(\omega, x)$

ρ_1, Vs_1
透射地基

$x = 0$

反射波
$g_0(\omega, x)$

入射地基
ρ_0, Vs_0

入射波
$f_0(\omega, x)$

图 6.36 体波的入射、反射、透射

入射波在到达界面（$x=0$）时的时间设为 $t=0$，根据界面的位移和应力的连续条件可以得到如下公式：

位移 $f_0(\omega,0) + g_0(\omega,0) = f_1(\omega,0)$

$\therefore F_0 + G_0 = F_1$

应力 $\mu_0[f_{0,x}(\omega,0) + g_{0,x}(\omega,0)] = \mu_1 f_{1,x}(\omega,0)$

$\therefore \rho_0 V_{s0}(F_0 - G_0) = \rho_1 V_{s1} F_1$

因此，入射波的振幅与反射波和透射波的振幅之比形成的**反射系数**（reflection cofficient）和**透射系数**（transmission coefficient）可通过下面公式给出：

反射系数 $R = G_0/F_0 = X$ （6.53a）

透射系数 $T = F_1/F_0 = 1 + X$ （6.53b）

式中，

$X = (1-\alpha) / (1+\alpha)$，$\alpha = \rho_1 V_{s1}/\rho_0 V_{s0}$

这里，α 称为**阻抗比**（impedance ratio）。

作为特例，如果透射地基为刚性，则 $V_{s1}=\infty$，因此阻抗比为 ∞，反射系数（X）为 -1，即入射波逆转相位，成为全反射的反射波，而且透射系数为 0，所以边界处的振幅也是 0。另一方面，透射地基不存在时，边界处自由表面的情况为 $V_{s1}=0$，阻抗比为 0，反射系数（X）为 1，即入射波相位保持不变并直接成为反射波。另外因为透射系数为 2，因此，自由表面的振幅变为入射波的 2 倍。此外在 P 波的透射和反射情况中，通过上面所得到的各式，将 V_s 和 V_p 进行置换的话，所有的公式都会依旧成立。

d. 衰减和 Q 值

在震源发生的地震波，因距离造成波阵面扩大的衰减称为**几何衰减**（geometrical attenuation）。同样地基中，体波从震源向外呈球面状传播，如公式（6.47）所示，近场项的几何衰减是 $1/r^3$，中间项是 $1/r^2$，远场项是 $1/r$。由于实际的波动在地基内会发生反射、折射，所以一般来说，离震源距离越大其几何衰减越会变成比 $1/r$ 小的阻尼。例如接下来要说明的表面波，从震源到地表面呈现出圆筒状的传播波，其几何衰减是 $1/\sqrt{r}$。另一方面，静态项的几何衰减为公式（6.50）中的 $1/r^2$。

地震波除了几何衰减之外，还有因**散射衰减**（scattering attenuation，由于地基的非均质结构造成波是散乱的衰减，散乱的振幅变小产生尾波，持续时间会变长）和**内在衰减**（intrinsic attenuation，波动能转换成热能的衰减）等引起的振幅变小。在地震学中，这样的衰减（主要是内部衰减），使用 **Q 值**（quality factor）进行模型化

公式中 Q 值作为下式地基速度的虚数部引入：

$$V_C^* = V_C(1 - i/2Q_C) \qquad （6.54）$$

式中的 C 在 P 波的情况下用 P，在 S 波的情况下用 S。把公式（6.54）代入公式（6.22）可得：

$$U_k^C(Y;\omega) = \frac{F_S \cdot R_k^C}{4\pi r\rho V_C^2}\dot{M}(\omega)e^{i\omega r/V_C}\ e^{-\omega r/2Qc} \qquad （6.55）$$

根据 Q 值的指数函数，随着振动频率 ω 和震源距离 r 变大，Q 值越小且其幅度越小。顺便说一下，建筑中使用的阻尼常数 h 和 Q 值有 $h=1/2Q$ 的关系。一般来说，Q 值并不是一个固定值，

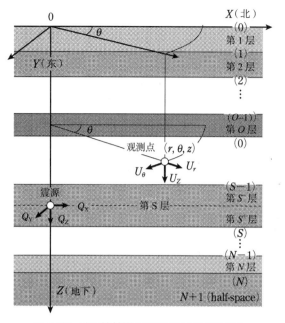

图 6.37 成层地基的震源和观测点处的坐标系

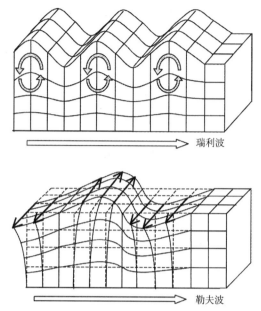

图 6.38 表面波（瑞利波与勒夫波）示意图

而是取决于振动频率的函数，特别是高频率对其有很大的影响，所以有必要注意其模型化。对地壳结构和沉积层地基提出了各种各样 Q 值的函数，详情请参照日本建筑学会（2005）等。

e. 半无限成层地基中的体波和表面波

地基深部较重较硬，地表附近则由松软结构形成。如图 6.37 所示，这种地基的层结构是最简单的模型，是考虑了自由表面的半无限水平成层地基。在**半无限成层地基**（layered half-space）上，不仅有前面介绍的直达体波，还出现了表面波以及在界面处的透射、反射、折射波。层结构中的波动传播使用**传播矩阵**（propagator matrix）进行模型化，其格林函数频域的理论解包含频率积分的形式。频率积分通过各种各样的数值积分法进行计算，这样的理论格林函数计算方法一般称为**波数积分法**（wave number integration method）。在传输矩阵和频率积分法方面提出了很多方案，详情请参考日本建筑学会（2005）等。

表面波（surface wave）是从震源中释放出来的体波，封闭于地表面或地表和基础层之间的边界处软弱的表层内，慢慢地在水平方向上进行传播的波动。基于数学（函数论）表现格林函数的

频率积分中，有**分歧点**（branch point）的贡献是体波，**极**（pole）的贡献为表面波。如图 6.38 所示，表面波在行进方向的垂直面内振动，由 P 波和 SV 波组成的**瑞利波**（Rayleigh wave），和 SH 波组成的**勒夫波**（Love wave）在行进方向的水平面内振动。表面波的相位（山·谷）在水平方向的传播速度称为**相位速度**（phase velocity），一般标记为 C。表面波的波群（与能量相当）的传播速度称为**群速度**（group velocity），一般用 U 标记。表面波从坚硬的基岩层到软弱的表层在各种各样的地基内进行传播，根据对象周期的不同，相位速度和群速度也会发生变化。因此，震中附近的波群随着离震中距离的增大而**散乱分布**（dispersion），振幅慢慢变小，持续时间也会变长。表面波传播速度的变化可通过横坐标是周期（或振动频率）、纵坐标是相位速度（以及群速度）的曲线，即**分散曲线**（dispersion curve）来描述（具体请参照图 6.41）。近年来，将微动观测等得到的地基分散曲线与理论计算出来的分散曲线进行比较，就能推测出地基的速度结构，因此表面波也能在地基勘查等方面灵活运用。

格林函数中，表面波的贡献（频率积分上的

分叉点）称为**正规模式解**（normal mode solution）。作为正规模式解的一个案例，下面介绍勒夫波。如图 6.37 所示，从地表中某个坐标原点处到深度 h 的位置，在 Y 方向施加单位力 Q_y 时，观测点（r, θ, z）（但是，$\theta=0$，设为 x 轴上面）Y 方向的勒夫波所产生的位移解在振动频域是通过下式表达的 [包含瑞利波在内的详情请参照日本建筑学会（2005）]：

$$U_{yy}^L(r,\theta=0,z;h)=$$
$$i \cdot \sum_{m=0}^{M} \frac{A_m^L(h)A_m^L(z)}{8 C_m U_m I_{1m}} \frac{dH_1^{(1)}(k_m r)}{d(k_m r)} Q_Y$$
$$\left(k_m = \frac{\omega}{C_m} \right) \qquad (6.56)$$

在这里 i 是虚数，m 为**振型**（mode），它是只存在于作为对象的振动频率中的分叉点数量。相位速度 C_m 是按照从小到大的顺序将 m 从 0 到 M 进行编号，$m=0$ 作为基本振型，$m=1$ 为第一振型按照这种顺序进行编号。同建筑物的振型分析（固有值解析）一样，求出和各振型固有值相当的相位速度 C_m，而且也能得到与其相应固有矢量（固有振型）的振幅沿深度方向分布的 A_m^L。固有矢量通常用地表的值为 1 进行标准化，其深度随着振幅慢慢变为 0，指数函数是减少的函数。从上述公式中可知，观测点深度 z 和震源深度 h 在地表时，振幅是最大的。k_m 是 m 次的频率，可通过 $k_m=\omega/C_m$ 求出。另一方面，公式（6.56）的群速度 U_m 和能量积分 I_{1m} 可通过下公式（6.57）计算得出（Aki and Richards，1980）：

$$U_m = \frac{I_{2m}}{C_m I_{1m}}, \qquad I_{1m} = \frac{1}{2}\int_0^\infty \rho A_m^L(z)^2 dz$$
$$I_{1m} = \frac{1}{2}\int_0^\infty \mu A_m^L(z)^2 dz \qquad (6.57)$$

式中，ρ 是震源层的密度，μ 是剪切刚度 [详情参照 Aki and Richards（1980 年）等]。另一方面，公式（6.56）的 $H_1^{(1)}$ 是 1 次的第 1 种汉克尔函数（Hankel function）。变量 $k_m r$ 比较大时，可通过下式求出近似值：

$$\frac{dH_1^{(1)}(k_m r)}{d(k_m r)} = H_0^{(1)} - \frac{H_1^{(1)}}{k_m r} \approx \sqrt{\frac{2}{\pi \cdot k_m r}} \cdot e^{i(km \cdot r - \pi/4)}$$

通过上述公式，能确认勒夫波的几何衰减为 $1/\sqrt{r}$。

下面对表示表面波振幅谱特性的**介质响应**（medium response）进行介绍。表面波的振幅谱由公式（6.56）分母中的系数 CUI_{1m} 和变量 k_m 决定。在这里为了简化，假设震源为远场，则表面波在水平方向的传播与一维波动近似。这种情况下振幅谱中的勒夫波、瑞利波都是通过下式表示的：

$$A_m^M(\omega) = \frac{1}{4 k_m C_m U_m I_{1m}} = \frac{1}{4 \omega U_m I_{1m}} \qquad (6.58)$$

公式（6.58）称为介质响应，如果是勒夫波，表示给地表施加单位力的水平激振时地表的振幅谱，如果是瑞利波，表示给地表施加单位力的上下激振时地表上下分量的振幅谱 [详情请参照 Aki and Richards（1980）的 7.4 节等]。群速度 U_m 在极小的振动频率领域称为**气态相**（airy phase），通过公式（6.58）可以清楚地知道，因为是气态相，所以介质响应成为最大值，表面波是卓越的（详情请参照例题 6.4）。

例题 6.3　观测点正下方有震源场合：直达的体波和反射波

如图 6.39 所示，在双层地基深度 20km 处放置点震源，正上方观测点 1 中的波形使用频率积分法进行核算。图中的点震源 1 是持续时间为 0.6s 的三角形滑动速度，其他参数请参照图中所示。

图 6.40 显示的是观测点 1 中的水平（X 方向，NS 分量）分量和竖向分量（向上 + 显示的 UD 分量）的速度波形。上下分量约 5s 出现的脉冲波为直达 P 波，水平分量约 8s 出现的大幅度脉冲波是直达 S 波（SH 波）。直达 S 波在水平振动之后约 2s 内激振幅是渐渐变小的，而且能看到脉冲群，这是发生在表层和基岩界面之间的重复反射的 S 波。同样，上下振动时也能看到体波的 P 波在进行重复反射，但由于传播速度快，所以看起来是连续的波形。如在体波反射的章节中描述，在自由表面的反射波是同一位相，但是来自坚固地基的反射波是逆相位的，因此连续的反射脉冲波每一次都会发生相位扭转。如这个例子所示，震源正上方的观测点中，体波是在表层内简单地重复反射形成的比较简单的波形。

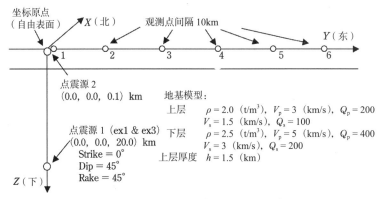

图 6.39 点震源和地基模型以及观测点

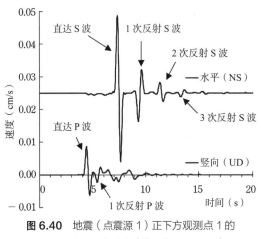

图 6.40 地震（点震源 1）正下方观测点 1 的
水平移动和竖向移动（模型参照图 6.39）

例题 6.4 地表震源的场合：表面波的传播

图 6.39 所示，在双层地基的地表原点放置点震源 2，对体波和表面波的传播情况进行调查（参数和点震源 1 相同）。首先，图 6.41 显示的是勒夫波和瑞利波的分散曲线和介质响应。在分散曲线中，粗线表示相位速度，细线表示群速度。图的横坐标表示振动频率（Hz），以最低振动频率出现的曲线为基本振型，以高振动频率出现的是一阶振型，其次是二阶振型，以此类推。相位速度越低的振动频率，其值就越大，最大值为基岩的 S 波速度 [V_s=3000（m/s）]。但是，瑞利波的基本振型是把基岩当作半无限地基时的相位速度 [V_R=2743（m/s）]。如果变为高振动的话，相位速度与表层地基的 S 波速度 [V_s=1500（m/s）] 逐渐

接近，当表层地基设定为半无限地基时，瑞利波的基本振型相位速度 [V_R=1399（m/s）]。群速度比相位速度的值小是常有的，如图中箭头所示，在某特定的振动频率波段中，会出现比表层地基的 S 波速度还要小的极小值（气态相），看起来和介质响应一样，因为符合振动频率，所以振幅会变大。如果是同一振型的话，一般来讲表面波低振动频率的波速度比高频率的波速度大。即所观测到的波形一开始是长周期的，逐渐过渡到短周期。这种波群一样的分散称为**正分散**（normal dispersion）。反之对于从短周期到长周期的分散称为**逆分散**（reverse dispersion）。

图 6.42（a）为 X 方向分量的 SH 波和勒夫波，图 6.42（b）为 Y、Z 方向分量（Z 分量以向上为正）的 P 波、SV 波和瑞利波，（通过图 6.39 中观测点 2 ~ 6 的速度波形表示）。由于震源在地表上，所以表面波能最快生成，而且体波的几何衰减比表面波大，所以距离越远，其表面波就越卓越。同时随着震源附近的波群距离增大，也能对其分散传播的情况进行确认。

6.3.3 场地特性

从震源产生的地震波在地壳内（地震基岩）进行传播，根据 Q 值的衰减和散乱，层状地基的反射、折射、透射反复进行，进入关东平原等的沉积层（洪积层、冲积层）。根据观测点周边沉积层的地震动放大以及表层地基的非线性特性，将山丘和悬崖地形等地震动发生变化的各个特性称

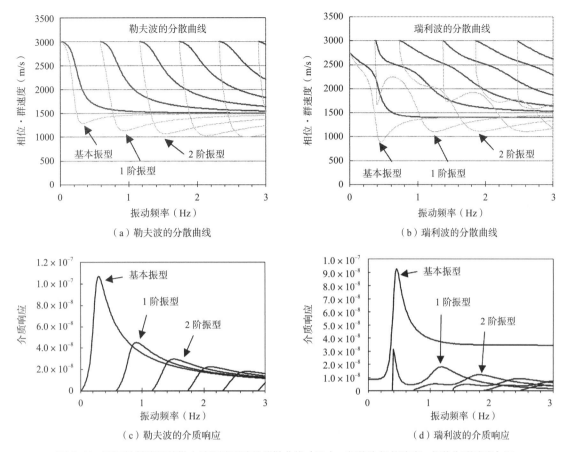

（a）勒夫波的分散曲线

（b）瑞利波的分散曲线

（c）勒夫波的介质响应

（d）瑞利波的介质响应

图 6.41 双层地基模型的勒夫波和瑞利波的分散曲线（图中，粗线为相位速度，细线为群速度）和
介质响应（模型参照图 6.39）

为**场地特性**（site effects，或者**地基震动特性**），在本节中我们要学习产生场地特性的沉积盆地和冲积平原的成因、场地特性假设表层为水平成层地基时体波的放大特性、盆地和悬崖地形等不规则地基的震动特性以及表层地基的非线性特性等。

a. 沉积盆地和冲积平原

如 6.2 节所述，日本列岛主要受到海洋板块在东西方向的压缩力，由此形成隆起的山地和沉降的盆地及平原，以两者之间的界线部为中心存在大量的活断层。沉降地区经过数百万年的漫长岁月所形成的沉积层，形成了关东平原、大阪盆地、浓尾平原等广阔的**沉积盆地**（sedimentary basin）。日本的城市几乎毫无例外处于沉积盆地上。例如，图 6.43 是关东平原地震基岩的等深度图，显示了沉积层的厚度。在首都圈有 2000 ~ 3000 m 厚的沉积层（洪积层）存在，并且产生由稍后描述的沉积层表面波引起的**长周期地震动**（6.2.1 节 d）。此外，**冲积平原**（alluvial plain）从地质学上讲是海平面变动等原因形成的。例如，图 6.44 是大约 6000 年前绳文海侵所形成的海岸线，当时的气温比现在高几度，所以海平面也比现在高几米。如图所示，沿着荒川和利根川形成海湾，那时堆积的软弱层沿着东京下町形成一个厚层，由数十米的冲积层和沿岸的侵蚀崖组成。江户时代在东京等海湾地区形成了**填埋地基**（reclaimed land）。地震时冲积层和填埋地基的地震运动被放大，其地震烈度动通常比周边大 1 ~ 2 级，事实上 1923 年关东大地震发生时，由于低洼地区和填平洼地等软弱地基而造成地震动的受灾情况比较集中。

b. 平行成层地基中体波的地基放大率

如在传播特性中描述的那样，从基础表层入射的体波，根据 Snell 法则，几乎可以近似为从垂

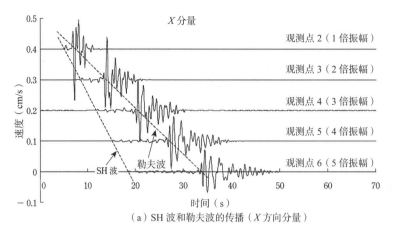

（a）SH 波和勒夫波的传播（X 方向分量）

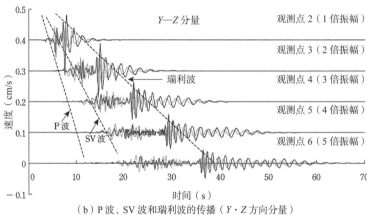

（b）P 波、SV 波和瑞利波的传播（Y·Z 方向分量）

图 6.42 体波和表面波的传播（模型参照图 6.39）

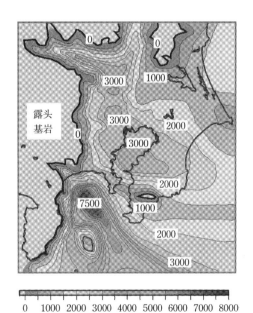

图 6.43 关东平原地震基岩的等深度图
（单位 m。吉村等，2004）

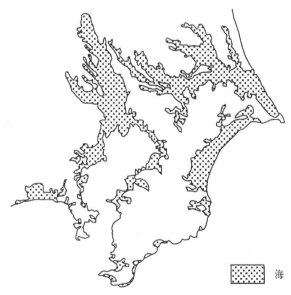

图 6.44 绳文海侵（约 6000 年前）的海岸线
（土木学会关西分会，1995）

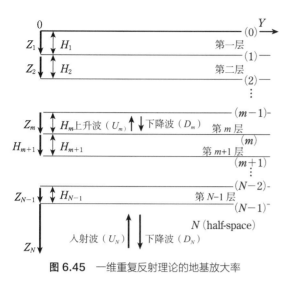

图 6.45 一维重复反射理论的地基放大率

直正下方入射的一维波动。因此，如图 6.45 所示，假设地基是从最表层的第一层到最下层的第 N 层的平行成层地基，作为最简单的场地特性评价法，最下层 S 波的入射波 U_N 在输入的时候，地表震动可通过**重复反射理论**（multiple reflection theory）求出。首先，m 层地基的 SH 波的水平位移 V_m 和剪切应力 τ_m 可通过下式给出：

$$V_m(\omega,z) = U_m \, e^{-i\omega z/V_{sm}} + D_m \, e^{+i\omega z/V_{sm}} \qquad (6.59a)$$

$$\begin{aligned}\tau_m(\omega,z) &= \mu_m \frac{\partial V_m}{\partial z} \\ &= i\omega \rho_m V_{sm} \{U_m \, e^{-i\omega z/V_{sm}} - D_m \, e^{+i\omega z/V_{sm}}\}\end{aligned} \qquad (6.59b)$$

式中，z 坐标如图 6.45 所示，以各层表面为原点，向下定义为正向。因此，时间项为 e^{-iwt} 时，U_m 项表示**上升波**（up–going wave），D_m 项表示**下降波**（down-going wave），m 层和 $m+1$ 层的边界中，连续的位移和应力可通过下式得到：

$$\begin{aligned}V_m(z=H_m) &= (U_m \, e^{-i\omega H_m/V_{sm}} + D_m \, e^{+i\omega H_m/V_{sm}}) \\ &= V_{m+1}(z=0) = (U_{m+1} + D_{m+1})\end{aligned}$$

$$\begin{aligned}\tau_m(z=H_m) &= i\omega \rho_m V_{sm} \{-U_m \, e^{-i\omega H_m/V_{sm}} \\ &\quad + D_m \, e^{+i\omega H_m/V_{sm}}\} = \tau_{m+1}(z=0) \\ &= i\omega \rho_{m+1} V_{sm+1}(-U_{m+1} + D_{m+1})\end{aligned}$$

通过上面的公式，可以得到 m 层和 $m+1$ 层上升和下降波的系数之间的关系式如下：

$$\begin{Bmatrix} U_{m+1} \\ D_{m+1} \end{Bmatrix} = [A_m] \begin{Bmatrix} U_m \\ D_m \end{Bmatrix} \qquad (6.60a)$$

式中，

$$[A_m] = \frac{1}{2} \begin{bmatrix} (1+\alpha_m) \, e^{-i\omega H m/V sm} & (1-\alpha_m) \, e^{+i\omega Hm/Vsm} \\ (1-\alpha_m) \, e^{-i\omega Hm/Vsm} & (1+\alpha_m) \, e^{+i\omega Hm/Vsm} \end{bmatrix}$$

$$\alpha_m = \frac{\rho_m \, V_{sm}}{\rho_{m+1} \, V_{sm+1}} \qquad (6.60b)$$

公式（6.60b）也称为 Haskell 的传递矩阵。公式（6.60a）从第 1 层到最下层（第 N 层）都是成立的，可得下式

$$\begin{aligned}\begin{Bmatrix} U_N \\ D_N \end{Bmatrix} &= [A_{N-1}] \begin{Bmatrix} U_{N-1} \\ D_{N-1} \end{Bmatrix} \\ &= [A_{N-1}][A_{N-2}] \cdots [A_1] \begin{Bmatrix} U_1 \\ D_1 \end{Bmatrix} \equiv [A] \begin{Bmatrix} U_1 \\ D_1 \end{Bmatrix}\end{aligned} \qquad (6.61a)$$

式中，

$$[A] = \begin{bmatrix} A_{11} & A_{12} \\ A_{21} & A_{22} \end{bmatrix} = [A_{N-1}][A_{N-2}] \cdots [A_1] \qquad (6.61b)$$

其次，考虑到地表（自由表面）的边界条件，此处 $\tau_1 = 0$，由此可得下式：

$$U_1 = D_1 \qquad (6.62)$$

因此，地表的位移公式（6.59a）可变为：

$$V_1(\omega, z=0) = 2U_1$$

因此，以入射波的振幅 U_N 为标准的地表震动（放大率，传递函数）如下式所示：

$$H_1(\omega) = \frac{2U_1}{U_N} = \frac{2}{A_{11} + A_{12}} \qquad (6.63)$$

式中，H_1 为入射波对应的**地基放大率**（soil amplification factor）。

另外，通过钻孔等在地下进行波动观测时，地下观测波定义为标准化的地表地震动，这种情况的传递函数由下式给出：

$$H_2(\omega) = \frac{2U_1}{U_N + D_N} = \frac{2}{A_{11} + A_{12} + A_{21} + A_{22}} \qquad (6.64)$$

这里，地下观测点的位置在最下层（第 N 层）的上面，H_2 为地下观测波所对应的地基放大率。

另外，将公式（6.54）所显示的 Q 值导入各层阻尼，此时应该注意的是 Haskell 矩阵中，振动频率 ω 增加的同时出现了大的指数函数项，由高频率造成了数值的发散。为了解决这个问题，已经提议了各种各样的传递矩阵，详情请参考日本

建筑学会（2005）等。

作为最简单的例子，在基岩层上面放置1个表面层的情况作为对象，入射波所对应的地基放大率的绝对值由公式（6.63）推导而得到下式：

$$|H_1(\omega)| = 2\Big/\sqrt{\cos^2\left(\frac{\omega H_1}{V_{S1}}\right) + \alpha_1^2\sin^2\left(\frac{\omega H_1}{V_{S1}}\right)} \quad (6.65)$$

其中放大率最大时 cos 为 0 时，忽略阻尼的情况下其**卓越周期**（dominant period）可通过下式给出：

$$T_S = \frac{4H_1}{V_{S1}} \cdot \frac{1}{2_s - 1} \quad (s = 1,2,\cdots) \quad (6.66)$$

公式（6.66）为 s 次的卓越周期。特别是一阶的卓越周期（s=1）被称为**四分之一波长**（quarter wavelength approximation），它用于最简单地基的卓越周期评价法中。此外，卓越周期的放大率（入射波振幅在地表面的放大率）通过公式（6.66）和公式（6.65）推导由下式表示：

$$|H_1(\omega)| = 2\frac{\rho_2 V_{S_2}}{\rho_1 V_{S_1}} \quad (6.67)$$

另外，P 波（纵波，上下振动）所对应的地基放大率，可将公式（6.60）的 V_s 置换为 V_p，通过公式（6.63）和公式（6.64）求出。

例题 6.5 震源位于观测点正下方场合：体波的放大

以图 6.39 所示的双层地基为对象，入射波对应的 S 波和 P 波的放大率如图 6.46（a）所示。根据公式（6.66），S 波的卓越周期为 $T_1=4$（s）[$f_1=0.25$（Hz）]，$T_2=1.33$（s）[$f_2=0.75$（Hz）]，P 波的卓越周期为 $T_1=2$（s）[$f_1=0.5$（Hz）]，$T_2=0.67$（s）[$f_2=1.5$（Hz）]，并与图中的值一致。同理，根据公式（6.67），S 波的放大率为 $H_1=5$，P 波的放大率为 $H_1=4.17$，与阻尼影响小的一阶卓越周期的值基本相等，图 6.46（b）是由图 6.39 中点震源 1 所对应的观测点 1 的波数积分法的精确解（图 6.40）和基于重复反射理论的速度波形的比较。重复反射理论是求出基岩入射波后将其值与公式（6.63）的传递函数相乘。此时，虽然水平振动（X 分量）乘的是 S 波放大率，上下振动乘的是 P 波放大率，但重复反射理论的波形和精确解的波形基本上是完全一致的。当震源位于观测点的正下方、假定

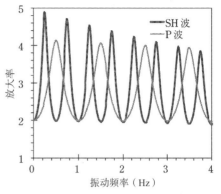

（a）SH 波和 P 波的放大率

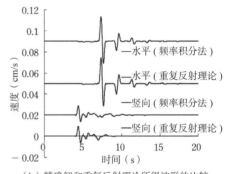

（b）精确解和重复反射理论所得波形的比较

图 6.46 双层地基的地基放大率和合成变形
（模型是图 6.39 的观测点 1）

入射波是垂直入射的体波时，我们知道重复反射理论不仅简便而且是非常有效的方法。

c. 盆地地基的震动

现实中的地基并不是平行成层的，而是二维、三维的不整形地基，特别是关东平原和大阪盆地等大规模**沉积盆地**和小规模的**冲积平原**等盆地形状的地基，会产生盆地的端部效应和沉积层表面波等特有现象。

众所周知，**盆地端部效应**（边缘效果，basin edge effect）被认为是 1995 年兵库县南部地震时在神户市观测到的地震灾害带的原因之一（例如，川瀬·松岛，1998；Pitarka，1998），如图 6.47 所示，地震时，位于神户市北端六甲山的活断层作为震源断层是活动的，但是产生巨大灾害的**地震灾害带**并不是位于断层的正上方，而是在六甲山南侧的大阪盆地内发生的。围绕地震灾害带的原因进行了很多调查，结论认为是由震源特性产生的定向脉冲（6.3.1 节 e）、软弱表层地基的放大特

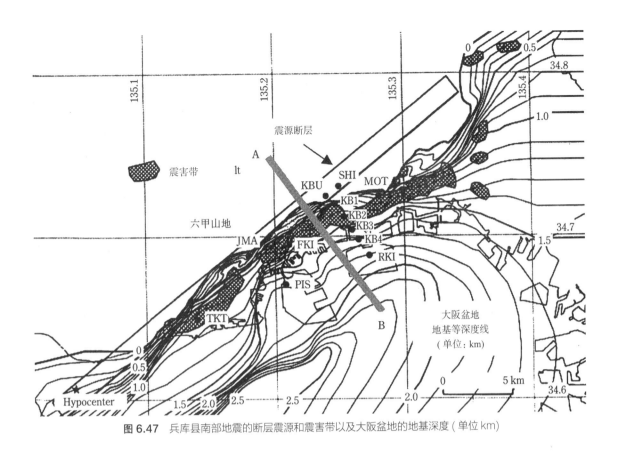

图 6.47　兵库县南部地震的断层震源和震害带以及大阪盆地的地基深度（单位 km）

性、现有集中的不合格的木结构密集地，加上大阪盆地的沉积层与盆地的端部效应导致的地震动放大效应等多重原因重叠而成的。图 6.48 显示的是 1995 年兵库县南部地震的盆地端部效应的数值分析例（snapshot）。在神户市的大阪盆地北端，六甲断层形成陡峭的盆地边界，大阪盆地在神户市堆积着深度 1km 左右的沉积层。图 6.48 中盆地内的地震动，除了从盆地底部垂直入射的体波之外，还由从盆地端部侧面入射的波动 [边缘波:（图 b）] 构成。在离盆地端部非常近的地方，由于地基的约束振幅变得很小，但在距离数公里的位置，两者同相位叠加 [图(c)] 成为大幅度的振幅 [图(d)]。在这个盆地端部附近地震的放大效应被称为盆地端部效应，对于神户，周期约 1s，放大的卓越定向脉冲作为振幅被认为是产生地震带的原因之一。

沉积层表面波（surface wave in sedimentary basin）是指入射到沉积盆地的波动在沉积层内被围住，作为表面波慢慢地进行传播的长周期地震动（稍长周期地震动）。沉积层表面波中，从盆

地外部入射的表面波在盆地内部沉积成长为沉积层表面波（**盆地变换表面波**，basin edge transfered surface wave），或者像神户市那样从盆地端部入射的体波在盆地内变换成表面波（**盆地生成表面波**，basin edge induced surface wave）这两种。沉积层表面波的卓越周期看起来如 6.3.2 节 e 那样，作为第 1 近似，由观测点正下方的沉积层结构所决定，比如首都圈，认为其勒夫波的卓越周期在 8s 左右。但是在三维盆地需要注意基岩层的倾斜和各种波动的重叠等造成卓越周期也随地震而发生变化的情况。

巨大地震在发生时会出现长周期的地震动是我们早就知道的。比如 1923 年的关东大地震，如图 6.49 所示，在东京本乡的东京大学地震研究所观测到今村式双位移计有持续时间在 10min 以上周期长达 8 ~ 10s 的长周期地震动（横田，1989）。这个波形的存在是昭和初期**刚柔争论**（刚性结构和柔性结构的抗震性能哪个更优的争论）时被认为是否定柔性结构的根据之一（例如，武藤

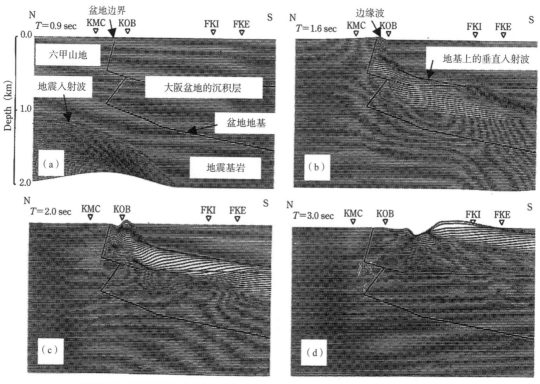

图 6.48 兵库县南部地震大阪盆地的北部边缘（神户市）地震运动的盆地端部效应
（Pitarka 等，1998。对应图 6.49 的 A-B 截面）

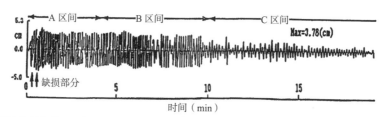

图 6.49 1923 年关东地震在东京市本乡采用今村式双位移计观测到的地震记录（EW 分量，横田等，1989）

等，1968）。此后，强震计得以开发，积累了像 El Centro 波那样在短周期中获得卓越的强震记录。此外，1964 年新潟地震川岸町的记录（详情请参照图 6.52，周期约 5s 处卓越）、1968 年十胜冲地震八户港湾的记录（图 6.1 的八户波，周期约 3s 处卓越）等长周期地震也被观测到，作为与以往的短周期地震动不同的稍长周期地震动而备受关注，尤其是 20 世纪 70 年代以大阪平原和关东平原为中心进行的强震记录观测，明确了长周期地震动是在盆地内成长的沉积层表面波。迄今为止发生的长周期地震动所造成损害的例子有，1964 年新潟地震新潟市石油罐的火灾、1983 年日本海

中部地震新潟市的石油罐外漏、1983 年日本海中部地震和 1987 年长野县西部地震、2003 年新潟县中越地震所造成的首都圈的超高层建筑内电梯管制电缆的切断事故、1985 年墨西哥地震导致的墨西哥市中高层建筑物的倒塌、2003 年十胜冲地震造成的苫小牧市石油罐的火灾（参照序言的图 0.2）等（太田・座间，2005）。现在，假设在东海、东南海、南海地震等发生里氏 8 级这种超大地震，那么关东平原、大阪平原和浓尾平原等大城市圈的超高层建筑和石油罐的长周期地震动的防灾对策就成了重大的课题。

沉积盆地的长周期地震动的计算方法有，把

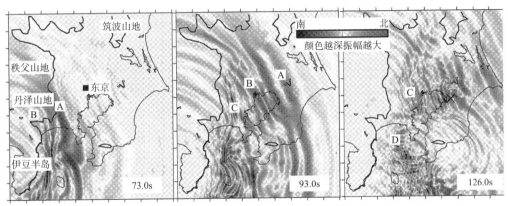

图 6.50 假定东海地震的关东平原三维地震动模拟（NS 分量，吉村等，2004）

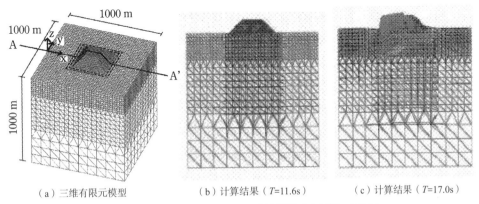

（a）三维有限元模型　　　　（b）计算结果（T=11.6s）　　　　（c）计算结果（T=17.0s）

图 6.51 山丘地形效应的有限元数值模拟（吉村等，2003）

小地震记录作为格林函数使用的经验格林函数法、差分法和有限要素法等数值计算的理论性方法等（6.4.1 节）。在数值计算上，20 世纪 90 年代以前，以从震源到观测点的截面进行模型化的二维地基模型为主流，现在使用超级计算机或集群计算机等对大规模且复杂的盆地地基进行三维模型化并模拟分析逐渐盛行。在图 6.50 一例中，图 6.43 所示的三维关东沉积盆地结构通过使用有限元法进行模型化，显示了模拟假设东海地震所造成的地震动的 Snapshot（NS 分量）。地震开始 73s 后，从震源处传播开来的波长比较长，振幅大的表面波（A，B）从丹泽山地入射到关东平原的东京中心并传播（盆地变换表面波），93s 后波群 A、B 快速传播并横贯关东平原。

另外，在丹泽山地等平原边缘产生了 2 次的表面波（C）（盆地生成表面波），与 A、B 相比，传播的波长短且速度慢。另外，126s 后，在千叶县

市周边，之前传播的 A、B 等波动变大，C 波在市中心传播之后，沿着钵状基岩的深部（图 6.43）进行传播，然后在东京湾以顺时针方向传播到千叶县。

d. 地形效应和表层地基的非线性、液化

在地表的悬崖地形和山丘地形的顶点附近，一般来说地震是放大的，相反，在洼地和谷地的底部附近则是减少的。因地形造成地震动放大和减少的场地特性称为**地形效应**（topography effects）。如 6.3.2 节 c 中，对均质地基其自由表面的地震动将放大 2 倍，而悬崖地形等 1/4 无限体的角点则放大 4 倍。图 6.51 考虑了山丘地形并应用三维有限元法进行地震模拟。沉积盆地的地震动是由于周围坚硬基岩的约束，而在山丘地形上地震如同盘子上面的布丁一样自由振动，因此，即使是同样的地基物理特性，一般来说山丘地形比盆地地形更能显示放大特性。但是，实际的悬

崖地形和山丘地形中，由于风化层等复杂的地质结构较多，如果只是纯粹地对地形效应进行观测，除了长周期成分之外，一般来说都是困难的，尤其是在悬崖地区的地震灾害中，要注意的是与一般的地形效应相比，松软的填土和风化层所引起的山崩、滑坡等灾害更加明显。

一旦比较强的地震动入射到软弱的表层地基，地基会遭破坏产生**地基非线性**（nonlinear soil effects）。此时入射的地震动不仅是单纯增大，而且短周期成分能显示阻尼等复杂的响应性状。地基非线性通常是由于地基刚度的下降（G-γ 曲线）和阻尼的增大（h-γ 曲线）而模型化，开发了等效线性模型的 SHAKE（以等效线性化法为基础的一维地震响应分析软件）和 DYNEQ 等改良软件（吉田，2004）。在 2000 年建筑标准法修正的极限承载力计算中，比工程基岩更浅的表层非线性地基增幅更加简易，其计算程序也由国土交通省公布。

地下水位高的砂质地基存在因强震动而产生**液化**（liquefaction，quick sand）的情况。液化是指饱和的松散砂层因振动造成砂粒的孔隙水压力上升，致使砂层全部产生液化的现象。**1964 年新潟地震**中，信浓川流域的松散饱和砂土地基发生大规模的液化现象，很多建筑物的地基失去承载能力，造成如图 6.52 中公寓的倾覆和倾斜。同时，如图所示，从倾覆公寓旁边的公寓中获得了强震记录，地震动发生 10s 左右，短周期成分发生了长周期化。此外近年来，这个记录的长周期化原因并不仅是液化，因新潟盆地发生长周期地震动的可能性也是有的（Kudo 等，1980）。另一方面，液化的地基会产生大规模的**侧向流动**（lateral ground flow，液化的地基往低处进行水平移动的现象），曾有很多基础桩受破坏和桥架跌落等情况发生。近年来液化分析用软件公开发售（YUSAYUSA，基于有效应力的一维地震响应分析软件；吉田，2003），对于假定液化地基、地基处理（加固等）和建筑物基础的改良（板式基础的使用等）对策很有必要。

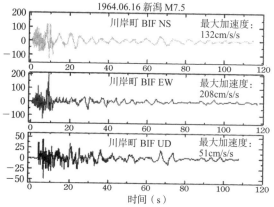

图 6.52 1964 年新潟地震川岸町公寓倒塌和加速度记录
（设置地点为照片中的 R1F）
（强震观测事业推进联络会，2002）

6.4 强震动预测和地震防灾地图

本节针对迄今为止地震学和强震地震学的应用，介绍了以建筑物输入地震动（场地波）的制作为前提的**强震动预测法**，并且举例介绍了场地波的制作，以及对震源选定作业和地震防灾对策有用的基础资料，即**地震防灾地图**（seismic hazard map，文部科学省·地震调查研究促进部的强震预测值图等）。如同 6.3 节说明的那样，作为强震波形的合成方法，有理论法和经验、统计法，前者主要是在 1 Hz 以下的低振动频率的决定论波形（定向脉冲等）合成方面占优势，后者是在 1 Hz 以上的高频率的随机波合成方面占优势。因此现在两者组合形成的混合方法成为最通用的方法

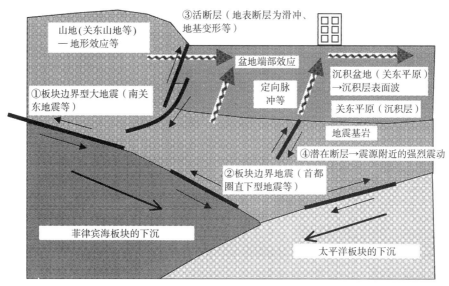

图 6.53 各种类型的震源和强震动（关东平原断面示意图）

而被广泛采用。此外，强震动预测方法也是随着强震观测数据的积蓄快速发展的，前述方法和参数设定法在今后还存在修正的可能性，希望能够引起注意。地震防灾地图中存在原始地震引起的决定论的地震预测地图和概率论的地震预测地图。前者主要使用混合方法等强震动预测方法计算强震波形，后者主要使用经验式计算地震烈度和最大加速度值等。

6.4.1 强震动预测方法
a. 震源的选定和假定的强震动

在进行**强震动预测**（strong ground motion prediction）时，首先需要对场地影响度大的震源进行选定。如 6.1 节所述，作为对象的震源根据海沟型地震还是内陆型地震等的不同，导致假定的强震动特性和对应策略也大不相同。图 6.53 显示的是关东平原截面的模型图和假定的强震动特性。在震源的选定中，首先从场地周边全部筛选出能**确定震源的地震**（specified seismic source faults），此时，除了板块边界地震（图 6.53 地震①和②）等发生率高的地震，还要考虑发生概率低的场地附近的活断层地震（图 6.53 地震③）等，因此可能会假定各种可能的地震动，同时考虑建筑物的假定受灾情况。根据震源的调查，除了历

史地震数据之外，还要参考**地震调查研究促进部**（Headquarters for Earthquake Research Promotion）等的活断层调查和长期评价结果以及内阁府的**中央防灾会议**（Central Disaster Prevention Council）和自治体（县、市）的地震受灾假想等的公布结果。对于能确定震源的地震，要根据地震受害假设和地震防灾地图（6.4.3 节）、历史地震的震级分布图、通过经验式等简易方法进行的地震动评价、液化等地基灾害的可能性的有无等，对建筑物的影响度进行综合评价，作为设计用地震动，要确定是否考虑震源。此时，如果震源位于场地的附近，就应该考虑震源附近的强震动特性（定向脉冲及上盘效应）等，如果有地表断层出现的可能性，则应考虑地表断层附近的强震动特性（滑冲的长周期地震和断层偏差所造成的地壳变形）等（图 6.53 的地震③）。另外，在将关东平原沉积盆地和大阪盆地等堆积盆地内建造的超高层建筑等长周期结构物作为对象的情况下，即使震源在远方，也有必要对海沟型巨大地震进行长周期地震动的讨论。即使在场地周围不存在显著震源断层的情况下，也可能发生以 M 6.5 ~ M 6.8 以下的**隐伏断层**（blind fault）为基础的无法确定的震源地震（图 6.53 的④地震）。此时，如果是 M 6.8 以下的地震，在震源附近也有观测记录（例如，加藤之外，

2004），很多情况下都用告示波代替。需要注意的是，从 1994 年北岭地震（Northridge earthquake）（M_w=6.7）和 2004 年新潟县中越地震（M_w=6.6）的震源附近得到的观测记录来看，定向脉冲的生成等凌驾于通告水平之上的可能性也是有的。例如，在图 6.53 地震④这种**高角度逆断层**的情况下，如图 6.54（a）所示，断层破坏从下往上传播，如果在破坏传播的延长线上有建设场地，可能会出现破坏力非常大的**定向脉冲**。另一方面，在图 6.53 地震②这种**低角度逆断层**的情况下，如图 6.54（b）所示，即使场地正下方存在地震源断层，由于不是在破坏传播的延长线上，很难出现定向脉冲。因此，像防灾据点和医疗机关这类非常重要的建筑物，要对场地正下方的隐伏断层存在的可能性进行谨慎把关，最好考虑到 M 6.5 ~ M 6.8 浅层震源的地震动评价。另外，还要注意平原盆地端部的盆地端部效应和悬崖山地的地形效应，它们都有放大地震动的可能性。

b. 理论方法

在强震动预测中进行长周期（一般周期在 1s 以上）计算时，有效利用表示定理的理论方法，将图 6.15 所示的矩形断层面分割为小断层，需要设定每个小断层的适当的震源参数（6.3.1 节）和格林函数（6.3.2 节）。

震源参数的设定虽然有各种各样的方法，但是实用方法有：利用与目标地震类似的已发生地震（震级、震源深度、断层类型等）的震源反分析（震源反演）获得使用值的方法，以及利用经验规则使用简化参数的**特征源模型**（characterized source model，也称为入仓 recipe）方法等。过去的地震震源参数的使用，其优点是可以再现实际且复杂的强震动的震源参数，因此很多地震震源参数作为数据库得以公开（例如，Martin，2007）。但是需要充分注意得到参数时的各种条件（可适用的周期频带、假定的滑动函数、小断层面积分的评价方法等），对于地震规模不同的情况，需根据相似法则对参数进行修正。如果使用特征源模型的话，震源参数可以简化为几个**凹凸体和背景领域**，在板块边界地震（海槽型地震）和陆地板

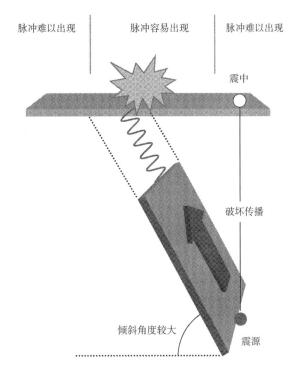

脉冲难以出现 　脉冲容易出现 　脉冲难以出现

震中

破坏传播

震源

倾斜角度较大

（a）大角度逆断层区域脉冲难以出现

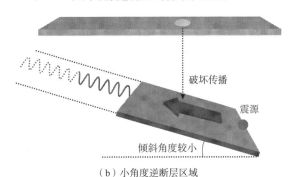

破坏传播

震源

倾斜角度较小

（b）小角度逆断层区域

图 6.54 潜在逆断层和定向脉冲

内地震（内陆型地震）等组合中可以使用参数的经验式（地震调查研究促进部，2006）。例如，地震矩 M_0（dyn·cm）和断层面积 S（km²）的关系，以及断层面积 S 和**凹凸体**的总面积 S_a（km²）的关系，建议用下式表示（地震调查研究促进部，2006）：

$$S=\begin{cases} 2.23\cdot10^{-15}M_0^{2/3} & (M_0<4.7\cdot10^{25}) \\ 4.24\cdot10^{-11}M_0^{1/2} & (4.7\cdot10^{25}<M_0<1.0\cdot10^{28}) \end{cases}$$

（6.68）

$$S_a=0.215\cdot S, \qquad S_1=0.150\cdot S \qquad （6.69）$$

式中，S_1（km²）是最大凹凸体的面积。通过公式

表层断层相关数据表略。

地表断层或深度小于 5km 的浅断层或大于 5km 的深断层中，M_0 和全断层面积、平均应力下降量以及断层面积对应的总凹凸体的面积比　表 6.4

断层类别	M_0（dyn·cm）对应的断层面积（km²）（对数标准偏差）	应力下降量（MPa）	断层面积占凹凸体的比
全断层平均	2.40 $M_0^{2/3}/10^{15}$（0.25）	2.9±2.3	0.22±0.07
地表断层·浅断层	2.97 $M_0^{2/3}/10^{15}$（0.25）	2.1±1.7	0.22±0.07
地中断层·深断层	2.03 $M_0^{2/3}/10^{15}$（0.23）	3.7±3.0	0.20±0.08

（以内陆型地震为对象；Kagawa 等，2004）

深度 5km 以下的浅凹凸体和 5km 以上的深凹凸体的平均应力下降量、全断层面的平均滑移与凹凸体平均滑移的比　表 6.5

凹凸体种类		应力下降量（MPa）	断层面的平均滑移与凹凸体平均滑移的比	有效滑移速度（cm/s）
地表断层	浅凹凸体	6.5±4.6	2.1±0.4	133±60
	深凹凸体	23.6±15.2	2.0±0.3	286±164
地下断层	深凹凸体	24.5±14.5	2.4±0.8	

（以内陆型地震为对象；Kagawa 等，2004）

（6.69），可得出凹凸体的总面积相对于断层面积来讲，只有约 2 成左右，通常是将其分割为 2 个左右的大小。

另一方面，众所周知，强震动特性在地表断层和地中断层中有很大的不同，震源参数根据震源深度等条件的不同而发生改变。为举例说明，如表 6.4 所示，以内陆型地震为对象，显示了 M_0 和全断层面积、平均应力下降量以及断层面积相对的总凹凸体面积比的一览表。表中，将地表断层或深度小于 5km 地震，与地中断层或深度大于 5km 的地震做了对比，断层面积相对的凹凸体面积的比，不管哪种类型的地震都是 2 成左右，但平均的应力下降量在浅层地震中是 2MPa 左右，而在深层地震中则变为 4MPa 左右，后者会发生比较大的短周期强震动。同样表 6.5 是将每个凹凸体作为对象，将其分为地表断层和地中断层时的平均应力下降量、全断层面的平均滑动相对应的凹凸体的平均滑动比，以及有效滑动速度（滑动速度的平均值）的一览表。平均滑动对应的凹凸体滑移量的比，不管哪个类型的地震都是 2 倍左右，但是应力下降量和有效速度还是深的凹凸体比较大。也就是说，有破坏力的强震动与比较浅的凹凸体相比，比较深的凹凸体发生的可能性更高。

使用理论方法时要注意以下事项。首先，在假定震源模型时，一般来说，大于 M7 的地震通过震源反分析得到的震源参数分辨率（小断层尺寸等）比较粗糙，可以适用于周期在数秒以上的情况（M8 级地震通常是 3～4s 以上）。在特征源模型中，M8 级地震等大地震的凹凸体尺寸有数十公里那么大，因此，通过生成稳定周期的现实强震动时，需要导入更细致复杂的破坏过程。因此，短周期领域中也有人提出了导入与随机过程相近的基于复杂破坏过程的实用理论震源模型（k2 模型，分形震源模型等）（例如，Hisada，2001，2002；Guatteri 等，2003）。其次，表示定理 [公式（6.17）] 中的断层面积分评价法也需要注意，作为积分法中最简单的方法，在分割的小断层内使用点震源（一定积分）的场合，有可能出现点震源在规则的时间间隔破坏而产生人工卓越周期，这种情况下，在点震源的破坏开始时间，导入对应的偏差公式 [公式（6.20）的 Δt_i] 等是必要的，另外，在点震源的叠加中，由于对破坏前缘进行不间断评价，有时会夸大评价短周期的倾向，断层面附近的格林函数也会发散造成对地震的夸大评价，这些都要注意。为了解决这些问题，尤其是为了得到滑动分布和破坏前缘的连续性，有必要在小断层对面积分进行评价，在这种情况下，对于作为对象的最小周期波长所对应的长度和宽度方向分别需要 5～10 个积分点，越是短周期，越是需要花费更多的计算时间。因此，关于短周期的计算，下面章节中介绍的经验和统计方法比较现实。

　　理论方法中使用的格林函数，如在6.3.2节中说明的那样，是使用平行成层地基的理论格林函数，以及考虑沉积盆地等因素的数值解析方法的格林函数。场地正下方有地震源时，除了盆地端部效应和地形效应等特殊情况外，一般来说体波是主要的波动，因此可以适用平行成层地基模型。另外，如果计算以沉积盆地外的海沟型地震等作为对象的长周期地震运动，在数值分析上需要用到格林函数。地震动通常可以计算到工程基岩，并基于表层地基的放大效应，以一维波动论（6.3.3节）进行评价。在深地基结构的数据中，有自治体地震受灾的假定和地震调查研究促进部公布的数据，也有在防灾科学技术研究所等收集数据库进行合并处理的尝试，还望能进行参照。

c. 经验的格林函数

　　将中小地震的观测记录作为格林函数使用，利用震源谱的定标律（6.3.1节 h）对大地震进行波形合成的方法称为经验的**格林函数法**（empirical Green function method）。在经验的格林函数中，存在利用目标大地震震源附近的小地震观测记录的方法（**半经验法**，semi empirical method），以及对多个观测记录进行统计处理，使用中小地震的平均地震动波形合成的方法等。这里介绍使用最广泛的 Irikura（1986）半经验法。

　　在余震记录的简单叠加中，作为再现本震记录而提出的半经验方法，其后，进行了震源参数的定标律 [公式（6.37）]、震源谱的定标律 [公式（6.39）] 的导入等各种改良。这个方法和理论方法一样，都是通过对大地震的断层面进行分割使震源的破坏传播过程再现，对定向效应和上盘效应等震源附近的强震动径向预测也很有效。评价长周期震动时，在理论方法中有必要对沉积盆地效果的三维地震模拟等进行大规模的数值计算，在经验的格林函数中，因为包含了小地震记录所有的特性，所以具有容易计算的优点。

　　在经验的格林函数中，大地震的位移波形（u^L）是在大地震断层的长度和宽度方向上每 N 个（N

是相似比，详见公式（6.37））要素地震波（u^S，小地震的位移波形）进行叠加计算得出（Irikura，1986，横井·入仓，1991）。

　　时域：

$$u^L(t) = \sum_{i=1}^{N}\sum_{j=1}^{N}\frac{r}{r_{ij}}f(t-t_{ij})*[C \cdot u^S(t)] \quad (6.70a)$$

　　频域：

$$U^L(\omega) = \sum_{i=1}^{N}\sum_{j=1}^{N}\frac{r}{r_{ij}}F(\omega)\cdot[C\cdot U^S(\omega)]\cdot \exp(i\omega \cdot t_{ij}) \quad (6.70b)$$

式中，r_{ij} 是将大地震的断层面分割成 N^2 个时，第 ij 个小断层的代表点到观测点的距离，r 是从小地震到观测点的距离。假定此项是格林函数在无穷远处的近似，用于校正小地震和小断层的距离差异。另外 t_{ij} 是第 ij 个小断层破坏开始时间，* 是卷积积分，C 是公式（6.38）的大地震和小地震应力下降比（横井·入仓，1991）。另外，f 和 F 是**滑动校正函数**（slip correction function，是将小地震的滑动函数转换为大地震滑动函数的校正式），由下式给出（Irikura，1986）：

　　时域：

$$f(t) = \delta(t) + \frac{1}{n'}\sum_{k=1}^{(N-1)n'}\delta\left[t - \frac{k-1}{(N-1)n'}\tau^L\right] \quad (6.71)$$

式中，δ 是狄拉克三角函数（附录A），τ^L 是大地震滑动函数的持续时间。在特征源模型中，τ^L 的值设为 $\tau^L = 0.5W/V_R$，W 的值推荐使用凹凸体的宽度（V_R 是破坏传播速度；地震调查研究促进部，2006）。另外，n' 是为了避免小地震的滑动函数设置在 N 个等间隔中的人工卓越周期而导入的参数。把 n' 放大的话，上式第 2 项的级数部分为（$N-1$），为了收敛于持续时间 τ^L 的矩形函数（请参考表 6.3），将公式（6.71）进行傅里叶变换得到下式：

　　振动频域

$$F(\omega) = 1 + (N-1)\frac{\sin(\omega\tau^L/2)}{\omega\tau^L/2}\exp\left(\frac{i\omega\tau^L}{2}\right) \quad (6.72)$$

　　通过上述公式，在低振动频率（$\omega \approx 0$）中，由 δ 函数（第 1 项值为 1）和矩形函数（第 2 项）的和构成 $F=N$；另一方面，在高频率（$\omega \to \infty$）中，只有 δ 函数的贡献时，$F=1$。

根据式（6.72）的滑动校正函数，通过 sin 函数以高振动频率形成傅里叶振幅振动，与 $1/\tau^L$（Hz）相当的振动频率波段会有振幅下降等问题，为了将其进行改良提出了各种各样的修正公式。例如，假定滑动函数为指数函数（表 6.3 的指数函数 1），从大地震对应的小地震滑动函数的比中得出如下修正公式（大西·堀家，2004）：

$$F(\omega)=N\cdot\frac{1-i\omega\tau_S/a}{1-i\omega\tau_L/a}=1+(N-1)\frac{1}{1-i\omega\tau_L/a}$$

$$(6.73)$$

式中，a 是用于修正指数函数的长期持续时间的系数，可以使用比 1 大的值。另外上式在低振动频率（$\omega\approx0$）中 $F=N$，在高频率（$\omega\rightarrow\infty$）中 $F=1$。

公式（6.70）按照小地震和大地震震源谱定标律 [公式（6.39）] 进行如下说明。首先，公式（6.72）和公式（6.73）中，F 在低振动频率中为 N，在高振动频率中变为 1，因此由公式（6.70）可知，大地震和小地震的震源谱比（$U_L/cU_S\approx M_L/cM_S$）在低振动频率中变为 N^3 倍（断层长度，幅度，滑动各 N 倍），在高振动频率中变为 N^2 倍（断层长度和宽度有关的 N^2 倍的随机和）。

最后在使用经验格林函数上需注意以下几点。首先使用的小地震应该尽可能在作为目标大地震的断层面上，最好两者的震源机制相似。尤其是小地震的辐射特性成为相对于观测点的节点时（振幅接近于 0 的情况，请参考图 6.17），大地震的地震动可能会评价过低。另外，当小地震的震源深度比较深时，容易低估大地震浅部产生的表面波。而且在大地震时产生可能性高的非线性表层地基不包括在小地震记录中，所以应该把小地震记录返回到比较难以产生非线性的工程基岩上，然后合成大地震的地震动。另外，小地震的记录与一般长周期的 S／N 相比（信号与噪声的比）较差，所以要充分注意长周期的适用范围。另外，同样的小地震波大量叠加的话，中间周期带会下跌，会产生人工的卓越周期等问题。因此对小地震（小断层）来说需要进行适当的叠加放大是有必要的，一般最大也不过是 10×10 个左右的互相叠加而

已。因此大地震和小地震的震级有 2 个以上的不同时，使用的方法一般是先从小地震开始，合成一个震级程度大一级的地震波，所得到的中地震波再合成一个大地震波，这就是两阶段合成法。另外，通常破坏传播速度使用的是固定值，但是将小断层的代表点放在小断层的中心位置时，根据规则时间间隔的破坏，有时会产生人工的卓越周期。因此，将代表点的位置随机移动，以及在破坏开始时间内导入随机的时间偏移等这样的对策是很有必要的。

例题 6.6　滑移校正函数

图 6.55 使用的是入仓公式（6.72）和指数函数公式（6.73），显示了相似比（N）=5 时的滑移校正函数的绝对值。大地震的持续时间 τ_L 设为 1 秒和 10 秒时，在指数函数式中 a 可以变化为各种值。从图中虽然可以看出，不管哪个函数在低频率都渐近于 5，在高频率都渐近于 1，在入仓公式中会产生由 sin 函数引起的振动，特别是以相当于 $1/\tau^L$（Hz）的振动频率使振幅下降，而在指数函数中会变为平滑的函数。在这个例子中，把 a 设为 2～3 的话，指数函数公式和入仓公式为相同程度的修正。另外，在入仓公式中，$1/\tau^L$ Hz 导致振幅急剧变小，在 $\tau_L=10$（s）的情况下，约 0.1Hz 的低振动频率造成小的振幅。一般来说约 1Hz 时地震动从连贯开始呈现出随机特性的变化边界，修正函数也从 1Hz 左右逐渐接近 1。另一方面，指数函数 [公式（6.73）] 中，如图 6.55 所示，如果把 τ^L/a 的值限制在 0.5～1.0 的话，就能避免中间振动频率的振幅急速下降。

d. 随机格林函数法

在经验的格林函数中，虽然我们希望在大地震的震源区域和目标场地的组合中，将理想的小地震记录作为要素地震进行使用，但是这样的情况是罕见的。因此，使用 S 波的远方近似解 [公式（6.22）] 和随机震源模型 [公式（6.33）] 制作小地震波（要素地震波），通过半经验方法所产生的波形合成法 [公式（6.70）] 合成大地震强震动的方法得到一致认可，称为**随机格林函数**（stochastic Green function method）（釜江等，1990）。

在这个方法中，一般是求地震基岩的地震动，使用一维重复反射理论的放大率计算工程基岩的地震动（6.3.3节）。随机格林函数法一般使用随机相位，主要是适合短周期强震动计算的方法。

要素地震波作成时，时程的包络函数一般采用 Boore 的包络函数（Boore，1983）：

$$W(t)=at^{b}e^{-ct}\,H\,(t-r\,/V_{s})\qquad(6.74)$$

式中，$H(t)$ 是阶跃函数，r 是震源距离。a，b，c 是决定最大振幅 1 的平滑包络形状的参数，通过下式获得：

$$a=(5e/T_{W})^{b},\ b=1.2531,\ c=5b/T_{W}\qquad(6.75)$$

式中，e 是指数（2.718…），T_{W} 是由断层的破坏时间所决定的系数，表达为：

$$T_{W}=2T_{d},\ T_{d}=1/f_{C}^{S}\qquad(6.76)$$

式中，f_{C}^{S} 是基于公式（6.35）中要素地震的角频率。公式（6.74）只考虑振动过程的持续时间，并没有反映出传播特性的反射、折射、散射等，震源距离变大会造成持续时间被低估。因此提出了将震源作为利用参数调整持续时间的各种包络函数（例如，佐藤，2004）。

一般来说，有震源的地基和地震基岩不同，因此有必要对使用震源层物理性质指标计算出来的波形的振幅进行修正，用到从地震层到地震基岩的透射系数 [公式（6.53）]，以及从震源层到地震基岩之间的中间层的透射系数（坛等，2000）：

$$\sqrt{\frac{\rho_{S}V_{S_{S}}}{\rho_{N}V_{S_{N}}}}\qquad(6.77)$$

式中，下标 S 是震源层，N 是表示地震基岩。例如，在震源层中 ρ_{S}=2.8（g/cm³），$V_{S_{S}}$=3.7（km/s），地震基岩中 ρ_{N}=2.5（g/cm³），$V_{S_{N}}$=2.7（km/s），透射系数 T 为 1.21，利用公式（6.77）计算可得 1.24，无论用哪一种都会增加 2 成左右的振幅。

另外，要素地震波的相位谱一般使用随机相位和小地震记录的相位谱。但是，在进行公式（6.70）的叠加时，如果对所有的要素地震波赋予不同的随机相位，就不能生成定向脉冲等连贯的波动。因此在凹凸体和背景区域中小断层的要素地震波，一般都使用相同的相位谱。

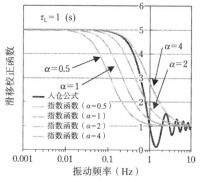

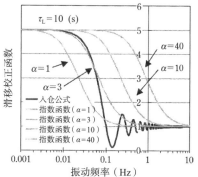

图 6.55 小地震滑移函数用于大地震滑移函数的校正函数示例（N=5）

e. 随机震源模型法

随机格林函数法是由 S 波生成水平一维向量的方法，不能生成包含 P 波在内的三维向量。另外，由于使用了远方近似解，因此在震源附近的场合不考虑远地卓越的表面波和**莫霍反射波**（Moho reflected waves，莫霍维奇不连续面的反射波）时，会对振幅和持续时间的评价过小。另外，为了假设随机相位，一般来说对长周期分量的扩展是困难的，有各种各样的适用界限。为了改善这些问题，虽然也提出了多种方法，但是在这里主要对使用更严格的格林函数的 3 个向量合成法进行介绍。在这个方法中，格林函数是理论上计算的 [例如，大西·堀家（2004）的虚线法、Hisada（2008）的频率积分法等]，但是因震源使用了随机震源模型，所以在这里称为**随机震源模型法**（stochastic source method）。在这些方法中，要素地震波是根据假定点震源的表现定理式（6.21）计算的。

$$\dot{U}_{k}^{S}(Y;\omega)=\dot{M}^{S}(\omega)(e_{i}n_{j}+e_{j}n_{i})\,U_{ik,j}\qquad(6.78)$$
$$(k=x,y,z)$$

这里，上述公式是公式（6.21）对时间的微分，$\dot{U}_k^S$ 是要素地震速度波形的 k 方向分量。$e_i n_i + e_j n_j$ 是放射特性，低振动时使用理论值，高频率时使用 P 波和 S 波所对应的等效固定值（参照 6.3.1 节 g 等）。另外，格林函数 $U_{ik,j}$ 使用的是将地基作为一种全无限体或半无限成层地基的理论格林函数。要素地震的震源频谱 $\dot{M}^S$ 的傅里叶振幅谱是根据随机震源模型由下式获得 [Boore，1983，公式（6.33）]：

$$|\dot{M}^S(f)| = \frac{M_0^S}{1+(f/f_C^S)^2} P(f, f_{max}^S) \qquad (6.79)$$

式中，f_C^S 和 f_{max}^S 分别是要素地震的角振动频率 f_C 和 f_{max}。

另外，震源谱的傅里叶相位通常使用随机相位。与此相对，低振动频率使用的是值为 0 的相位谱，生成定向脉冲等连贯波形，更甚至有人提议，将应用范围扩展到低振动频率的范围，例如，要素地震矩的总和与大地震的地震矩相等（Hisada，2008）。例如，使用公式（6.79）的振幅谱，将所有相位值设为 0 进行傅里叶反向转换，可得到下面的震源时间函数（为了进行简单化处理，不考虑与 f_{max} 的函数 P）：

$$\dot{M}^S(t) = \pi \cdot M_0^S f_C^S \exp(-2\pi \cdot f_C^S |t|) \qquad (6.80)$$

图 6.56 中，$f_C = 1$（Hz）表示以振幅 M_0^S 为标准化的震源时间函数（矩率函数）和其时间积分的矩函数。震源时间函数是以时刻 0 为顶点，持续时间约 $1/f_C^S = 1$（s）的左右对称的单峰形函数，将其进行积分的矩函数是光滑的倾斜函数。因此

在实用方面如图所示，如果让破坏开始时间推迟 $0.5/f_C^S$（$=0.5$）秒的话，将获得开始时间为 0、持续时间约 $1/f_C^S$ 秒的震源时间函数。另一方面，相位谱在某振动频率（在这里标记为 f_R）以上是随机相位，在 f_R 以下如果慢慢收敛到 0 的话，可以同时满足低频率的连贯滑动函数和高频率的随机性。

最后，公式（6.70）修正如下式，将已作成的要素地震波在大地震的断层面进行波形合成。

$$U_k^L(\omega) = \sum_{i=1}^{N}\sum_{j=1}^{N} F(\omega) \cdot U_k^S(\omega) \cdot \exp(i\omega \cdot t_{ij}) \qquad (6.81)$$
$$(k = 1, 2, 3)$$

与公式（6.70）不同的是三个分量的地震动可以合成，因在要素地震波中使用严密的格林函数，所以不需要几何衰减的修正项。

f. 混合方法

从低频率到高频率进行强震动预测的最有效方法是，在 1Hz 以下的低振动频率中的连贯波形计算使用理论方法，在 1Hz 以上的高振动频率中的随机波形计算使用经验和统计方法，也就是将两者进行组合的混合方法（hybrid method）。将基于两种方法产生的结果进行重合时，如图 6.57 所示，理论方法的结果使用的是低通（高截）滤波器，基于经验和统计方法产生的结果使用的则是高通（低截）滤波器。连接两者迁移频域的 $f_1 \sim f_2$ 一般在 $0.5 \sim 2$Hz 左右，因地震规模、使用方法和使用模型等不同而不同，例如当地震规模为 M7 级的中型地震时，定向脉冲为 $0.5 \sim 1$Hz 的情况很

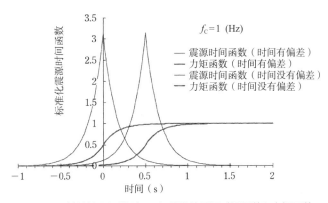

图 6.56 统计的震源模型、0 相位谱的震源时间函数和力矩函数

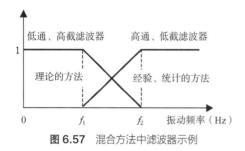

图 6.57 混合方法中滤波器示例

多，因为小断层尺寸通常为数公里，所以使用理论方法使之再现是可能的。另一方面，当地震规模为 M8 级及以上时，由于凹凸体和小断层的尺寸为数公里，或者滑动函数和破坏传播过程很光滑等基于理论方法产生的 0.5～1Hz 以下的强震动激发是不充分的。这种情况下，如果不向低振动频率侧扩展经验与统计方法（通过随机震源模型法进行说明），如果不进行理论方法在高频率侧扩张等对策的话，会低估对迁移振动频率的强震动。扩展高频率侧的理论方法包括使用具有滑动函数动力学震源模型的高振动分量的激励函数 [参照图 6.16（b）等] 和把随机波导入破坏前缘等（例如，有 Hisada，2002；Guatteri，2003）。

6.4.2　强震动预测法的应用实例

a. 国府津・松田断层带假定地震的输入地震动

谈到强震动预测法的应用实例，这里介绍神奈川县松田町地震时以防灾基地的隔震建筑为对象的设计输入地震动。该实例讨论了包括假想的东海地震在内的多种震源模型。作为对建筑物最有影响的震源，除了海沟型巨大地震所设想的南关东地震，还选定了如图 6.58 所示的距离建设场地约 2km 的神绳－国府津・松田断层带上的 M 7.5 级的地震。在这种情况下，假定的强震动包括定向脉冲波和地表断层上出现的滑冲（fling step）。

关于神绳－国府津・松田断层带的地震发生的长期评价，地震调查研究促进部于 1996 年发表了评估结果，并在平成 2005 年公布了修正结果。根据报告结果显示，神绳－国府津・松田断层带上下方向平均的偏离速度约为 2～3m/ 千年，平均活动间隔约为 800～1300 年，最新活动时期从 12 世纪到 14 世纪前半叶（A.D.1350 年以前）（参照表 6.6）。断层带作为一个区间在进行整体活动的情况下，可能发生 M 7.5 级左右的地震，此时，断层附近的地表面中估计东北侧比西南侧相对抬

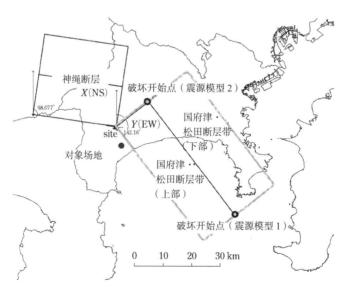

图 6.58　神绳－国府津・松田断层带假定震源模型和对象场地
（以 M7.5 地震为对象，只使用国府津・松田断层部分）

高 3m 左右并产生弯曲。长期发生概率在 30 年以内为 0.2% ~ 16%，50 年以内为 0.4% ~ 30%，100 年内为 1% ~ 50%，在主要的活断层中属于比较高的组合。

神绳 - 国府津・松田断层带的震源参数有很多不明之处，断层面形状也不明确，但这里使用了如图 6.58 所示的神奈川县地震灾害假定（1999）的国府津・松断层部分的震源模型。主要的震源参数是，断层长 50km、宽 40km，倾斜角在断层上部的 20km 为 45°，下部的 20km 为 30°，地表 4km 部分的滑动设为 3m，其他部分设为平均 1m。这种情况下，地震矩（M_0）为 5.27×10^{26} dyne・cm，M_w 是 7.1，基于经验式 [公式（6.3）] 的 M_j 为 7.7。作为震源参数，关于滑动函数，分别对长周期成分的卓越地表断层部分以及短周期成分的卓越地中断层部分进行评价。也就是说，为了考虑到滑冲，地表断层滑移的滑动函数使用了 1999 年台湾集集地震中地表断层的上盘所观测到的石冈（TCUO 68）观测记录（图 6.30）。另一方面，在深断层部分中，作为包含凹凸体在内的滑动分布，使用了 1923 年关东地震中震源模型的浅部滑移分布和滑动函数（Wald and Somerville，1995）。破坏开始点如图所示，对两处进行了假设，另外，地基模型参照神奈川县地基结构调查（2003）和基于 PS 测井的地壳结构，从深层结构（上部地幔，地壳结构）考虑足柄平原的沉积层结构，将 $V_s = 760$（m/s）以上的总地层作为释放工学基岩的平行成层地基。

强震动预测方法包括长周期中使用的理论方法、短周期中使用的随机震源模型法，以及各自组合形成的混合方法等（0.5 ~ 0.8Hz 是频率跃迁带）。图 6.59 为举例说明的计算结果（破坏开始点是震源模型 1）。对象场地是国府津・松田断层下盘侧的逆断层，虽然与上盘相比属于较小的地震动，但是因为在地表断层附近（约 1.6km），所以成为基于地表断层的滑冲、定向脉冲波以及足柄平原厚沉积层的长周期地震动增幅效应等的复杂地震动。所得到的模拟结果，在 1999 年台湾・集集地震（M_w=7.6）中，与在下盘侧地表断层附近

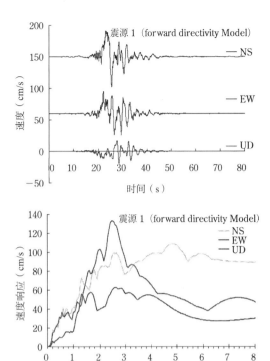

图 6.59　震源模型 1（图 6.58）的速度波形和速度响应谱

观测到的地震波相比，得到了几乎同等水平的结果（日本建筑学会，2000）。

b. 地震预测地图（详细法）

地震调查研究促进部，从平成 11 年开始一直在制作**日本国家地震灾害图**（National Seismic Hazard Maps for Japan），所得到的结果也已经在互联网公开（防灾科学技术研究所・地震防灾站）。地震预测地图由决定论确定的**震源断层的地震预测地图**（seismic hazard maps for specified seismic source faults）和下节将要说明的地震防灾地图的**概率论的地震动预测地图**（probabilistic seismic hazard maps）构成。确定震源断层的地震预测值图，有基于经验式（司・翠川公式，6.2.3 节）的简便法以及基于数值计算的详细法获得的地图，在详细法中，对工程基岩的地震时程波进行了计算，并把结果在互联网上公开。在详细法中，使用特征源模型设置假定震源的断层模型，由混合方法（长周期地震动在原则上是三维差分法，短周期地震是随机格林函数法）计算得到工程基岩震动，

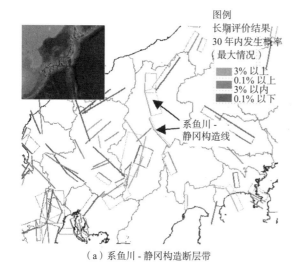

图例
长期评价结果
30 年内发生概率
（最大情况）

　3% 以上
　0.1% 以上
　3% 以内
　0.1% 以下

系鱼川 -
静冈构造线

（a）系鱼川 - 静冈构造断层带

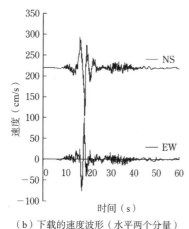

—— NS

—— EW

（b）下载的速度波形（水平两个分量）

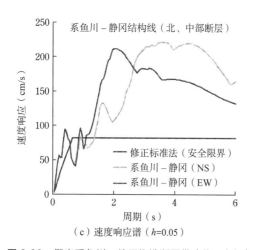

系鱼川－静冈结构线（北、中部断层）

—— 修正标准法（安全限界）
—— 系鱼川－静冈（NS）
…… 系鱼川－静冈（EW）

（c）速度响应谱（h=0.05）

图 6.60 假定系鱼川－静冈构造断层带（北、中部）的地震动预测结果（速度波形和响应谱）的地震动预测值图（详细法）（防灾科学技术研究所·地震防灾站）

表层地基的放大率和震级的变换使用了经验式（藤本·翠川公式，6.2.3 节）的简便方法。

作为实例，图 6.60 显示了由系鱼川－静冈结构线（北、中部）上工程基岩的地震预测结果（速度的波形和响应谱）。参阅响应谱的话，根据震源附近的地震动特性，在长周期中预测结果超越了告示水平。如果将公开的波形作为设计用输入地震动使用时，对所假定的震源特性（凹凸体的大小、位置、破坏开始点等）和传播场地特性（格林函数、地基增幅效应等）的设定条件等进行确认，对其适用的界限应充分注意。

6.4.3　地震防灾地图
a. 灾害和风险回报

灾害（hazard）是导致损失和事故发生的主要因素，**风险**（risk）是由灾害造成的损失、事故的严重程度以及发生的可能性，**回报**（return）意味着对风险的回报。灾害是在尝试做某事时判断风险和回报的重要信息来源。例如打高尔夫的风险就是荒地、沙地、池塘（水的风险）等障碍物，在运动时降低分数回避风险（低风险低回报）还是即使犯险也要瞄准高分数（高风险高回报）等是对风险和回报进行判断的重要材料。在建筑领域，有地震、台风、洪水、火灾、事故、犯罪、物价等危险因素，基于这些问题，在进行建设和房地产等业务时会产生风险和回报。

防灾地图（hazard map）是指预测各种灾害因素的程度、危险度和可能发生的地区，并在地图上显示出来。防灾地图（hazard map）包括以往灾害和特定方案确定的危险程度等**确定论防灾地图**（deterministic hazard map）以及考虑了灾害发生概率和结果的偏差分布等以概率论的形式制作的**概率论防灾地图**（probabilistic hazard map）。前者有自治体和内阁府公布的原生态地震造成的地震损害假定，以及地震调查研究促进部的震源断层地震预测地图、洪水防灾地图、火山的岩浆流防灾地图、海啸防灾地图等。后者有以建筑标准法的地域系数 Z 为基础的河角地图，以及下节将要描述的地震调查研究促进部的概率论地震预测地图等。河角地图以历史地震的震级分布数据为基础，是日本全国不同期间（75年和100年）的地震加速度期望值等分布所表现出来的地图。另外，在概率论防灾地图上，除了历史地震数据之外，还使用了对地震的活动度和断层的调查结果等进行组合的评价方法。**美国地质调查局**（U.S. Geological Survey，USGS）制作了全美概况的概率论防灾地图，并在互联网公开（Earthquake Hazards Program，National & Regional Seismic Hazard Maps）。这是50年里超过39%概率（100年重现期，参照附录B）到50年里超过2%概率（2500年的重现期）各种水平的风险信息，可以获得加速度响应谱一定水平（周期为0.3s）和速度响应谱一定水平（周期为1s）的硬质地基（site class B，表6.2）响应值的超过概率。将这些值和经验的地基放大率[公式（6.14）等]相乘，能得到地表的设计用响应谱，可灵活运用于抗震设计的输入地震动评价等。

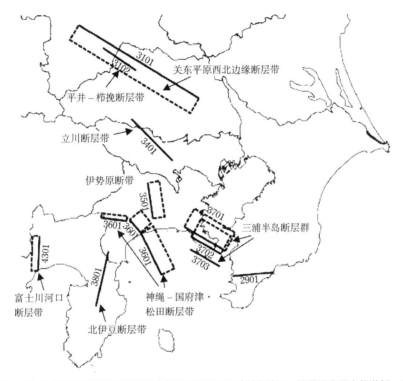

图 6.61 98个主要断层带模型的地震动态预测值图示例（关东地区。地震调查研究促进部，2006）

表 6.6

编号	断层名称	98个主要断层带的地震发生概率示例（2006标准；地震调查研究促进部，2006）	长期评价结果	平均发生概率	最大发生概率
3401	立川断层带	最近活动时期	约20000～13000年前	16500年前	20000年前
		30年发生概率	0.5%～2%	1.3%	2.2%
3601	神绳－国府津·松田断层带	平均活动间隔	约800～1300年	1050年	800年
		最近活动时期	12～14世纪前半（1350年）	780年前	905年前
		30年发生概率	0.2%～16%	4.2%	16%
		50年发生概率	0.4%～30%	7.3%	26%
4301	富士川河口断层带	平均活动间隔	1500～1900年	1700年	1500年
		最近活动时期	约2100～1005年前	1553年前	2100年前
		30年发生概率	0.2%～11%	5.2%	11%
		50年发生概率	0.4%～20%	8.6%	18%

b. 概率论的地震动预测地图

这里作为概率论防灾地图的示例，对地震研究促进部的概率论地震动预测地图进行介绍。使用了基于经验式的简化法，首先对目标地震的形状、规模和长期的发生概率进行评价，其次将全日本用 1km 的格子离散化，用各格子代表点的距离衰减式和表层地基的经验放大率对地表面的地震动强度的概率（地震风险）进行评价，主要的制作程序如下（地震调查研究促进部，2006）。

1）地震活动概率模型的搭建　将全日本的震源分为能确定震源的地震和不能确定震源的地震，设置不同的概率模型（概率论的基础见附录 B）。

震源确定的地震中，板块沉积造成的海沟型巨大地震和全日本 98 个主要断层带，存在其以外活断层所发生的特征地震。对各地震的固有地震模型进行假设，在地震发生间隔考虑更新过程的BPT（Brownian passage time）分布模型（附录 B），搭建地震发生时的系列模型。作为 98 个主要断层带，图 6.61 显示了关东地区周边的主要断层带，表6.6 显示了代表性**活断层**的地震发生概率的评价示例。一般来说活断层 30 年发生的概率在百分之几以下，但是所评价的发生概率比较高的神绳–国府

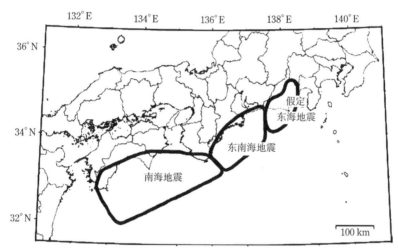

图 6.62　东海、东南海、南海地震的震源模型（地震调查研究促进部，2006）

东海、东南海、南海地震联动模型和发生概率（× 表示不发生，横箭头表示发生，
箭头超过表框表示连动发生；地震调查研究促进部，2006）　　　　表 6.7

No.	南海地震	东南海地震	假想东海地震	30 年概率	50 年概率
（1）	×	×	×	2.5%	0.039%
（2）	←——————→	×	×	2.6%	0.22%
（3）	×	←——————→	×	4.2%	0.39%
（4）	×	×	←——————→	16%	1.3%
（5）	←——————→	←——————→	×	2.1%	1.1%
（6）	←————————————→		×	2.1%	1.1%
（7）	←——————→	×	←——————→	16%	7.4%
（8）	×	←————————————→		13%	6.5%
（9）	×	←————————————→		13%	6.5%
（10）	←——————→	←——————→	←——————→	6.8%	19%
（11）	←————————————→		←——————→	6.8%	19%
（12）	←——————→	←————————————→		6.8%	19%
（13）	←————————————————————→			6.8%	19%
合计				100%	100%

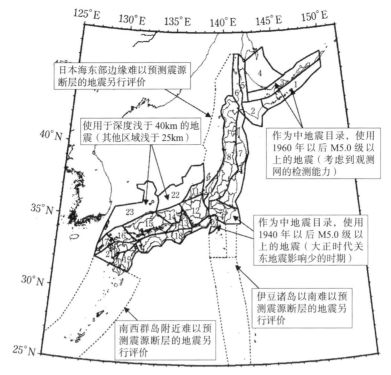

日本海东部边缘难以预测震源断层的地震另行评价

使用于深度浅于 40km 的地震（其他区域浅于 25km）

作为中地震目录，使用 1960 年以后 M5.0 级以上的地震（考虑到观测网的检测能力）

作为中地震目录，使用 1940 年以后 M5.0 级以上的地震（大正时代关东地震影响少的时期）

伊豆诸岛以南难以预测震源断层的地震另行评价

南西群岛附近难以预测震源断层的地震另行评价

图 6.63 陆域发生的地震中活断层难以确定的地震区域划分（地震调查研究促进部，2006）

津·松田断层带和富士川河口断层带等的结果也有很大的变动幅度，我们知道对再现时间长、数据缺乏的活断层的发生概率进行评价是比较难的。

以**海沟型巨大地震**为例，图 6.62 为**东海·东南海·南海地震**的震源模型，表 6.7 为在各地震单独发生的情况与各种组合进行联动的情况，对其地震发生概率进行评价。表中，×表示不发生，横向的箭头表示发生，单独发生时用各地震框架内的箭头表示，联动的时候用超过框的箭头表示，例如 No.（4）属于期间（30 年或 50 年）内只单独在东海发生地震的情况，No.（5）表示的是南海地震和东南海地震在期间内单独发生的情况，No.（6）表示的是南海地震和东南海地震连动发生的情况等。在 30 年内东海地震单独发生的概率最高，但是 50 年内 3 个地震单独或联动发生的概率是最高的。另一方面，各地震发生的概率沿着纵向进行合计，可求出所有组合的发生概率，比如，东海地震 30 年内发生的概率为 85.2%，50 年内为 97.6%。

震源无法确定的地震中，存在海沟型巨大地震以外的板间地震、沉入板内地震以及活断层无法确定的陆地地震。这些地震在全国按照陆域、板间、板内等地域进行区分，各地区的地震发生概率是一样的，地震发生时系列模型使用的是**齐次泊松过程**（homogeneous poisson process，附录 B）。各地区以历史地震目录（宇津目录，M 6 以上地震数据的目录）和气象厅震源数据（以 M 3 以上小地震数据中心的目录）为基础，建立 Gutenberg–Richter **关系式** [公式（6.4）]。此时，在各地区赋予 M 的上限值，b 值一律假设为 0.9，从而确定 a 值。作为例子，图 6.63 中是陆域发生的地震中很难确定活断层的地震的地域区分，图 6.64 是地域划分 No.（9）（关东地区）中小地震发生数据的地震规模累积（Gutenberg–Richter 关系式）的例子。

关于已分类的各个地震，分别对发生概率、地震规模的概率以及对象点对应距离的概率（例如，在无法确定震源断层的地震中，各区域内发生的地震和目标地点之间距离的概率分布等）进行评价。

2）防灾地图作成　对于每次地震，使用距离衰减式 [司·翠川式，公式（6.7）] 求出工程基岩（剪切波速是 400m/s 的等效地基）中的地震动强

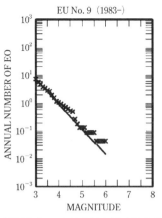

图 6.64 区域划分 [No.（9）] 的小地震目录引起地震的规模累积（调查研究促进部，2006）

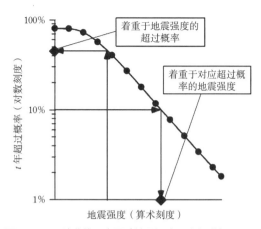

图 6.65 风险曲线示意图（地震调查研究促进部，2006）

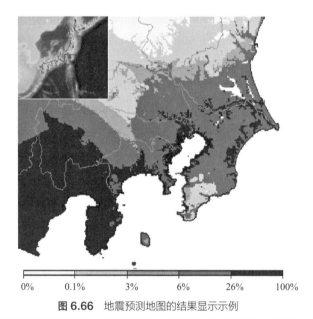

图 6.66 地震预测地图的结果显示示例

（今后 30 年间地震烈度超过 6 弱以上摇晃的概率。防灾科学技术研究所·地震防灾站，2006）

度（最大速度，PGV）。那个时候，结果偏差是使用对数正态分布的概率密度函数进行评价的，标准差中如果存在比较大的速度值，可以考虑将其作为小标准差的振幅依存性。另一方面，通过司·翠川公式所得到的地震强度是假设 V_s 相当于 600m/s 的地基，所以对 400m/s 的地基进行 PGV 转换时得到的值乘以 1.31 倍。这样，可对各个地震引起的地震强度（PGV）的概率（超过概率）进行评价。

对所有的地震进行这项调查工作，在 t 年间至少 1 次，将地震强度超过 y 的概率 $P（Y > y: t）$ 作

为**风险曲线**（hazard curve，对象地点中的地震动强度和它的价值在特定期间内超过概率的关系）进行合并（图 6.65）。最后使用表层地基的放大率（松冈·翠川式基础上改良的藤本·翠川公式，6.2.3 节 c）对表层地基地震强度的超过概率进行评价。

在通过以上步骤计算出来的概率论地震动预测地图中，固定地震强度、周期、概率中的两项，将剩余一项作为参数绘制地图是可能的。另外，选择个别震源，调查场地的地震动强度等，也能灵活运用于制作设计输入地震动时震源选定的作业中。图 6.66 为关东平原地震预测地图的结果显示示例。

即使在建筑领域地震预测地图也是评价地震风险的有用工具，但其结果存在偏差等问题。尤其对活动度低的地震进行评价有一定难度，实际上，近年来地震灾害（2005 年福冈县西方冲地震和 2007 年能登半岛地震等）多发生在危险度评价不高的地区。每当发生大地震时，地震的发生概率就会发生变化，所以预测地图需要持续更新。此外，对于众所周知的相邻地震、大地震和小地震（背景地震）等也会产生联动，要提高精度有必要与物理预测模型进行融合，在使用时这些都是需要注意的。

参 考 文 献

1) Aki, K., P. G. Richards : *Quantitative Seismology*, University Science Books（1980）.

2) Boore D. M.: Stochastic simulation of high-frequency ground motions based on seismological models of the radiated spectra, *Bull. Seism. Soc. Am.*, **73**（6）: 1865-1894（1983）.

3) 防災科学技術研究所：地震ハザードステーション（2005）. http://www.j-shis.bosai.go.jp/

4) 防災科学技術研究所：防災基礎講座・自然災害について学ぼう（2007）. http://www.bosai.go.jp/library/bousai/jishin/earth.htm #

5) Brune, J. N.: Tectonic stress and the spectra of seismic shear waves from earthquake, *J. Geophys. Res.*, 75: 4997-5009（1970）.

6) 壇 一男，渡辺基史，佐藤俊明，宮腰淳一，佐藤智美：統計的グリーン関数法による 1923 年関東地震（MJMA 7.9）の広域強震動評価，日本建築学会構造系論文集，**530**，p. 53（2000）.

7) 土木学会関西支部編集：地盤の科学—地面の下をのぞいてみると，講談社（1995）.

8) 藤本一雄，翠川三郎：日本全国を対象とした国土数値情報に基づく地盤の平均 S 波速度分布の推定，日本地震工学界論文集 第 3 巻，第 3 号（2003）.

9) Guatteri, M., M. P. Mai, G. C. Beroza, and J. Boatwright : Strong ground motion prediction from stochastic-dynamic source models, *Bull. Seism. Soc. Am.*, **93**: 301-313（2003）.

10) 久田嘉章，南 栄治郎：1995 年兵庫県南部地震における木造家屋の倒壊方向と地震動特性 第 10 回日本地震工学シンポジウム，**1**，pp. 783-788，（1998）.

11) Hisada, Y.: A Theoretical omega-square model considering spatial variation in slip and rupture velocity. Part 2. Case for a two-dimensional source model, *Bull. Seism. Soc. Am.*, **91**（4），pp. 651-666（2001）.

12) Hisada, Y, and Bielak, J. : A theoretical method for computing near-fault strong motions in layered half-space considering static offset due to surface faulting, with a physical interpretation of fling step and rupture directivity, *Bull. Seism. Soc. Am.*, **93**（3），1154-1168（2003）.

13) Hisada, Y.: Broadband strong motion simulation in layered half-space using stochastic Green's function technique, *Journal of Seismology*, **12**（2），265-279（2008）.

14) Irikura, K.: Semi-empirical estimation of strong ground motions during large earthquakes, *Bull. Disas. Prev. Res. Inst.*, **33**, 63-104（1983）.

15) Irikura, K.: Prediction of strong acceleration motions using empirical Green's function, *Proc. 7th Japan Earthq. Eng. Symp.*, 151-156（1986）.

16) 地震調査研究推進本部：日本の地震活動—被害地震から見た地域別の特徴（1999）. http://www.hp 1039.jishin.go.jp/eqchr/eqchrfrm.htm

17) 地震調査研究推進本部：「全国を概観した地震動予測地図」報告書（2006, 2007）. http://www.jishin.go.jp/main/p_hyoka 04.htm

18) Kagawa, T., Irikura, K., and Somerville, P. G.: Differences in ground motion and fault rupture process between the surface and buried rupture earthquakes, *Earth Planets Space*, 56, 3-14（2004）.

19) 釜江克宏，入倉孝次郎，福知保長：地震のスケーリング則に基づいた大地震時の強震動予測，日本建築学会構造系論文報告集，**430**，1-9（1991）.

20) 釜江克宏，入倉孝次郎：1995 年兵庫県南部地震の

断層モデルと震源近傍における強震動シミュレーション，日本建築学会構造系論文集，**500**，29-36 (1997)．

21) 神奈川県：平成 11 年神奈川県地震被害想定・報告書 (1999)．
http://www.pref.kanagawa.jp/osirase/saigai/chousakekka/soutei.htm

22) 神奈川県：神奈川県地下構造調査 (2003)．
http://www.hp 1039.jishin.go.jp/kozo/Kanagawa 7/mokuji.htm

23) 金森博雄編：地震の物理，岩波書店 (1991)．

24) 加藤研一，宮腰勝義，武村雅之，井上大榮，上田圭一，壇　一男：震源を事前に特定できない内陸地殻内地震による地震動レベル—地質学的調査による地震の分類と強震観測記録に基づく上限レベルの検討—，日本地震工学会論文集 第 4 巻，第 4 号，46-86 (2004)．

25) 川瀬　博，松島信一，R. W. Graves，P. G. Somerville：「エッジ効果」に着目した単純な二次元盆地構造の三次元波動場解析—兵庫県南部地震の際の震災帯の成因—，地震，**2** (50)，431-449 (1998)．

26) 木下繁夫，大竹政和：強震動の基礎，防災科学技術研究所 (2000)．
http://www.k-net.bosai.go.jp/k-net/gk/publication/

27) Kudo, K., Uetake, T., and Kanno, T.: Re-evaluation of nonlinear site response during the 1964 Niigata earthquake using the strong motion records at Kawagishi-cho, Niigata City, *Proc. 12 WCEE*, **0969** (2000)．

28) 強震観測事業推進連絡会議：日本の強震観測の歩み，1964 年新潟地震の強震記録 (2002)．
http://www.k-net.bosai.go.jp/KYOUKAN/index/

29) Martin M.: A database of finite-source rupture models (2007)．http://www.seismo.ethz.ch/srcmod/

30) 松田時彦：活断層から発生する地震の規模と周期について，地震，**2** (28)，269-283 (1975)．

31) 松岡昌志，翠川三郎：国土数値情報とサイスミックマイクロゾーニング，第 22 回地盤震動シンポジウム，日本建築学会，23-34 (1994)．

32) 松島信一，川瀬　博：1995 年兵庫県南部地震の複

数アスペリティモデルの提案とそれによる強震動シミュレーション，日本建築学会構造系論文集，**534**，33-40 (2000)．

33) 武藤　清ほか：座談会—建築構造物の安全性の考え方—，建築雑誌，**83** (1004)，699 (1968)．

34) 中村洋光，宮武　隆：地震，断層近傍強震動シミュレーションのための滑り速度時間関数の近似式，地震，**5** (3)-1，1-9 (2000)．

35) 日本建築学会：1999 年台湾・集集地震，第 I 編災害調査報告書（第 1 章　地震及び地震動），pp 1-11 (2000)．

36) 日本建築学会：地盤震動—現象と理論— (2005)．

37) 大西良広，堀家正則：震源近傍での地震動予測のための拡張統計的グリーン関数法とそのハイブリッド法への適用に関するコメント，日本建築学会構造系論文集，**586**，37-44 (2004)．

38) 太田外氣晴，座間信作：巨大地震と大規模構造物—長周期地震動による被害と対策—，共立出版 (2005)．

39) Pitarka, A., Irikura, K. Iwata, T. and Sekiguchi, H.: Three-dimensional simulation of the near-fault ground motion for the 1995 Hyogo-ken Nanbu (Kobe), Japan, earthquake, *Bull. Seism. Soc. Am.*, **88**, 428-440 (1998)．

40) 佐藤智美：群遅延時間のインバージョンと散乱理論に基づく地震動の経時特性モデルに関する研究，日本建築学会構造系論文集，**586**，71-78 (2004)．

41) 司宏　俊，翠川三郎：断層タイプ及び地盤条件を考慮した最大加速度・最大速度の距離減衰式，日本建築学会構造系論文報告集，**523**，63-70 (1999)．

42) 武村雅之：日本列島およびその周辺地域に起こる浅発地震のマグニチュードと地震モーメントの関係，地震，**2** (43)，257-265 (1990)．

43) 内山泰生，翠川三郎：震源深さの影響を考慮した工学的基盤における応答スペクトルの距離減衰式，日本建築学会構造系論文集，**606**，81-88 (2006)．

44) 内山泰生，翠川三郎：地盤分類別の地盤増幅率を用いた基盤地震動スペクトルの簡便な評価法，日本建築学会構造系論文集，**582**，39-46 (2004)．

45) Wald, D. J. and Somerville, P. G.: Variable-slip rupture model of the great 1923 Kanto, Japan, earthquake, *Bull. Seism. Soc. Am.*, **85**, 159-177 (1995)．

46) 横井俊明，入倉孝次郎：震源スペクトルの Scaling 則と経験的 Green 関数法，地震，**2**（44），109-122（1991）．

47) 横田治彦，片岡俊一，田中貞二，吉沢静代：1923 年関東地震のやや長周期地震動　今村式 2 倍強震計記録による推定，日本建築学会構造系論文報告集，**401**，35-45（1989）．

48) 吉田　望：DYNEQ：等価線形化法に基づく一次元地震応答解析（2004）．
http://boh0709.ld.infoseek.co.jp/

49) 吉田　望：YUSAYUSA，有効応力に基づく一次元地震応答解析（2003）．
http://boh0709.ld.infoseek.co.jp/

50) Yoshimura, C., Bielak, J., Hisada, Y., Fernandez, A.: Domain reduction method for three-dimensional earthquake modeling in localized regions, Part II: Verification and applications, *Bull. Seism. Soc. Am.*, **93** (2), 825-840 (2003).

51) 吉村智昭・七井慎一・末田隆敏：関東平野における想定東南海・想定東海地震の長周期地震動評価，日本地震工学会大会―2004 梗概集，pp. 390-391（2004）．

第7章 程序

7.1 多点弹塑性响应分析程序

使用本书所述的技术方法，制作了多质量点弹塑性响应分析程序。7.1 节对如何使用该程序进行了说明。

> 程序的源文件 Windows 和 Macintosh 的可执行文件，可以从朝仓书店主页 http://www.asakura.co.jp/ 上获得。本程序自行使用，作者对使用中发生的任何损坏或不利情况不承担任何责任。

创建该程序使用的是 Fortran 语言。原则上，我们使用 FORTRAN 77 标准，并使用一部分 Fortran 90 函数，现在大多数编译器（从源程序创建可执行文件的软件）都可以进行处理。

由于本书没有解释 Fortran 语法，因此我们要求您使用适当的参考书自行学习。由于源程序有

详细注释，并且书中有很多变量的表达式，因此通过掌握 Fortran 来理解程序内容并不困难。在创建程序时，以下部分可作为参考。

- 恢复力特性：2.2 节
- 连续计算法：2.4 节

输入 / 输出系统中数据的单位包含：m（米）、kg（千克）、s（秒）、N（牛顿）。但是，只能以 gaI（cm/s^2）为单位输入地震动。它在程序内转换为 m/s^2。通过该程序计算的模型是多质量剪切系统模型，其中每层平行排列三个弹簧，如图 7.1 所示。三个弹簧中的每一个都具有 normal bilinear，slip，degrading trilinear 三线性的恢复力特性。这些弹簧可以通过任意组合来使用，或者单独使用。

在执行程序之前，分别准备模型的数据和地震波的数据作为文件。

模型数据的例子如图 7.2 所示。文件名是 input.txt。输入内容是弹簧的自由度（层数）、质量、阻尼常数和各种常数。以「#」开头的行是注释，目前正在编写一个程序读取该行，因此不要省略它。

首先，介绍关于自由度的信息。第 1 行作为注释行，在第 2 行写下自由度（层数）。

接下来，介绍关于质量的信息。将第 3 行作为注释行，第 4 行作为质量行，此示例中，由于自由度为 3，第 4 行是一层的质量，第 5 行是二层的质量，第 6 行是三层的质量。

接下来，介绍关于阻尼常数的信息。第 7 行是注释行。在刚度成比例衰减的情况下，在第 8 行输入「0」并在第 9 行输入阻尼常数。当直接输入衰减矩阵时，在第 8 行写入「1」并将矩阵的元素排列在第 9 行。

第 10 行和以下行是关于弹簧的信息。第 10 ~ 14 行是关于普通双线性弹簧的信息。第 11 行是关于是否使用普通双线性弹簧的指标，如果是 1 则表示使用，如果是 0 则表示不使用。第 12 行是

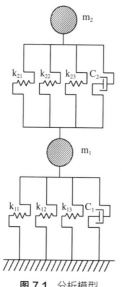

图 7.1 分析模型

```
# 自由度                                                                    1
3                                                                         2
# 质量                                                                     3
1000.0                                                                    4
1000.0                                                                    5
1000.0                                                                    6
# 阻尼常数                                                                 7
0                                                                         8
0.05                                                                      9
# Normal Bilinear, 有效 / 无效, 1 次刚度, 2 次刚度, 屈服位移                 10
1                                                                        11
2210000.00                                                              12
221000.000                                                              13
0.005                                                                   14
# Slip, 有效 / 无效, 1 次刚度, 2 次刚度, 屈服位移                            15
1                                                                        16
2210000.00                                                              17
221000.000                                                              18
0.005                                                                   19
# Degrading Trilinear, 有效 / 无效, 1 次刚度, 2 次刚度, 3 次刚度, 裂缝位移, 屈服位移   20
0                                                                        21
8840000.0                                                              22
1262857.1                                                              23
221000.000                                                              24
0.000625                                                               25
0.005                                                                   26
# Normal Bilinear, 有效 / 无效, 1 次刚度, 2 次刚度, 屈服位移                 27
1                                                                        28
2210000.00                                                              29
221000.000                                                              30
0.005                                                                   31
# Slip, 有效 / 无效, 1 次刚度, 2 次刚度, 屈服位移                            32
1                                                                        33
2210000.00                                                              34
221000.000                                                              35
0.005                                                                   36
# Degrading Trilinear, 有效 / 无效, 1 次刚度, 2 次刚度, 3 次刚度, 裂缝位移, 屈服位移   37
0                                                                        38
8840000.0                                                              39
1262857.1                                                              40
221000.000                                                              41
0.000625                                                               42
0.005                                                                   43
# Normal Bilinear, 有效 / 无效, 1 次刚度, 2 次刚度, 屈服位移                 44
1                                                                        45
2210000.00                                                              46
221000.000                                                              47
0.005                                                                   48
# Slip, 有效 / 无效, 1 次刚度, 2 次刚度, 屈服位移                            49
1                                                                        50
2210000.00                                                              51
221000.000                                                              52
0.005                                                                   53
# Degrading Trilinear, 有效 / 无效, 1 次刚度, 2 次刚度, 3 次刚度, 裂缝位移, 屈服位移   54
0                                                                        55
8840000.0                                                              56
1262857.1                                                              57
221000.000                                                              58
0.000625                                                               59
0.005                                                                   60
```

图 7.2 模型数据示例

```
0.02                                                        1
-1.4                                                        2
-10.8                                                       3
-10.1                                                       4
-8.8                                                        5
-9.5                                                        6
-12.0                                                       7
-14.2                                                       8
-12.8                                                       9
-11.0                                                      10
  .
  .
  .
```

图 7.3 地震波数据示例

1 次刚度，第 13 行是 2 次刚度，第 14 行显示屈服位移。即使在不使用普通双线性弹簧的情况下，也不应省略第 11 ~ 14 行。务必至少写一个数值，例如「0.0」。第 15 ~ 19 行是关于滑动弹簧的信息。第 16 行是关于是否使用滑动弹簧的指标，如果是 1 则表示使用，如果是 0 则表示不使用。第 17 行是 1 次刚度，第 18 行是 2 次刚度，第 19 行是屈服位移。即使不使用滑动弹簧，也应与普通双线性弹簧类似，不能省略第 16 ~ 19 行。第 20 ~ 26 行是有关退化的三线性弹簧的信息。第 21 行是关于是否使用退化的三线性弹簧的指标，如果是 1 则表示使用，如果为 0 则表示不使用。第 22 行是 1 次刚度，第 23 行是 2 次刚度，第 24 行是 3 次刚度，第 25 行显示裂缝位移，第 26 行显示屈服位移。即使不使用退化的三线性弹簧，也应与普通的双线性弹簧类似，不能省略线第 21 ~ 26 行。第 10 ~ 26 行中的 17 行描述了更多弹簧的信息。在多个自由度的情况下，将通过自由度的数量重复描述该组。在该示例中，关于弹簧的信息是，10 ~ 26 行是一层，27 ~ 43 行是二层，44 ~ 60 行是三层。

在图 7.2 中，正常双线性弹簧和滑动弹簧的指数为 1，退化三线性弹簧的指数为 0，当使用示例中所示的数据时，对于具有恢复力特性的模型，应将正常双线性弹簧和滑动弹簧组合在一起进行分析。

接下来，地震波数据的例子如图 7.3 所示。

文件名是 wave.txt。第 1 行描述时间步长，第 2 行和后续行描述加速时间的过程。

将下载的可执行文件和创建的数据文件（input.txt 和 wave.txt）放在同一文件夹中，然后双击可执行文件图标执行计算。计算结果保存在名为 output.csv 的同一文件夹中。

计算结果的示例如图 7.4 所示，由（1 + 4 × 层数）列组成。第 1 列是时间，第 2 列，第 3 列，第 4 列和第 5 列分别是一层的绝对加速度，一层的相对速度，一层的相对位移，一层的恢复力。在第 6 列之后，每层重复一次，二层的绝对加速度，二层的相对速度，二层的相对位移，二层的恢复力……

由于输出文件是 CSV 格式，因此可以使用 Excel 等电子表格软件打开，并可以创建图形。

7.2 傅里叶变换·逆变换程序

使用执行傅里叶变换·逆变换的子程序，①用于获得输入傅里叶谱的程序，②用于从输入和输出中找到传递函数的程序，③用于从输入和传递函数中获得输出的程序。

第 7.2 节说明了如何使用每个程序。

以下参考资料用于创建程序。

• 傅里叶变换：1.3.1 节

```
0.2000000E-02, -0.1645733E-04, 0.1383543E-05, 0.9223802E-09, 0.2038460E-02, -0.1934601E-06, 0.1399807E-05, 0.9332230E-09, 0.2396258E-04,  ...
0.4000000E-02, -0.7293498E-04, 0.5494150E-05, 0.7352250E-08, 0.1624847E-01, -0.1327821E-05, 0.5598285E-05, 0.7465045E-08, 0.2492759E-03,  ...
0.6000000E-02, -0.1789370E-03, 0.1224228E-04, 0.2465736E-07, 0.5449277E-01, -0.4770565E-05, 0.1259219E-04, 0.2519002E-07, 0.1177163E-02,  ...
0.8000000E-02, -0.3427746E-03, 0.2152057E-04, 0.5800817E-07, 0.1281981E+00, -0.1240455E-04, 0.2237501E-04, 0.5969311E-07, 0.3723719E-02,  ...
0.1000000E-01, -0.5714984E-03, 0.3320629E-04, 0.1123446E-06, 0.2482816E+00, -0.2662282E-04, 0.3493598E-04, 0.1165422E-06, 0.9276646E-02,  ...
0.1200000E-01, -0.8708601E-03, 0.4716394E-04, 0.1923480E-06, 0.4250890E+00, -0.5030414E-04, 0.5025906E-04, 0.2012785E-06, 0.1973641E-01,  ...
0.1400000E-01, -0.1245300E-02, 0.6324777E-04, 0.3024179E-06, 0.6683435E+00, -0.8677095E-04, 0.6832198E-04, 0.3194050E-06, 0.3754166E-01,  ...
0.1600000E-01, -0.1697965E-02, 0.8130451E-04, 0.4466544E-06, 0.9871062E+00, -0.1397320E-03, 0.8909548E-04, 0.4763735E-06, 0.6567927E-01,  ...
0.1800000E-01, -0.2230740E-02, 0.1011758E-03, 0.6288456E-06, 0.1389749E+01, -0.2132121E-03, 0.1125425E-03, 0.6775694E-06, 0.1076795E+00,  ...
0.2000000E-01, -0.2844316E-02, 0.1227007E-03, 0.8524600E-06, 0.1883937E+01, -0.3114721E-03, 0.1386179E-03, 0.9282958E-06, 0.1675971E+00,  ...
      .              .              .              .              .              .              .              .              .
      .              .              .              .              .              .              .              .              .
      .              .              .              .              .              .              .              .              .
```

图 7.4 计算结果示例

```
0.10314922E-01  0.00000000E+00
0.10281888E-01  0.42807169E-04
0.10233500E-01  0.11361546E-04
0.10141870E-01 -0.45907072E-04
0.10032909E-01  0.25006599E-04
0.99838600E-02  0.31402313E-04
      .               .
      .               .
```

图 7.5 传递函数示例

```
0.20000000E-01, -0.91250241E-03
0.39999999E-01, -0.81860013E-02
0.59999999E-01, -0.30777039E-01
0.79999998E-01, -0.63703470E-01
0.99999994E-01, -0.99829942E-01
0.12000000E+00, -0.13491419E+00
      .               .
      .               .
```

图 7.6 计算结果示例

- 传递函数：1.4 节

在该程序中，可以分析频域中的响应。在读取输入时程数据和传递函数（频率数量响应函数）之后，首先对输入的时程数据进行傅里叶变换，计算输入时程数据和传递函数的乘积，并对结果进行逆傅里叶变换，获得输出时程数据。

在执行程序之前，分别准备输入时程数据和传递函数作为文件。

输入时程数据的文件名是 input.txt。格式与第 7.1 节中的地震波数据相同，描述了第 1 行中的时间步长和第二行及后续行中的时程数据。

传递函数的示例如图 7.5 所示。文件名是 z.txt。按频率升序在 2f 16.8 处用复数表示传递函数。假设输入时程数据的数量是 N，则在偶数的情况下需要写入数据的总数是 $N/2+1$，而在奇数的情况下是（$N-1$）/ 2 + 1。

将下载的可执行文件和创建的数据文件（input.txt 和 z.txt）放在同一文件夹中，然后双击可执行文件图标进行计算。计算结果保存在名为 output.csv 的同一文件夹中。

计算结果示例如图 7.6 所示。该文件由两列组成，第 1 列是输入时程数据，第 2 列是输出时程结果。

输出文件是 CSV 格式，可以使用 Excel 等电子表格软件打开，并可以创建图形。

附录 A
格林函数和表现定理的导入

介绍格林积分定理、δ 三角函数、求和规则以及弹性理论的基础。使用格林函数和差异性断层模型说明表现定理的导入。

1. 格林积分定理

定义域为 Ω，定义域的边界是 Σ，U 和 V 是在该区域中定义的函数。此时，下面的格林积分定理类似于部分积分：

$$\int_{\Omega}\{U_{,i}V\}\mathrm{d}\Omega=\int_{\Sigma}\{UVi\}\mathrm{d}\Sigma-\int_{\Omega}\{UV_{,i}\}\mathrm{d}\Omega \quad（A.1）$$

式中，「, i」是函数的 i 方向分量，n_i 是边界平面上向外法向量的 i 方向分量。

2. 狄拉克函数

狄拉克函数是具有以下性质的两点函数：

$$\delta(X,Y)=\begin{cases}0 & (X\neq Y)\\ \infty & (X=Y)\end{cases} \quad（A.2）$$

即当 X 和 Y 相等时是 ∞，不相等时为 0 的函数。这个函数在区域中对 X 进行积分的话，就会得到下面的值：

$$\int_{\Omega}\delta(X,Y)\mathrm{d}\Omega(X)=\begin{cases}1 & (Y\text{ 点在区域内 })\\ c & (Y\text{ 点在边界上 })\end{cases} \quad（A.3）$$

式中，c 是由 Y 点位置的边界形状决定的系数，例如，当它在光滑的边界上时为 0.5。根据公式（A.3）建立以下表达式：

$$\int_{\Omega}\delta(X,Y)U(X)\mathrm{d}\Omega(X)$$
$$=\begin{cases}U(Y) & (Y\text{ 点在区域内 })\\ cU(Y) & (Y\text{ 点在边界上 })\end{cases} \quad（A.4）$$

3. 求和规则

在这里用下标 i，j，k 表示正交坐标系中的坐标成分 x，y，z。所谓求和规则是在某项有相同下标的情况下，取 x，y，z 成分三项的总和。例如：

$$U_{ii}=U_{jj}=U_{kk}\equiv U_{xx}+U_{yy}+U_{zz}$$
$$a_iU_{ki}=a_jU_{kj}\equiv a_xU_{kx}+a_yU_{ky}+a_zU_{kz}$$

求和规则是复杂公式的简便表述，所以弹性理论的公式是可用的。

4. 弹性理论的基本公式

使用求和规则，在频率区域内表示弹性体的运动方程式，简单地用下式表示：

$$\rho\omega^2 U_i+\sigma_{ij,j}+F_i=0 \quad（i=x,y,z） \quad（A.5）$$

ρ 是密度，ω 是圆振动频率，j 是函数 j 方向的微分，σ_{ij} 是应力张量，F_i 是物体力。另外弹性体的边界应力和应力分量使下面的定理关系式成立，称为柯西关系式。

$$T_i=\sigma_{ij}n_i \quad（i=x,y,z） \quad（A.6）$$

这里 T_i 是边界应力的 i 方向分量，另一方面，位移 - 应变关系式用下式表达：

$$\varepsilon_{ij}=\frac{U_{i,j}+U_{j,i}}{2} \quad（A.7）$$

这里，ε_{ij} 是应变分量，如果假设弹性体为均质，可得到以下应力 - 应变关系式：

$$\sigma_{ij}=\lambda\delta_{ij}\varepsilon_{kk}+2\mu\varepsilon_{ij} \quad（A.8）$$

这里，δ_{ij} 是克罗尼克函数（$i=j$ 时为 1，其他情况为 0 的函数），λ 和 μ 是拉梅常数，从下式得出：

$$\lambda=\frac{2\mu\nu}{1-2\nu}，\quad \mu=\frac{E}{2(1+\nu)} \quad（A.9）$$

式中，ν 是泊松比，E 是杨氏模量，μ 是剪切刚度。

公式（A.7）、公式（A.8）和公式（A.5）都是基于均质各向同性弹性体来表示位移的运动方程式。

$$\rho\omega^2+\lambda U_{j,ji}+\mu(U_{j,i}+U_{i,jj})+F_i=0 \quad（A.10）$$

同样柯西关系式的位移也可用下式表示。

$$T_i=\lambda U_{j,j}n_i+\mu(U_{j,i}+U_{i,j})n_j \quad（i=x,y,z）（A.11）$$

5. 格林函数的基本公式

在这里以简单的均质各向同性弹性体为对象对格林函数进行说明。将公式（A.10）的物体力换成狄拉克函数，可以用下式来定义格林函数。

$$\rho\omega^2 U_{ik}+\lambda U_{jk,ji}+\mu(U_{jk,ji}+U_{ik,jj})+\delta_{ik}\delta(X,Y)=0$$
$$（i=x,y,z） \quad（A.12）$$

从上式可知，格林函数 U_{ik} 是 X 和 Y 的二点函数，当在 Y 点（源点）的 k 方向施加单位力时，意味着 X 点（观测点）的 i 方向产生位移。第 6 章（6.46）式显示的格林函数满足公式（A.12）。

（A.11）式格林函数与柯西关系式的比用下式

表现，被称为应力张量：

$$T_{ik} = \lambda U_{jk,j} n_i + \mu (U_{jk,i} + U_{ik,j}) n_j \quad (i=x, y, z)$$
（A.13）

6. 边界积分方程式

用格林函数积分公式推导边界积分方程式。在运动方程式（A.10）中乘以格林函数 U_{ik}，对观测点 X 进行区域积分（但是忽略物体力 F）：

$$\int_\Omega \left[\rho \omega^2 U_i + \lambda U_{j,ji} + \mu (U_{j,ji} + U_{i,jj}) \right] U_{ik}(X,Y) \mathrm{d}\Omega(X) = 0 \quad (k=x, y, z)$$
（A.14）

其次上式 {} 内的第 2 项是位移对 i 的微分，第 3 项 () 内的和是对 j 的微分，首先使用格林积分定理公式（A.1），再利用柯西关系公式（A.11），得到变形如下：

$$\int_\Sigma T_i U_{ik} \mathrm{d}\Sigma - \int_\Omega \left[\rho \omega^2 U_i U_{ik} + \lambda U_{j,i} U_{ik,i} + \mu (U_{j,i} + U_{i,j}) U_{ik,j} \right] \mathrm{d}\Omega(X) = 0$$
（A.15）

关于上述方程的区域积分中位移的微分，首先使用格林积分公式，再利用格林函数的柯西关系方程式（A.13）得到以下方程：

$$\int_\Sigma T_i U_{ik} \mathrm{d}\Sigma - \int_\Sigma T_{ik} U_i \mathrm{d}\Sigma + \int_\Omega \left\{ \rho \omega^2 U_{ik} + \lambda U_{jk,ij} + \mu (U_{jk,ij} + U_{ik,jj}) \right\} U_i \mathrm{d}\Omega(X) = 0$$
（A.16）

将上述方程区域积分 {} 的部分从公式（A.12）替换为狄拉克函数。再利用公式（A.4），得到以下边界积分方程式：

$$cU_k(Y) = \int_\Sigma \left[T_i(X) U_{ik}(X,Y) - T_{ik}(X,Y) U_i(X) \right] \mathrm{d}\Sigma(X)$$
（A.17）

在这里 c 是由 Y 点的位置决定的系数，如果在区域内是 1，如果在平滑的边界上则是 0.5。

7. 交错断层震源和表现定理

将断层面作为区域内的边界，在发生差异（断层滑动）的情况下的位移解即表现定理。断层面由完全重叠的两个边界表面 $\sum^+$ 和 $\sum^-$ 构成，边界积分方程公式（A.17）可以用下式表达：

$$cU_k(Y) = \int_{\Sigma^-} \left[U_{ik}(X,Y)(T_i^+, T_i^-) + T_{ik}^-(X,Y)(U_i^+ - U_i^-) \right] \mathrm{d}\Sigma(X) \quad (k=x, y, z)$$
（A.18）

边界积分由 $\sum^-$ 侧表示。另外，位移和边界应力上的 +、– 表示边界 $\sum^+$ 和 $\sum^-$ 的值。如果在断层面中假定应力连续性的话，上式 {} 内的第 1 项就消去了。此外用差异量 D 表现 $\sum^+$ 侧和 $\sum^-$ 侧的位移差异得到下式。

$$cU_k(Y) = \int_\Sigma \left\{ T_{ik}^-(X,Y) De_i(X) \right\} \mathrm{d}\Sigma(X)$$
（A.19）

式中 e_i 是断层方向单位峰值 i 方向的分量。其次将柯西关系式（A.19）代入公式（A.13）。此时，假设断层面被剪断，断层面的法线方向和滑行方向是正交的，公式（A.19）可以用下式表示。

$$cU_k(Y) = \int_{\Sigma^-} \left[\mu (U_{jk,i} + U_{ik,j}) n_j^- De_i(X) \right] \mathrm{d}\Sigma(X)$$
（A.20）

另外，考虑到损坏开始时间 t_r 的延迟，以边界 $\sum^-$ 为断层面的下盘 $\sum$，可以得到下式：

$$cU_k(Y;\omega) = \int_\Sigma \left[\mu D(e_i n_j + e_j n_i) U_{ik,j}(X,Y;\omega) \mathrm{e}^{i\omega \cdot t_r} \right] \mathrm{d}\Sigma(X)$$
（A.21）

上述等式使用所有无限域的解作为格林函数，当 Y 点在区域中时 $c=1$。另一方面，格林函数如果使用满足自由表面边界条件的半无限体的解，当 Y 点在区域内和自由表面的情况下时，$c=1$。

8. 相反定理

如果介质是线弹性体，则以下的相反定理适用于格林函数。

$$U_{ik}(X, Y) = U_{ki}(Y, X)$$
（A.22）

就是 Y 点在 k 方向施加单位力时 X 点在 i 方向发生的位移，等于 X 点在 i 方向施加单位力时 Y 点在 k 方向发生的位移，相反定理用公式（A.21）表示：

$$cU_k(Y;\omega) = \int_\Sigma \left[\mu D(e_i n_j + e_j n_i) U_{ki,j}(Y,X;\omega) \mathrm{e}^{i\omega \cdot t_r} \right] \mathrm{d}\Sigma(X) \quad (k=x, y, z)$$
（A.23）

公式（A.23）和公式（A.21）是等价的，但是断层面存在源点的方程式（A.23）更容易直观理解。因此在地震学中，通常使用公式（A.23）的表现定理。

附录 B
概率论基础

为了理解地震灾害地图，这里用概率论基础进行说明。

1. 重现周期与超过概率

所谓重现周期，是表示某事件平均几年发生 1 次的时间。例如，试着求 50 年超过 10% 概率(超过概率) 的再现时间。1 年内发生的概率为 P_1，1 年内不发生的概率是 $(1-P_1)$，50 年内不发生的概率是 $(1-P_1)^{50}$，50 年内发生的概率是 $P_{50}=1-(1-P_1)^{50}$。因此，如果 50 年的发生概率为 10% ($P_{50}=0.1$)，则一年的发生概率 $P_1=1+(1-P_{50})^{1/50}=0.002105$。重现周期是 1 年内发生概率的倒数，这种情况是 $1/0.002105 \approx 475$ 年。

2. 概率密度函数

概率分布是概率值相对于各种随机变量值的分布，概率密度函数是概率分布的函数 [这里表示为 $f(x)$]。另外，累积分布是通过将概率从随机变量的某个值累加到另一个值而获得（积分值）的分布，所有随机变量的累积值为 1。累积分布函数是累积分布的函数 [表示为 $F(x)$]，导数是概率密度函数。概率密度函数 $f(x)$ 的平均值 μ 和方差 σ^2（分散度）由下式给出：

$$\mu=\int_{-\infty}^{+\infty} xf(x)\mathrm{d}x, \qquad \sigma^2=\int_{-\infty}^{+\infty}(x-\mu)^2 f(x)\mathrm{d}x$$

这里，方差的平方根 σ 称为标准偏差。

接下来介绍代表性概率密度函数。首先，正态分布（高斯分布）的概率密度函数由下式给出：

$$f(x)=\frac{1}{\sigma\sqrt{2\pi}}\exp\left[-\frac{(x-\mu)^2}{2\sigma^2}\right]$$

$\mu=1$ 和 $\sigma=1$ 如图 B.1 所示。由于正态分布具有以平均值为中心的形状（钟形），因此也称为钟形函数。

对数正态分布是正态分布变量 x 的对数正态分布。

$$f(x)=\frac{1}{\sigma \cdot x\sqrt{2\pi}}\exp\left[-\frac{(\log x-\mu)^2}{2\sigma^2}\right] \quad (x>0)$$

对数正态分布的平均值是 E，中值是 C，方差是 V

$$E=\exp(\mu+\sigma^2/2), \qquad C=\exp(\mu)$$
$$V=E^2[\exp(\sigma^2)-1]$$

$\mu=1$ 和 $\sigma=1$ 如图 B.1 所示。当变量 x 为 0 或更小时，对数正态分布不存在，并且正态分布的尾部有比较长的特征。

泊松分布是单位期间发生事件的平均出现频率为 λ 时，在单位期间发生 k 次（$k=0$，1，2，$\cdots$）事件的概率分布，概率分布函数可以由下式表示：

概率分布函数 $\qquad P_\lambda(k)=\dfrac{\mathrm{e}^{-\lambda}\cdot\lambda^k}{k!}$

泊松分布的平均值和标准偏差是 λ，$\lambda=2$ 的概率分布和累积分布如图 B.2 所示。另一方面，当泊松分布中的 λ 是 λt（t 是周期）时，获得在特定时段 t 中发生 k 个事件的概率分布。该概率分布事件的过程称为泊松过程。

概率分布函数 $\qquad P_k(t)=\dfrac{\mathrm{e}^{-\lambda t}\cdot(\lambda t)^k}{k!}$

图 B.2 是 $\lambda t=2$ 的概率分布和累积分布。

在泊松过程中找到事件的概率密度函数。首先在时段 t 内事件没有发生的概率（$k=0$）为 $P_0(t)=\mathrm{e}^{-\lambda t}$。设 $F(t)$ 为泊松过程中时间发生的累积分布函数，则 $F(t)=1-P_0(t)$ 因此，概率密度函数应对其进行区分：

$$f(t)=\frac{\mathrm{d}F(t)}{\mathrm{d}t}=\lambda\mathrm{e}^{-\lambda t}=\frac{\mathrm{e}^{-\lambda t}}{T}$$

（$T=1/\lambda$）是事件的平均重现周期。图 B.3 是 $\lambda=2$（$T=0.5$）的概率密度函数。λ 与时间段 t 无关时的泊松过程称为稳定泊松过程，在评估地震灾害时，它被用作不指定地震源地震发生时的概率模型。

BPT（Brownian passage time）分布是表示布朗运动的概率模型，其概率密度函数如下。

$$f(t)=\sqrt{\frac{\mu}{2\pi\alpha^2 t^3}}\exp\left[-\frac{(x-\mu)^2}{2\mu\alpha^2 t}\right]$$

μ 是平均值，α 是 BPT 分布的相对变化率（标准偏差 / 平均时间间隔），标准偏差是 $\mu\alpha$。$\mu=1$ 和 $\alpha=1$ 时的概率密度函数如图 B.4 所示。

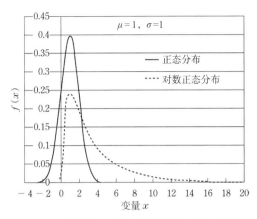

图 B.1 正态分布和对数正态分布的概率密度函数

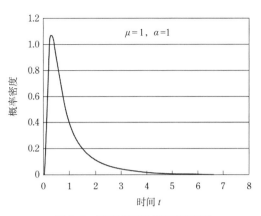

图 B.4 BPT 模型的概率密度函数

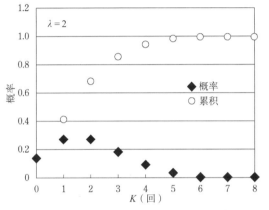

图 B.2 泊松分布的概率分布和累积分布

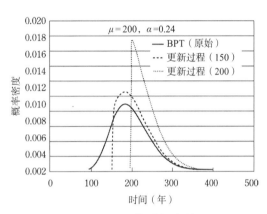

图 B.5 BPT 模型的更新过程

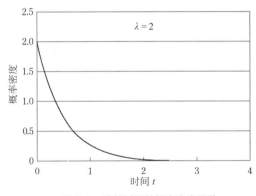

图 B.3 泊松过程的概率密度函数

它类似于图 B.1 中的对数正态分布，但其特点是步长较短，并且可以考虑到指定震源的重现周期，它被用作地震发生时的概率模型。

3. 更新过程

如果一个事件从最后一次发生到现在（t_0）仍没有发生，则事件发生的概率将增加。在这种情况下，概率密度函数可以由下式表示。

$$f(t;t_0) = \frac{f(f)}{1 - \int_0^{t_0} f(t)\mathrm{d}t}$$

这个过程称为更新过程。图 B.5 是使用 BPT 模型在 $\mu=200$（年），$\alpha=0.24$，$t_0=150$，即在 200（年）情况下的概率密度函数。上次发生事件（地震）的点是起源，在此时的评估（原始）中，200 年后发生的概率最高，除非在 150 年后和 200 年后发生地震，否则地震发生的概率将逐渐增加。

相关图书介绍

● 《国外建筑设计案例精选——生态房屋设计》（中英德文对照）
　[德] 芭芭拉·林茨 著
　ISBN 978-7-112-16828-6（25606）32 开 85 元
● 《国外建筑设计案例精选——色彩设计》（中英德文对照）
　[德] 芭芭拉·林茨 著
　ISBN 978-7-112-16827-9（25607）32 开 85 元
● 《国外建筑设计案例精选——水与建筑设计》（中英德文对照）
　[德] 约阿希姆·菲舍尔 著
　ISBN 978-7-112-16826-2（25608）32 开 85 元
● 《国外建筑设计案例精选——玻璃的妙用》（中英德文对照）
　[德] 芭芭拉·林茨 著
　ISBN 978-7-112-16825-5（25609）32 开 85 元
● 《低碳绿色建筑：从政策到经济成本效益分析》
　叶祖达 著
　ISBN 978-7-112-14644-4（22708）16 开 168 元
● 《中国绿色建筑技术经济成本效益分析》
　叶祖达 李宏军 宋凌 著
　ISBN 978-7-112-15200-1（23296）32 开 25 元
● 《第十一届中国城市住宅研讨会文集
　——绿色·低碳：新型城镇化下的可持续人居环境建设》
　邹经宇 李秉仁 等 编著
　ISBN 978-7-112-18253-4（27509）16 开 200 元
● 《国际工业产品生态设计 100 例》
　[意] 西尔维娅·巴尔贝罗 布鲁内拉·科佐 著
　ISBN 978-7-112-13645-2（21400）16 开 198 元
● 《中国绿色生态城区规划建设：碳排放评估方法、数据、评价指南》
　叶祖达 王静懿 著
　ISBN 978-7-112-17901-5（27168）32 开 58 元
● 《第十二届全国建筑物理学术会议　绿色、低碳、宜居》
　中国建筑学会建筑物理分会 等 著

　ISBN 978-7-112-19935-8（29403）16 开 120 元
● 《国际城市规划读本 1》
　《国际城市规划》编辑部 著
　ISBN 978-7-112-16698-5（25507）16 开 115 元
● 《国际城市规划读本 2》
　《国际城市规划》编辑部 著
　ISBN 978-7-112-16816-5（25591）16 开 100 元
● 《城市感知　城市场所隐藏的维度》
　韩西丽 [瑞典] 彼得·斯约斯特洛姆 著
　ISBN 978-7-112-18365-5（27619）20 开 125 元
● 《理性应对城市空间增长——基于区位理论的城市空间扩展模拟研究》
　石坚 著
　ISBN 978-7-112-16815-6（25593）16 开 46 元
● 《完美家装必修的 68 堂课》
　汤留泉 等 编著
　ISBN 978-7-112-15042-7（23177）32 开 30 元
● 《装修行业解密手册》
　汤留泉 著
　ISBN 978-7-112-18403-3（27660）16 开 49 元
● 《家装材料选购与施工指南系列——铺装与胶凝材料》
　胡爱萍 编著
　ISBN 978-7-112-16814-9（25611）32 开 30 元
● 《家装材料选购与施工指南系列——基础与水电材料》
　王红英 编著
　ISBN 978-7-112-16549-0（25294）32 开 30 元
● 《家装材料选购与施工指南系列——木质与构造材料》
　汤留泉 编著
　ISBN 978-7-112-16550-6（25293）32 开 30 元
● 《家装材料选购与施工指南系列——涂饰与安装材料》
　余飞 编著
　ISBN 978-7-112-16813-2（25610）32 开 30 元